Klassische Mechanik und Chaos

Buch 1 der Physik aus maximaler Informationsemanation ,
eine siebenbändige Physikreihe.

Klassische Mechanik und Chaos

von

Stephen Winters-Hilt

Hingabe

Dieses Buch ist meiner Familie gewidmet, die mich auf diesem langen Weg der Entdeckung unterstützt hat: Cindy, Nathaniel, Zachary, Sybil, Eric, Joshua, Teresa, Steffen, Hannah, Anders, Angelo, John und Susan.

Inhalt

Vorwort zur Übersetzung der Physikreihe über:
Physik der maximalen Informationsemanation

Für Buch Nr. 1, über:
Klassische Mechanik und Chaos

Dieses Buch wurde vom Autor und seinen Söhnen Nathaniel Winters-Hilt und Zachary Winters-Hilt mithilfe von Google Translate aus der englischen Version übersetzt. Die Bemühungen, die Übersetzung zu validieren, bestanden hauptsächlich darin, sie zurück ins Englische zu übersetzen und die Konsistenz zu überprüfen. Wie Sie sehen werden, leistet Google Translate dabei bemerkenswert gute Arbeit. Beachten Sie, dass die Übersetzung die Seitennummerierung verschiebt, sodass das Inhaltsverzeichnis entsprechend angepasst werden muss, was auch getan wurde.

Vorwort zur Physikreihe über:

Physik der maximalen Informationsemanation

„Die Straße führt immer weiter,
von der Tür weg, an der sie begann. Nun ist die Straße weit
vorgerückt, und ich muss ihr folgen, wenn ich kann, und sie
mit eifrigen Schritten verfolgen, bis sie auf einen größeren
Weg trifft, wo viele Pfade und Besorgungen
zusammentreffen. Und wohin dann? Das kann ich nicht
sagen."

– J.R.R. Tolkien, Die Gefährten

Variation, Ausbreitung und Emanation

Dies ist eine siebenbändige Physikreihe, die mit der klassischen
Mechanik (Buch 1 [46]) beginnt, dann klassische Feldtheorie, wie
Elektromagnetismus (Buch 2 [40]), dann Mannigfaltigkeitsdynamik, wie
Allgemeine Relativitätstheorie (Buch 3 [41]). Der Wechsel zu einer
Beschreibung der Quantenmechanik erfolgt in Buch 4 [42] und zu einer
Quantenfeldtheorie, insbesondere QED, in Buch 5 [43]. Eine
„Quantenmannigfaltigkeitstheorie" wäre der naheliegende nächste
Schritt, aber er ist nicht umsetzbar (es gibt keine renormalisierbare
Feldtheorie für die Gravitation). Stattdessen wird in Buch 6 [44] eine
thermische Quantenmannigfaltigkeitstheorie sowie die Thermodynamik
Schwarzer Löcher im Allgemeinen betrachtet. Buch 7 [45] beschreibt
eine neue Theorie, die Emanatortheorie, die ein tieferes mathematisches
Konstrukt liefert, das der Quantentheorie zugrunde liegt, ähnlich wie
gezeigt werden kann, dass die Quantentheorie ein tieferes (komplexeres)
mathematisches Konstrukt liefert, das auf der klassischen Theorie basiert.

Dies ist eine moderne Darstellung, in der in Buch 1 die Feinheiten der
Chaostheorie, in Buch 2 die Lorentz-Invarianz und in Buch 3 die
kovarianten Ableitungen (Allgemeine Relativitätstheorie) und
eichkovarianten Ableitungen (Yang-Mills-Feldtheorie) beschrieben
werden. Buch 4 über Quantenmechanik bietet einen umfassenden
Überblick über die Quantenmechanik und betrachtet dann eine
vollständige selbstadjungierte Analyse der vollständigen
allgemeinrelativistischen Lösung des Kugelschalen-Infallsystems (ein
Ergebnis, das aus Buch 3 übernommen wurde). Buch 5 betrachtet die
Grundlagen der Quantenmechanik im Detail sowie alternative Vakua in

bestimmten Szenarien. Buch 6 betrachtet die Thermodynamik von den Grundlagen bis hin zur Hamiltonschen Thermodynamik einiger Schwarzlochsysteme. Überall wird auf die seltsame Wiederkehr des Alpha-Parameters hingewiesen. In Buch 7 betrachten wir eine tiefere mathematische Formulierung, aus der sich die Formulierung des Quantenpfadintegrals ergeben würde, und erklären die seltsamen Parameter und Strukturen, die entdeckt wurden (wie Alpha und Lorentz-Invarianz).

Die physikalische Beschreibung beginnt mit den klassischen Formulierungen der Punktpartikelbewegung. Der erste Ansatz hierfür besteht in der Verwendung von Differentialgleichungen (Newtons 1. ^{und} 2. ^{Gesetz}); der zweite Ansatz besteht in der Verwendung einer Variationsfunktionsformulierung zur Auswahl der Differentialgleichung (Lagrange-Variation); der dritte Ansatz besteht in der Verwendung einer Variationsfunktionsformulierung (Aktionsformulierung), um die Variationsfunktionsformulierung auszuwählen. Historisch gesehen wurde erst viel später erkannt, dass es in vielen Systemen zwei Bewegungsbereiche gibt: nicht chaotisch und chaotisch.

Bei einer Beschreibung der Teilchenbewegung, vorausgesetzt, dass sie sich nicht in einem Parameterbereich mit chaotischer Bewegung befindet, werden mehrere wichtige Grenzen festgestellt. Beispiele hierfür sind: die universellen Konstanten aus dem oben genannten Chaosphänomen, die auch in nicht-chaotischen Regimen auftreten, wenn man „an den Rand des Chaos" getrieben wird. Grenzen werden dort gefunden, wo Streuung im asymptotischen Grenzwert definiert ist und die Störungstheorie in dem Sinne wohldefiniert ist, dass sie konvergent ist. Insgesamt ist die Evolution, wenn sie als „Prozess" beschrieben wird, oft ein Martingalprozess, der wohldefinierte Grenzen hat. Wir haben also Beschreibungen für die Bewegung, die normalerweise auf eine gewöhnliche Differentialgleichung (ODE) reduzierbar sind und für die normalerweise Lösungen (die Grenzwertdefinitionen erfordern) gefunden werden.

Die physikalische Beschreibung befasst sich dann mit der Felddynamik in 2D, 3D und 4D (in Buch 3 [41]). Zweidimensionale („2D") Felddynamik kann als komplexe Funktion beschrieben werden (die komplexe Zahlen auf komplexe Zahlen abbildet). Eine Neuheit der 2D-Komplexfunktion besteht darin, dass sie auch zeigt, wie mit vielen Arten von Singularitäten umzugehen ist (der Residuensatz), und so wichtige Informationen über grundlegende Strukturen in der Physik sowie grundlegende mathematische Techniken zum Lösen vieler Integrale liefert. Für die 3D-Felddynamik führen wir eine Analyse des elektromagnetischen Felds in 3D durch. Die Abdeckungsebene beginnt mit einem Überblick über die Elektrostatik auf dem Niveau des weiterführenden Textes Jackson [123]. Einige Probleme aus Jackson Ch's 1-3 werden bei der Entwicklung der Theorie selbst genau untersucht. Für einige könnte dieses Material (in Buch 2 [40]) eine nützliche Ergänzung zu Jacksons Text in einem vollständigen Kurs über EM (basierend auf Jacksons Text) darstellen. Anschließend wird ein kurzer Überblick über Elektrodynamik und elektromagnetische Wellenphänomene gegeben. Im Wesentlichen sehen wir viele weitere Beispiele für ODE-Probleme mit Lösungen, wie z. B. für den 3D-Laplace-Operator, bei denen normalerweise die Variablen getrennt werden. Dann überprüfen wir die berühmte Transformation, die 1899 von Lorentz entdeckt wurde [1 24] und die das elektromagnetische Feld aus der Sicht zweier Beobachter mit unterschiedlicher Relativgeschwindigkeit in Beziehung setzt. Mit der Existenz dieser Transformation, die neben der Relativgeschwindigkeit auch die Zeitdimension einbringt, haben wir effektiv eine 4D-Theorie.

Aus der Lorentz-Invarianz erhalten wir als Punkttransformation Rotationsinvarianz unter SO(3) oder SU(2). Wenn die Lorentz-Invarianz grundlegend ist, dann sollten wir beide Formen der Rotationsinvarianz sehen, eine vom Vektor-/Tensortyp aus SO(3) und eine vom Spinorialtyp aus SU(2). Dies ist der Fall, da Eichfelder vektoriell und Materiefelder spinoriell sind. Aus der Lorenz-Invarianz als lokaler Invarianz erhalten wir die Minkowski-(flache) Raumzeitmetrik, die sich dann zur Riemannschen Metrik (in der Allgemeinen Relativitätstheorie) verallgemeinern lässt.

Wie bei der Punktteilchendynamik gibt es auch für die Felddynamik drei Möglichkeiten, das Verhalten zu formulieren: (1) Differentialgleichung; (2) Funktionsvariation (auf Lagrange); und (3) funktional Variation (zur Aktion). Wir werden ähnliche Grenzphänomene wie zuvor sehen, aber auch neue Phänomene, darunter (i) die unvermeidliche Bildung von Singularitäten in Schwarzen Löchern (das Penrose-Theorem der Singularität); (ii) die Bildung des FRW-Universums (aus Homogenität und Isotropie); (iii) die Singularität des Kollapses von Schwarzen Löchern; (iv) die Strahlungssingularität des Atomkollapses.

Die klassische Dynamik hat also zwei feldähnliche Formulierungen zur Beschreibung der Welt: Feld und Mannigfaltigkeit. Solche Formulierungen können mathematisch miteinander verknüpft werden, was also passiert, ist eher eine Frage der physikalischen Betonung und Zweckmäßigkeit. Die Betonung dieses Unterschieds, der (mathematisch) kein Unterschied zu sein scheint, liegt darin, dass unterschiedliche physikalische Phänomenologien im Spiel sind. Feldbeschreibungen scheinen für „Materie" zu funktionieren, wo die grundlegenden Elemente spinoriell sind. Mannigfaltigkeitsbeschreibungen scheinen am besten für die Geometrodynamik (ART) zu funktionieren, wo die grundlegenden Elemente vektoriell (oder tensoriell, wie die Metrik) sind. Materiefelder sind renormierbar, also quantisierbar in der Standardformulierung der QFT (wird in Buch 5 [43] beschrieben), während Gravitationsmannigfaltigkeiten nicht renormierbar sind und Einschränkungen unterliegen (schwache Energiebedingung und positive Energiebedingung angesichts der Existenz von Spinorfeldern auf der Mannigfaltigkeit).

Die Darstellung in den Büchern 1-3 [40,41,46] über „klassische" Physik dient teilweise dazu, den Übergang zur Quantenphysik einfach, offensichtlich und in manchen Fällen trivial zu machen. Betrachten Sie die Formulierung der funktionalen Variation (Aktion) des Verhaltens (ob Punktteilchen oder Feld), diese kann in Integralform erfasst werden, wie es sehr früh von D'Alembert [7] (dann von Laplace [6]) getan wurde. Beachten Sie die Verwendung einer großen Konstante, um ein „stark gedämpftes" Integral für Auswahlzwecke zu bewirken (beim Variationsextremum der Aktion). Für den Übergang zur Quantentheorie haben wir auch die große Konstante von 1/h, und so ist der einzige Unterschied die Einführung eines Faktors von „ i ", um ein „stark oszillierendes" Integral für Auswahlzwecke zu bewirken.

Nach dem Übergang zu einer Quantentheorie ist das klassische Kollapsproblem für Atomkerne bei der Beschreibung von Punktteilchen eliminiert. Die Spektralvorhersagen stimmen hervorragend mit der Theorie überein, aber es gibt immer noch eine Feinstruktur in den Spektren, die nicht vollständig erklärt ist. Die Theorie ist nicht relativistisch und einige anfängliche Korrekturen hierfür sind möglich (ohne auf eine Feldtheorie zurückgreifen zu müssen). Diese deuten auf eine bessere Übereinstimmung hin und erklären den größten Teil der Diskrepanz bei den Feinstrukturkonstanten (und enthüllen Alpha an einer anderen Stelle in der Theorie). In Buch 3 [41] und Buch 4 [42] wird gezeigt, dass das Singularitätsproblem der GR jedoch weiterhin ungelöst bleibt (für den Testfall des Kollapses einer sphärischen Staubhülle, der in einer vollständigen GR-Analyse durchgeführt und dann in einer vollständigen selbstadjungierten Quantisierungsanalyse quantisiert wurde [42]).

In Buch 5 [43] wird der Übergang zur Quantentheorie zu den Feldtheorie-Beschreibungen fortgesetzt. Eine genaue Beschreibung/Übereinstimmung von Atomkernen ist nun mit QED möglich, und innerhalb der Kerne selbst (Quark-Confinement) mit QCD. Die Feldtheorien haben jedoch eine kleine Menge störender Unendlichkeiten, die schließlich durch Renormierung gelöst werden [43]. Wie erwähnt, scheint die Quantisierung von Mannigfaltigkeitstheorien wie GR aufgrund der Nicht-Renormierbarkeit nicht möglich zu sein. Unbeirrt betrachten wir in Buch 6 [44] eine Hamilton-Beschreibung eines GR-Systems, dessen Quantisierung ein Energiespektrum basierend auf diesem Hamilton-Operator beinhalten würde. Wenn wir dann eine analytische Fortsetzung verwenden, um zur thermischen Ensembletheorie basierend auf der resultierenden Zustandssumme zu gelangen, können wir die thermische Quantengravitation (TQG) solcher Systeme betrachten.

Dieses letzte Beispiel (aus Buch 6), das eine konsistente TQG-Theorie zeigt, wenn wir Analytik verwenden, ist Teil einer langen Reihe erfolgreicher Manöver, die analytische Fortsetzungen in unterschiedlichen Umgebungen beinhalten. Was angezeigt wird, ist das Vorhandensein einer tatsächlichen komplexen Struktur der dargelegten Theorie. Es gibt die oben erwähnte triviale Erweiterung der komplexen Struktur, die uns von der Standardtheorie der klassischen Physik zur Standard-Pfadintegral-Quantentheorie gebracht hat. Aber wir sehen auch eine tatsächliche komplexe Struktur auf Komponentenebene mit Zeitkomplexierung (die an die thermische Version der Theorie anknüpft, indem sie die Partitionsfunktion definiert), und wir haben eine komplexe Struktur auf Dimensionsebene in Form des erfolgreich angewandten dimensionalen Regularisierungsverfahrens, das im Renormierungsprogramm verwendet wird.

Die Reihe deckt nicht nur die gesamte Breite der Kernthemen der Physik auf Bachelor- und Masterniveau ab (für Kurse, die am Caltech und in Oxford belegt werden), einschließlich einer ausführlichen Darstellung von Problemen und deren Lösungen, sondern untersucht in bestimmten Fällen auch die Grenzen der physikalischen Welt „von innen" (und später

„von außen"). Zu diesem Zweck wird die Erforschung des Kollapses von kugelförmigem Staub zur Bildung einer Singularität in einem vollständig allgemein-relativistischen Formalismus untersucht und dann auf eine Analyse des Quanten-Minisuperraums (Quantengravitation) übertragen (in den Büchern 3 und 4 [41,42]). Ebenfalls ausführlich behandelt werden die Themen Thermodynamik schwarzer Löcher und Quantenfeldtheorie mit alternativen Vakua (Teil der Bücher 5 und 6 [43,44]). Das ausführliche Material umfasst die Themen meiner Doktorarbeit [81], von der Teile veröffentlicht sind [82-85].

In neueren Arbeiten zum maschinellen Lernen, die statistisches Lernen auf Neuromannigfaltigkeiten einschließen [24], finden wir eine mögliche neue Quelle für ein grundlegendes Element der statistischen Mechanik (Entropie), indem wir nach einem minimalen Lernprozess/-pfad auf einer Neuromannigfaltigkeit suchen [24]. Bis die Reihe in Buch 6 die Thermodynamik erreicht, sind daher alle grundlegenden Elemente der Thermodynamik aus den in den Büchern 1-5 entdeckten physikalischen Beschreibungen etabliert, sie wurden nur noch nicht in einer umfassenden Analyse zusammengeführt, die uns die grundlegenden Konstrukte der Thermodynamik und der statistischen Mechanik liefert. Das heißt, es scheint, dass die Thermodynamik somit vollständig von anderen, wirklich grundlegenden Theorien abgeleitet ist. Dem ist nicht so, denn wenn wir die Teile zusammenfügen, um die Thermodynamik zu bilden, haben wir etwas, das größer ist als die Summe der Teile. In den „System"-Beschreibungen stellen wir fest, dass emergente Phänomene existieren. Dies ist zumindest einzigartig für die Thermodynamik, also ist es in diesem Aspekt „die Summe ist größer als die Teile" grundlegend.

In Buch 7 (dem letzten) der Reihe betrachten wir die Standard-Physikwelt, die von der modernen Physik „von außen" beschrieben wird. Dabei haben wir bereits einen Teil des Mysteriums der Entropie durch die geometrische „Neuromanifold"-Beschreibung gelöst. Wenn wir andere Merkwürdigkeiten der Standardtheorie verstehen und auf natürliche Weise zu ihnen gelangen können, können wir möglicherweise noch tiefer in die moderne Physik eintauchen, die Grenzen des Möglichen testen und mögliche zukünftige Entwicklungen und Vereinheitlichungen der Theorie sehen. Dies wird in den Aufsätzen [70,87-90] beschrieben und zusammen mit den aktuellen Ergebnissen im letzten Buch der Reihe zusammengefasst.

Die Bemühungen im letzten Buch der Reihe beinhalten Entscheidungen und Konzepte, die in den sechs vorhergehenden Büchern der Reihe identifiziert wurden, sowie theoretische Manöver, die aus den fortgeschrittensten Kursen in Physik und mathematischer Physik stammen, die ich am Caltech (als Student und dann als Doktorand), am Oxford Mathematics Institute (als Doktorand) und an der University of Wisconsin in Milwaukee (als Doktorand) belegt habe.

Die breite Themenpalette der Reihe ähnelt zunächst der Lehrbuchreihe für Absolventen von Landau & Lifshitz (siehe [27]), wobei zu Beginn von Buch 1 eine ähnliche Darstellung der klassischen Mechanik zu finden ist. Selbst bei der etablierten klassischen Mechanik gibt es jedoch bedeutende, moderne Aktualisierungen, wie beispielsweise die (moderne) Chaostheorie. In den letzten beiden Büchern der Reihe (Bücher 6 und 7 [44,45]) kommen wir zur statistischen Mechanik und Thermodynamik, zusammen mit modernen Themen wie der Thermodynamik schwarzer Löcher, der thermischen Quantengravitation und der Emanatortheorie.

In der gesamten Serie werden Schlüsselkonstanten und -strukturen der Physik, ihre Entdeckung aus experimentellen Daten und ihre theoretische Einordnung in das „große Ganze" hervorgehoben. Die Konstante Alpha, auch Feinstrukturkonstante genannt, erscheint in zahlreichen Zusammenhängen, daher wird in jedem Kapitel besonders auf das Vorkommen von Alpha hingewiesen. Dies ist bereits zu Beginn von Buch 1 der Fall, da aus der Chaostheorie fundamentale numerische Konstanten hervorgehen. In Buch 7 sehen wir den Ursprung von Alpha als maximale Störungsmenge, der natürlich in einem Formalismus für maximale Informationsemanation erscheint. Aber maximale Störung in welchem Raum und auf welche Weise? In Buch 7 der Serie [45] werden wir eine mögliche Darstellung einer solchen Informationseinheit und ihres Existenzraums in Form chiraler Trigonometrien sehen.

Dies ist also letztlich ein Versuch, von einer Reise zu einem besonderen Ort zu erzählen, „ wo sich viele Wege und Besorgungen kreuzen", was zur Emanatortheorie und einer Antwort auf das Mysterium von Alpha führt. Ein Teil dieser Reise ist gleichbedeutend mit dem „Finden des Arkensteins " (Alpha) an einem höchst unwahrscheinlichen Ort, nämlich der Trigonaduonion-Emanationsmathematik, die dem Emanatorformalismus zugrunde liegt (z. B. Smaugs Höhle, beschrieben in Buch 7 [45]). Warum ich an einen so seltsamen Ort (mathematisch gesehen) geraten bin und warum ich eine tiefere Form der

Quantenausbreitung unter Verwendung hyperkomplexer Trigonaduonionen, hier Emanation genannt, postulieren sollte, liegt daran, dass es so umfangreiche Hintergrundinformationen zu Standardthemen gibt. Diese umfangreichen Hintergrundinformationen wirken sich sogar auf die Beschreibung der klassischen Mechanik über ihr modernes Chaostheoriematerial aus (aufgrund einer möglichen Beziehung zwischen C_∞ und Alpha). Die entscheidende Rolle emergenter Phänomene wird erst am Ende verstanden, einschließlich der Mannigfaltigkeiten in der Geometrie und der Neuromannigfaltigkeiten in der statistischen Mechanik, und führt zu einem sechsten Buch, das von sehr grundlegenden (anfänglichen Thermodynamiken) bis zu sehr fortgeschrittenen (emergenten Phänomenen) Themen reicht. Vieles wird durch die Emanatortheorie klar, einschließlich der Tatsache, dass die Realität sowohl fraktal als auch emergent ist. An diesem Punkt der Reise kann ich, wie schon Tolkien, so viel sagen: „Die Straße geht immer weiter … Und wohin dann? Ich kann es nicht sagen."

Die sieben Bücher der Reihe sind wie folgt:
Buch 1. Klassische Mechanik und Chaos
Buch 2. Klassische Feldtheorie
Buch 3. Klassische Mannigfaltigkeitstheorie
Buch 4. Quantenmechanik und die Grundlage des Pfadintegrals
Buch 5. Quantenfeldtheorie und das Standardmodell
Buch 6. Thermische und statistische Mechanik und Thermodynamik schwarzer Löcher
Buch 7. Maximale Informationsemanation und Emanatortheorie

Überblick über Buch 1

Buch 1 ist eine moderne Darstellung der klassischen Mechanik, einschließlich der Chaostheorie, und enthält auch Bezüge zu späteren theoretischen Entwicklungen. Die Darstellung besteht durchgehend aus der Präsentation interessanter Probleme, von denen viele gelöst sind und andere dem Leser überlassen bleiben. Die Probleme stammen aus Kursen in klassischer Mechanik (CM) und Mathematik, die am Caltech, in Oxford und an der University of Wisconsin besucht wurden. Das Kursangebot reicht vom Grundstudium bis zum fortgeschrittenen Graduiertenniveau. Die Kurse boten, wie zu erwarten, eine reichhaltige und anspruchsvolle Auswahl an Lehrbüchern und Nachschlagewerken, und auf diese Nachschlagewerke wird hier in gleicher Weise zurückgegriffen. Diese Texte zur klassischen Mechanik, nach Autoren aufgelistet, umfassen: Landau und Lifshitz [27]; Goldstein [25]; Fetter &

Walecka [29]; Percival & Richards [28]; Arnold (ODE) [32]; Arnold (CM) [37]; Woodhouse [38]; und Bender & Orszag [39]. Beachten Sie, dass es sich bei der ersten Arnold-Referenz und der Bender- und Orszag-Referenz um Lehrbücher handelt, die sich auf gewöhnliche Differentialgleichungen (ODEs) konzentrieren. Ebenso zeigt eine Analyse der ausgezeichneten und schnellen Darstellung von Landau und Lifshitz, dass sie das Material teilweise durchläuft, indem sie ODEs zunehmender Komplexität durchgeht (was beispielsweise einer komplizierteren Pendelbewegung entspricht, wie sie durch das Hinzufügen einer Reibungskraft entsteht). Diese starke Ausrichtung auf die zugrunde liegende Mathematik der ODEs wird in dieser Darstellung fortgesetzt, so dass ein Anhang für eine schnelle Überprüfung der ODEs aus der Perspektive der angewandten Mathematik bereitgestellt wird.

Die Teilchendynamik mit und ohne Kräfte wird beschrieben, wobei alle Beschreibungen mit chaotischer Bewegung enden, wobei das Chaos in der zweiten Hälfte von Buch 1 beschrieben wird [46]. Allgemein wird festgestellt, dass Systeme, die zu chaotischem Verhalten übergehen, dies mit einem bemerkenswerten Periodenverdopplungsprozess tun, und dies wird sowohl mathematisch als auch mit Computerergebnissen beschrieben. Bei der Analyse solcher dynamischer Systeme werden wir feststellen, dass periodische physikalische Systeme in Form wiederholter „Abbildungen" beschrieben werden können, z. B. klassische dynamische Abbildungen [91], und wenn sie auf diese Weise beschrieben werden, wird der Übergang zum Chaos mathematisch viel offensichtlicher (wie gezeigt wird). Die bekannte Mandelbrot-Menge wird durch eine solche wiederholte Abbildung erzeugt, wobei ihre „Chaosgrenze" durch die fraktale Grenze des klassischen Mandelbrot-Bildes definiert wird.

Eigenschaften der klassischen Mandelbrot-Menge sind für die in Buch 1 und Buch 7 behandelte Physik relevant, einschließlich der Eigenschaft, dass die fraktale Grenze eine fraktale Dimension von 2 hat (die fraktale Dimension der Grenze kann zwischen 1 und 2 liegen, gleich 2 zu werden ist etwas Besonderes). Mit der Mandelbrot-Menge gewinnen wir auch die gut untersuchten Konstanten zurück, die mit den universellen Feigenbaum-Konstanten [19] verbunden sind. In der Mandelbrot-Menge können wir deutlich die fundamentale Konstante für maximale Störung erkennen, die maximal gegenphasig (negativ) mit Betrag ist C_∞, wobei die gleichen Ergebnisse für eine Familie von Basisformulierungen gelten (zum Beispiel für eine Vielzahl von Lagrange-Formulierungen).

Ausgehend von der lagrangeschen Variationsformulierung der „Aktion" für die Teilchenbewegung werden wir schließlich die Pfadintegralfunktionsvariationsformulierung mit demselben Lagrangeschen definieren, um zu einer Quantenbeschreibung für die nichtrelativistische Quantenteilchenbewegung zu gelangen (ausführlich beschrieben in Buch 4 [42] und relativistisch in Buch 5 [43]). Ausgehend von der Quantenbeschreibung gelangen wir zum Propagatorformalismus zur Beschreibung der Dynamik (dieser existiert auch in der klassischen Formulierung, wird aber in diesem Zusammenhang normalerweise nicht oft verwendet). Es wird sich dann herausstellen, dass komplexe Propagatoren Verbindungen zu statistischen Mechanik- und Thermodynamikeigenschaften aufweisen (Buch 6 [44]). Die Verbindungen zur statistischen Mechanik werden weiter betont, wenn man sich am „Rand des Chaos" befindet, die Umlaufbewegung aber noch eingeschränkt ist. Dies kann mit einem ergodischen Regime verbunden sein, also einem Gleichgewichts- und Martingalregime, dessen Existenz dann zu Beginn der Herleitungen der statistischen Mechanik und Thermodynamik in Buch 6 [44] verwendet werden kann, wobei die Existenz von Gleichgewichten von Anfang an festgestellt wird. Die Existenz der bekannten Entropiemaße wird bereits in der Beschreibung der Neuromannigfaltigkeit (Buch 3 [41]) angedeutet. Somit kann die thermodynamische Beschreibung in Buch 6 zusammen mit den Gleichgewichten auf einer gut fundierten Grundlage aufbauen, die nicht per Dekret beansprucht wird, sondern als direktes Ergebnis dessen gilt, was bereits in der Theorie/dem Experiment ermittelt wurde, das in den vorhergehenden Büchern der Reihe beschrieben wurde.

Übersicht über die Bücher 2 und 3

Beim Übergang von einer Theorie der Punktteilchen zu einer Theorie der Felder gibt es in den grundlegenden Physikbüchern nicht viel Diskussion über Felder im allgemeinen Sinne, sondern springt normalerweise direkt zum wichtigsten relevanten Gebiet, dem Elektromagnetismus (EM). Für fortgeschrittene Leser kann auch die Allgemeine Relativitätstheorie (ART) behandelt werden, wie in [125]. Im Folgenden werden wir diese Themen behandeln, aber wir werden auch die grundlegenderen Felder in 1, 2 und 3D (einschließlich der Strömungsdynamik) sowie 4D-Lorentz-Feldformulierungen (für die spezielle Relativitätstheorie), die Eichfeldformulierung (so behandelt Yang Mills in einem klassischen Kontext) und die geometrischen und Eichformulierungen der ART behandeln. Dies bildet die Grundlage für die Standardkräfte und legt nach der Quantisierung (Bücher 4 und 5 der Reihe) die Grundlage für die standardmäßigen renormierbaren Kräfte (alle außer der Gravitation).

Die Gravitationskopplungskonstante „G" ist eine dimensionslose Kopplung (nicht wie bei Alpha in EM), und Gravitation mit Mannigfaltigkeitskonstruktion kann als Eichfeldkonstruktion beschrieben werden, obwohl sie nicht renormalisierbar ist. Gravitation und die damit verbundene Geometrie/Mannigfaltigkeiten scheinen mit ihrer eigenen emergenten Struktur in Zusammenhang zu stehen, wie in Buch 6 erörtert wird. Aus der lokalen Lorentz-Geometrie und den Lorentz-Feldbeschreibungen sehen wir auch das erste von vielen Beispielen, bei denen Systeminformationen in der Komplexifizierung eines Parameters enthalten sind, hier der Zeitkomponente. Wenn die Lorentz-Funktion in die komplexe Zeit verschoben wird, wird sie zu einem euklidischen Feld mit formal wohldefinierten Konvergenzeigenschaften (wie es in der statistischen Mechanik vorkommt). Die komplexe Zeit zeigt auch tiefe Verbindungen zwischen klassischer Bewegung und damit verbundener Brownscher Bewegung (wo der Zufallsgang Pi offenbart). Daher sollte es nicht überraschen, dass eine emergente Mannigfaltigkeit eine komplexe Struktur haben kann, sodass es auch eine emergente „thermische" Mannigfaltigkeit gibt, möglicherweise die Neuromannigfaltigkeit, die in Buch 3 beschrieben wird, und die damit verbundenen Zustandssummen, die in Buch 6 untersucht werden. So wie lokal flache Raumzeit eine natürliche Konstruktion in der allgemeinen Relativitätstheorie ist, so sind es auch Optimierungs-„Lern"-Schritte auf einer Neuromannigfaltigkeit, sodass die relative Entropie als bevorzugtes Maß gewählt wird und daraus die Shannon-Entropie und die statistische Entropie von Boltzmann. Daher hat die Mannigfaltigkeitskonstruktion, die in Buch 3 erscheint, weitreichende Auswirkungen auf die Grundlagen der thermodynamischen und statistischen mechanischen Theorie, die in Buch 6 beschrieben wird.

Bevor wir jedoch überhaupt zu den Mannigfaltigkeits-/Geometriekomplexitäten der allgemeinen Relativitätstheorie kommen, haben wir mit dem EM-Feldteil der Theorie bereits viel festgestellt: (i) Aus der „freien" EM ohne Materie erhalten wir die Lichtgeschwindigkeit c, die Lorentz-Invarianz und daraus die spezielle Relativitätstheorie und die lokal flache Raumzeit; (ii) aus der EM mit Materie erhalten wir die dimensionslose Kopplungskonstante Alpha.

Bei der Betrachtung von Feldtheorien zur Beschreibung von Materie, Kraftfeldern und Strahlung beschreiben wir zunächst die klassischen

Feldtheorien (CFTs) der Strömungsmechanik, EM und Allgemeinen Relativitätstheorie mit vielen Beispielen. Dies wird dann in Buch 5 auf die Beschreibung der Quantenfeldtheorie (QFT) übertragen. Im Anhang finden Sie eine Übersicht über die wichtigsten mathematischen Konstrukte, die in CFT und QFT verwendet werden. Auch wenn der mathematische Ansatz der Physik immer ausgefeilter wird, erhalten wir immer noch Lösungen über Variationsextrema. Daher steht nun die Bestimmung der Entwicklung des Systems von seinem Variationsoptimum im Mittelpunkt der Bemühungen. Die „Ausbreitung" des Systems von einem Zeitpunkt zu einem späteren Zeitpunkt kann durch einen Propagator beschrieben werden. Obwohl eine „Propagator"-Formulierung in der klassischen Mechanik (CM) und der klassischen Feldtheorie (CF), die gezeigt werden, mathematisch möglich ist, wird dies normalerweise nicht getan, da einfachere Darstellungen für die vorliegende experimentelle Anwendung bevorzugt werden. Wenn wir uns jedoch Beschreibungen im Quantenbereich zuwenden, wird die Verwendung des Propagator-Formalismus typisch, und bei Verwendung in den Pfadintegralformulierungen gelangen wir zu einer kompakten Formulierung, die sowohl die Evolutions- als auch die stationäre Phasenlösung gleichzeitig beschreibt.

In Buch 2 liegt der Schwerpunkt auf der klassischen Feldtheorie in einer festen Geometrie, das wichtigste physikalische Beispiel ist EM. In diesem Zusammenhang erscheint Alpha beispielsweise in der Beschreibung eines Elektron-Positron-Paares: $F = e^2/(4\pi\varepsilon a^2)$ für den Elektron-Positron-Abstand „a", wobei Alpha als Kopplungskonstante erscheint. Später, in der Quantenmechanik (QM), sowohl in der modernen als auch im frühen Bohr-Modell, haben wir Alpha = $[e^2/(4\pi\varepsilon)]/(c\hbar)$. Das Auftreten von Alpha in diesen Situationen erfolgt in gebundenen Systemen. Wenn wir dagegen ungebundene EM-Wechselwirkungen untersuchen, wie etwa mit der Lorentzkraft $F = q(E \times v)$, tritt hier kein Alpha-Parameter auf, ebenso wenig wie bei der frühen quantenmechanischen Analyse solcher Systeme wie bei der Compton-Streuung. Wir sehen also eine frühe Rolle für Alpha, aber nur in gebundenen Systemen, also nur in Systemen mit (konvergenten) Störungsentwicklungen in Systemvariablen.

In Buch 3, klassische Feldtheorie mit *dynamischer* Geometrie, also GR, sehen wir Alpha überhaupt nicht. Stattdessen sehen wir Mannigfaltigkeitskonstrukte und die Mathematik der Differentialgeometrie (und in gewissem Maße der Differentialtopologie und der algebraischen Topologie). Mannigfaltigkeitskonstrukte sind vollständig in den mathematischen Hintergrund gekapselt, der in Buch 3 und dem dortigen Anhang gegeben wird. Eine Anwendung im Bereich der Neuromannigfaltigkeiten (siehe [24]) zeigt, dass das Äquivalent eines geodätischen Pfades in diesem Zusammenhang eine Evolution ist, die Schritte mit minimaler relativer Entropie beinhaltet. Ähnlich der Beschreibung einer lokal flachen Raumzeit haben wir jetzt eine Beschreibung der „Entropie", die gemäß minimaler relativer Entropie zunimmt/sich entwickelt.

Die Allgemeine Relativitätstheorie (ART) unterscheidet sich von den anderen Kraftfeldern. Alle anderen Kraftfelder sind Teil einer adjungierten Darstellung des Standardmodells gegenüber der Stabilitätsuntergruppe U(1) xSU (2) $_L$ xSU (3). Die Form davon ist aus den chiralen einseitigen Produkten T ableitbar, die in Buch 7 beschrieben werden. Das Standardmodell wird in diesem Prozess eindeutig erhalten, und zwar ohne Erwähnung der ART. Bedenken Sie jedoch, dass die adjungierte Darstellung auf einem Raum operiert (z. B. hyperspinoriell im Fall einfacher Oktonionen-Rechtsprodukte). Die „Kraft" aufgrund der Schwerkraft ist die aufgrund der Mannigfaltigkeitskrümmung, wobei die Mannigfaltigkeitskonstruktion möglicherweise im Operationsraum emergent ist. Der Ursprung der ART-Kraft ist also völlig anders und lässt keine Quantisierung wie die anderen Kräfte zu, noch sind ihre singulären Lösungen allein durch die Quantenphysik lösbar, wie bei EM in den Büchern 4 und 5, sondern erfordern auch thermische Physik (wie in Buch 6 beschrieben wird).

Die Existenz singulärer GR-Lösungen, außerhalb speziell symmetrischer Fälle (der klassischen Schwarzlochlösungen), wurde erst mit dem Penrose-Singularitätstheorem [93] (für das 2020 der Nobelpreis für Physik verliehen wurde) eindeutig nachgewiesen. Ein Teil dieses Materials wird in Buch 3 behandelt, um zu zeigen, wie der mathematische Formalismus zu Methoden der Differentialtopologie übergeht, um die Singularitäten zu beschreiben, mit Beispielen, die auf den Klassiker von Hawking und Ellis [94] verweisen und Penrose-Diagramme verwenden. Dies wiederum wird sich bei der Beschreibung der klassischen FRW-Kosmologien mit strahlungs- und materiedominierten Phasen als nützlich erweisen (unter Verwendung von Notizen von Peebles [95], Peebles erhielt 2019 den Nobelpreis für Physik).

Die Entwicklung der allgemeinen Relativitätstheorie wäre nachlässig, wenn sie nicht kurz auf kosmologische Modelle eingehen würde, insbesondere auf die klassischen FRW-Kosmologien. Mit den entwickelten Werkzeugen der allgemeinen Relativitätstheorie werden kosmologische Ergebnisse untersucht, beginnend mit dem Einzug der kosmologischen Konstante in den Formalismus (ein Kandidat für Dunkle Energie). Verschiedene Beobachtungsdaten zu Galaxienrotationen und Universumssimulationen der Galaxienhaufenbildung deuten beide auf die Existenz Dunkler Materie hin. Das bedeutet, dass wir neue Materie haben, die außer durch die Gravitation nicht interagiert, und das steht tatsächlich im Einklang mit den neuesten Beobachtungsdaten zum Myon-g-2-Wert [96], wo die Diskrepanz zwischen Theorie und Experiment auf 4,2 Standardabweichungen angewachsen ist, und wo eine Erweiterung des Standardmodells in Arbeit zu sein scheint. Das ist praktisch, da die Emanatortheorie (Buch 7 [45]) eine solche Erweiterung vorhersagt.

Wir können somit zu Feldgleichungen für EM-, GR- und Yang-Mills-Eichfelder (stark und schwach) gelangen. Wir können Wellen- und Wirbelphänomene erhalten (wie in der Strömungsdynamik angedeutet). Wir zeigen die klassische Instabilität für atomare Materie (klassische EM-Instabilität) und die klassische Gravitationsinstabilität (die zur Bildung schwarzer Löcher mit Singularität führt). Aus Lagrange-Formulierungen können wir dann zu einer QFT-Formulierung gelangen (Buch 5). Die QFT-Formulierung vervollständigt die QM-Heilung (Buch 4) der „nichtrelativistischen atomaren Instabilität" mit der Heilung der vollständig relativistischen atomaren Beschreibung der Strahlungskollaps-Instabilität. Die Einführung von QFT führt auch zu neuer Instabilität oder Unendlichkeiten, aber diese können durch Renormierung für die EM- und elektroschwachen Formulierungen und die starke Yang-Mills-Formulierung eliminiert werden, nicht jedoch für die GR-Formulierung (Eichung). Die aktuelle theoretische Formulierung in der modernen Physik weist daher eine eklatante Lücke auf: eine Quantentheorie der Gravitation. Vielleicht ist dies jedoch kein fehlendes Element, wenn Geometrie/ART ein abgeleitetes Phänomen ist, so wie das Gebiet der statistischen Mechanik und Thermodynamik als abgeleitetes Phänomen erschien, als der komplexe Quantenpropagator eine reale (Quanten-)Partitionsfunktion hervorbringt. Der Hinweis auf eine tiefere Emanatortheorie legt nahe, dass emergente Strukturen der Geometrie und Thermodynamik im Prozess der Emanation entstehen, wobei die emanierte Information die der renormalisierbaren Quantenmateriefelder ist. In Buch 7 [45] wird eine präzise mathematische Bedeutung für die Beschreibung der maximalen Informationsemanation gefunden.

Überblick über Buch 4

Mit dem Hamilton-Prinzip im Jahr 1834 wurde eine solide Grundlage für das geschaffen, was heute als klassische Mechanik bezeichnet wird. Im Jahr 1905 wurden die Regeln der klassischen Mechanik mit Einsteins Veröffentlichung über den photoelektrischen Effekt [97] durch die neuen Regeln der Quantenmechanik ersetzt. Die ersten Anzeichen der Quantenmechanik zeigten sich jedoch in verschiedenen Beobachtungen der Quantisierung von Licht, angefangen mit dem seltsamen Auftreten von Spektrallinien bei Wasserstoff. Das Wasserstoffspektrum wurde durch eine präzise Anpassung an eine knappe empirische Formel durch Balmer im Jahr 1885 [98] noch seltsamer. Dies ist der Beginn einer erstaunlichen Periode der Entdeckungen. Die Entwicklung der Quantenmechanik von der Einführung bis zur fortgeschrittenen Entwicklung folgt in etwa dieser Geschichte.

Die frühe Phase der Entdeckung der Quantenmechanik ging mit Heisenbergs Entdeckung der erfolgreichen Anwendung der Matrizenmechanik und der daraus resultierenden Unschärferelation (1925) [16] in den modernen Formalismus der Quantenmechanik über. 1926 zeigte Schrödinger, dass das Problem der Suche nach einer diagonalen Hamiltonmatrix in Heisenbergs Mechanik gleichwertig ist mit der Suche nach Wellenfunktionslösungen für seine Wellengleichung [17]. Eine Interpretation der Wellenfunktion wurde dann 1927 von Born geklärt [107]. Dirac entwickelte einen manifest relativistischen Formalismus für die Wellenfunktion und Wellengleichung für fermionische Materie (1928) [108]. Eine axiomatische Reformulierung der Quantenmechanik wurde dann von Dirac (1930) [18] gegeben, die den Grundstein für einen Großteil der modernen Quantennotation und für kritische Fragen wie die Selbstadjungiertheit legte . Dirac beschrieb dann 1933 in seinem Aufsatz „The Lagrangian in Quantum Mechanics" [109] eine Formulierung eines Quantenausbreitungspfades, wobei der Quantenpropagator den bekannten Phasenfaktor mit der Wirkung hatte. Im Wesentlichen hatte Dirac einen einzigen Pfad erhalten, was Feynman schließlich mit der Erfindung des Pfadintegralformalismus (1942 & 1948) [110,111] auf alle Pfade verallgemeinern sollte. Die Äquivalenz einer quantenmechanischen Formulierung in Form von Pfadintegralen und dem Schrödinger-Formalismus wurde 1948 von Feynman gezeigt [111].

In einer Pfadintegralbeschreibung werden der Quantenmischungszustand, die semiklassische Physik und die klassischen Trajektorien alle durch die von der stationären Phase dominierte Komponente gegeben. Eine Lösung in der stationären Phase, die von einem einzigen Pfad dominiert wird, ist typisch für ein klassisches System. Variationsmethoden sind daher von grundlegender Bedeutung für die Analyse physikalischer Systeme, sei es in Form der Lagrange- und Hamilton-Analyse oder in verschiedenen äquivalenten Integralformulierungen.

Feynmans Entdeckung des Pfadintegralformalismus basierte nicht ausschließlich auf der früheren Arbeit von Dirac (1933) [109], obwohl seine Bedeutung durch das Anhängen dieses Papiers an seine Doktorarbeit (1946) deutlich hervorgehoben wurde. Feynman profitierte auch von Arbeiten, die bis zu Laplace [6] zurückreichen und sich mit Auswahlprozessen auf der Grundlage hochoszillatorischer Integralkonstruktionen befassen, die sich selbst für ihre stationäre Phasenkomponente auswählen. Dieser Zweig der Mathematik wurde schließlich mit Laplaces Methode der steilsten Abstiege in Verbindung gebracht, dann mit den Arbeiten von Stokes und Lord Kelvin, dann mit den Arbeiten von Erdelyi (1953) [112-114].

Feynman und andere erfanden dann zwischen 1946 und 1949 die Quantenfeldtheorie für Elektromagnetismus (QED) (mehr dazu später). Die Erweiterung auf elektroschwache Phänomene erfolgte 1959, auf QCD 1973 und auf das „Standardmodell" zwischen 1973 und 1975. Die Auswirkungen der Pfadintegralrevolution in der Quantenphysik waren also bis in die 1970er Jahre spürbar, aber das war erst der Anfang. Zu Beginn wurden Pfadintegrale von Norbert Wiener untersucht, der das Wiener Integral einführte, um Probleme der statistischen Mechanik bei Diffusion und Brownscher Bewegung zu lösen. In den 1970er Jahren führte dies zu dem, was heute als „große Synthese" bekannt ist, die die Quantenfeldtheorie (QFT) und die statistische Feldtheorie (SFT) eines fluktuierenden Felds in der Nähe eines Phasenübergangs zweiter Ordnung vereinte, und bei der die Verwendung von Renormierungsgruppenmethoden die Übertragung bedeutender Fortschritte von der QFT auf die SFT ermöglichte.

Die große Synthese ist eines von vielen Beispielen, in denen wir die analytische Fortsetzung einer Konstante oder eines Parameters sehen, die zu vertrauter Physik in den Bereichen der Thermodynamik und der statistischen Mechanik führt und eine tiefere Verbindung aufzeigt (die noch nicht vollständig verstanden ist, siehe Buch 7). Die Schrödinger-Gleichung kann beispielsweise als Diffusionsgleichung mit einer imaginären Diffusionskonstante betrachtet werden. Ebenso kann das

Pfadintegral als analytische Fortsetzung der Methode zur Summierung aller möglichen Zufallsbewegungen betrachtet werden.

In Buch 4 untersuchen wir auch sorgfältig das nächste Gravitationsäquivalent zum Wasserstoffatom (Kollaps der Staubhülle). Das Ergebnis ist eine unvollständige Formulierung aufgrund von Randbedingungen, bei der Sie zur Wahl der Zeit diese Zeitwahl eingeben müssen. Es wird keine spezifische Wahl der Zeit angegeben, um einen Einfall-Kollaps zu vermeiden. Die Ergebnisse können jedoch Stabilität und Konsistenz in einer „vollständigen" thermischen Quantengravitationsbeschreibung zeigen, bei der Analytik verwendet wird. Erfolg auf diese Weise und nicht auf andere Weise deutet auf eine mögliche grundlegende Rolle von Analytik und Thermizität hin (Bücher 6 und 7) und legt auch nahe, dass die thermische Quantengravitation TQG „existieren" oder gut formulierbar sein könnte, während die Quantengravitation QG im Allgemeinen möglicherweise nicht „existiert". Diese in Buch 6 gezeigten Ergebnisse bilden die Einführung in die Diskussion über die Emanatortheorie in Buch 7, in der Kernkonzepte in den Büchern 1 bis 6, die mit der Emanatortheorie in Verbindung stehen, in einer neuen theoretischen Synthese zusammengeführt werden.

Überblick über Buch 5
In Buch 5 zeigen wir QFTs in der Eichfelddarstellung, die die Wahl der Feldtheorie eindeutig mit der Wahl der Lie-Algebra in Beziehung setzt, die wiederum mit der Wahl der Gruppentheorie (wie $U(1)$ und $SU(3)$) in Beziehung gesetzt werden kann. Daraus können wir ersehen, dass nichtklassische algebraische Konstrukte in QM und QFT allgegenwärtig sind, sodass im Anhang ein Überblick über Gruppentheorie und Lie-Algebren sowie über Graßmann-Algebren und andere spezielle Algebren gegeben wird, die in QM und QFT benötigt werden. In ähnlicher Weise stellen wir hinsichtlich der Wahl des Ansatzes fest, dass die Schrödinger- und Heisenberg-Formulierungen oft den einzigen praktikablen Weg darstellen, um eine Lösung für gebundene Systeme zu erhalten. Bei kritischen theoretischen Überlegungen ist jedoch der Pfadintegralansatz am besten (wie gezeigt wird). Bei der Suche nach einer tieferen Theorie liefert der einheitlichere Pfadintegralansatz (PI) wichtige Hinweise zu einer tieferen Theorie (siehe Buch 7).

In Buch 5 erhalten wir das präziseste Ergebnis für den Wert von Alpha in seiner Rolle als Störungsparameter. Wenn eine Berechnung des magnetischen Momentparameters g-2 des Elektrons durchgeführt wird, wobei alle Feynman-Diagramme für Erweiterungen bis zur 5. Ordnung geeignet sind ꞏ erhalten wir eine Bestimmung von Alpha mit bis zu 14 Ziffern, wobei 1/Alpha = 137,05999...... . Dies gibt uns eine der präzisesten bekannten Messungen von Alpha. Wenn eine ähnliche Analyse für das Myon g-2 durchgeführt wird, haben angesichts der viel größeren Myonmasse Partikelproduktionspaare anderer Partikel einen messbaren Effekt, und wir können die vorhandenen niedrigeren Massen des Standardmodells untersuchen. Dabei gibt es in vorläufigen Experimenten eine Diskrepanz, die auf weitere Partikel hinweist, d. h. das Standardmodell muss erweitert werden (möglicherweise mit einer Art „sterilem" Neutrino). Diese fehlenden Partikel könnten die fehlende „Dunkle Materie" sein. Die Vorhersage hierfür in der Emanatortheorie und warum ein Ungleichgewicht zwischen den linken und rechten Neutrinos bestehen sollte (Hinweis: maximale Informationsübertragung), wird in Buch 7 beschrieben.

Ein Teil der Beschreibung der Quantenfeldtheorie beinhaltet die Verwendung von Analytik und anderen komplexen Strukturen, um mehr von der Physik in einer komplexen Erweiterung des Raums (oder der Dimension) einzukapseln. Dies führt oft zu Formulierungen in Form komplexer Integration, wobei die Wahl der komplexen Kontur angegeben wird, wie beim Feynman-Propagator. Eine der wichtigsten Renormierungsmethoden ist beispielsweise die Verwendung der Dimensionsregularisierung, die die analytische Fortsetzung von Ausdrücken mit Dimensionalität zu Dimensionalität als komplexem Parameter beinhaltet. Es gibt auch die bereits erwähnte Verschiebung zu komplexen und von „Wick-Rotation"-Ausdrücken mit Echtzeit zu Ausdrücken mit rein komplexer Zeit. Dabei wird die statistische mechanische Zustandssumme für das System mit wohldefinierter Summation erhalten. Somit wird eine Verbindung zwischen „Thermalität" und komplexer Struktur, zumindest in der Zeitdimension, angezeigt.

Der zweite Teil von Buch 5 beschreibt die QFT bei gekrümmter Raumzeit (CST), wo wir zu einer frühen Analyse der Thermodynamik Schwarzer Löcher gelangen. Hier stellen wir fest, dass die Krümmung der Raumzeit zu Thermizität und Partikelproduktionseffekten führt. Die Thermizität Schwarzer Löcher wurde in der Hawking-Strahlung [118] aufgrund der kausalen Grenze am Horizont nachgewiesen. Eine solche Thermizität ist sogar in flacher Raumzeit (Buch 5) zu beobachten, wenn kausale Grenzen eingeführt werden, wie im Fall eines beschleunigten Beobachters [143].

QFT auf CST hat noch ein weiteres Geschenk, das für den Formalismus der statistischen Mechanik, der in Buch 6 folgt, entscheidend ist, und das ist die Spin-Statistik-Beziehung. Diese Beziehung wird normalerweise zusammen mit anderen wichtigen Begriffen wie Entropie und der Beziehung zwischen Entropie und Zustandsdichte angenommen. Diese werden alle, mit dem in dieser Physikreihe gewählten Präsentationspfad, als grundlegend oder abgeleitet vom Formalismus gezeigt, der bereits in den Büchern 1-5 etabliert wurde (als Vorbereitung auf Buch 6).

Die Wahl der Zeit hängt mit der Wahl des Vakuums zusammen, das wiederum mit der Wahl der Feldgeometrie oder der Beobachterbewegung (wie konstante Beschleunigung oder Expansion) zusammenhängt. Wenn Sie eine flache Raumzeit-QFT mit einer Grenze haben, dann haben Sie thermodynamische Effekte (z. B. den Rindler-Beobachter). In diesem Zusammenhang können wir die Hawking-Ableitung der Hawking-Strahlung unter Verwendung des Euklidisierungstricks mit den Bogoliubov- Transformationen des Felds in die Rindler-Geometrie aus der Minkowski-Geometrie vergleichen (wenn diese als asymptotische Vakuumreferenz gewählt wird). Mit QFT auf CST gelangen wir auch wie erwähnt zu Spinstatistiken und erhalten die endgültige Erweiterung der Theorie durch Graßmann-Algebren, um zu thermodynamisch konsistenten statistischen Beschreibungen von Bose und Fermi für Quantenmaterie zu gelangen.

Überblick über Buch 6
Die Thermodynamik ist die älteste physikalische Disziplin (Feuer), mit kompromissloser Verwendung phänomenologischer Argumente und mysteriöser thermodynamischer Potenziale (Entropie). Offensichtlich ist die Thermodynamik auch heute noch weit verbreitet, auch in ihrer stärker quantifizierten Form durch die statistische Mechanik. Wie kann dies kein Versagen der mechanistischen Beschreibung des Universums sein, die durch CM und sogar QM angezeigt wird? Konzepte, die in QM erschienen, wie z. B. Wahrscheinlichkeit, tauchen jetzt wieder auf. Auch andere neue Konzepte tauchen auf, darunter: ungefähre statistische Gesetze; Zustandsgleichungen; Wärme als Energieform; Entropie als Zustandsvariable; Existenz von Gleichgewichten; Ensembles/Verteilungen; und Existenz der Zustandssumme. Viele dieser Konzepte erscheinen in den Pfadintegralbeschreibungen mit den zuvor erwähnten analytischen Methoden/Erweiterungen, sodass es Hinweise auf eine tiefere Theorie gibt, die einen Großteil der Grundlagen der

Thermodynamik/statistischen Mechanik aus der bestehenden Quantentheorie ableitet.

Buch 6 wurde hinter die anderen Kapitel gestellt, um auf die Identifizierung der Entropie als grundlegend zu warten, da sie als intrinsische Systemfunktion identifiziert werden kann, noch bevor wir zur Thermodynamik kommen. Wir haben auch bereits Erfahrung mit vielen Partikelsystemen über QFT (insbesondere in CST, wo die Partikelerzeugung fast unvermeidlich ist), ohne dieses Szenario direkt anzugehen (da QFT effektiv bereits viele Partikel hat, mit analytischer Bestimmung von Systemfunktionen mit vielen Partikeln wie Entropie). Mit der Entropie, die zu Beginn als wichtige Systemvariable dargestellt wird, ist die Ableitung thermodynamischer Potenziale ein unkomplizierter Prozess, wie gezeigt wird. Die Standard-SM-Verbindungen zur Thermodynamik können dann angegeben werden. Wenn wir Thermodynamik und statistische Mechanik behandeln, beginnen wir daher mit den Grundlagen der Theorie, die größtenteils etabliert sind, wie Entropie (auch mit Äquipartition, die der Summe auf Pfaden ohne Gewichtungen usw. entspricht), ohne Annahmen. Alles folgt direkt aus den theoretischen Entdeckungen, die in den vorhergehenden Büchern der Reihe dargelegt wurden. Wir sehen keine neuen Verbindungen zu Alpha, aber wir sehen neue Strukturen/Effekte, insbesondere vielfältige Konstrukte (wie bei GR, wo wir auch keine Rolle für Alpha sahen).

Die enge Verbindung zwischen der komplexierten Quantenmechanik, die zu einer Teilchenensemble-Partitionsfunktion führt, und der komplexierten Quantenmechanik und der Feldensemble-Partitionsfunktion ist nun einfach ein abgeleiteter Aspekt der angenommenen fundamentalen Komplexierung. Diese Komplexierung wird in Buch 7 mit Emanation in einem komplexierten Störungsraum angenommen.

Aus der Atomphysik, die in Buch 4 beschrieben wird, erhalten wir auch die Standardregeln zur Vervollständigung von Elektronenschalen (die im Periodensystem kodiert sind). Auf ähnliche Weise können wir auch die Ursprünge der Regeln der intermolekularen Quantenchemie verstehen. Wenn wir die statistische Mechanik (SM) bis zum Extrem treiben, haben wir ein thermodynamisches Gleichgewicht, das aus dem Gesetz der großen Zahlen (LLN) und der umgekehrten Martingale-Konvergenz hervorgeht. Mit der Anwendung auf chemische Prozesse haben wir klare Phasenübergangseffekte sowie Gleichgewichts- und

Nahgleichgewichtseffekte. Es ergibt sich die bekannte Chemie mit Materiephasen.

Aus dem chemischen Gleichgewicht und dem Nahgleichgewicht mit 10^{23} Elementen, die schwach oder gar nicht interagieren, ergeben sich zwei Verallgemeinerungen. Die erste besteht darin, das chemische Nahgleichgewicht zu betrachten und auf dieser Ebene direkt einen emergenten Prozess zu erhalten. Dies ist der Zweig, der uns Biologie/Leben auf seiner primitivsten Ebene bietet. Die zweite besteht darin, Gleichgewicht und Nahgleichgewicht im Allgemeinen zu betrachten, wenn die Elemente stark interagieren (mit 10^{10} Elementen beispielsweise). Dies ist der Zweig, der Biologie/Leben auf seiner fortgeschrittensten sozialen und wirtschaftlichen Ebene beschreibt. Beim klassischen Schrotrauschen führt die Granularität des schwachen Stromflusses (aufgrund der Diskretheit der Elektronenladung) zu einem Rauscheffekt. Wenn wir also Situationen mit weniger Elementen betrachten, gibt es aufgrund der Granularitätsrauscheffekte mehr und nicht weniger Komplikationen, und wir betreten den Bereich des maschinellen Lernens mit spärlichen Daten. Rauscheffekte können in komplexen Systemen erheblich sein, insbesondere in der Biologie, wo sie Teil dessen sind, was ausgewählt wird (wie beim Hören zur Unterdrückung von Hintergrundgeräuschen).

Der zweite Teil von Buch 6 untersucht die Rolle der Thermodynamik bei den Bemühungen, sie auf TQFT und TQG auszuweiten. Dies geschieht durch die Untersuchung von Schwarzloch-Einstellungen. Die Erkenntnis einer Rolle komplexer Strukturen bei Systemvariablen wird in diesem Prozess deutlich (zusätzlich zur bereits aufgezeigten Verallgemeinerung auf nicht-triviale Algebren).

In Buch 6, Teil 2, untersuchen wir die Hamiltonsche Thermodynamik einiger Schwarzlochgeometrien mit stabilisierenden Randbedingungen. Bei diesem Ausflug in die direkte Erforschung einer Lösung für die thermische Quantengravitation (TQG) nehmen wir eine Pfadintegralform für das GR-Problem an und wechseln direkt zu einer Zustandssumme (durch die oben erwähnte „Wick-Rotation"). Wir sehen, dass TQG möglich ist, wo positive Wärmekapazität Stabilität zeigt. Ein weiteres ermutigendes Ergebnis hinsichtlich einer eventuellen vereinheitlichenden Theorie kommt von der Stringtheorie über ihre Erklärung der BH-Thermodynamik und der BH-Horizonteffekte mit der BH-Fuzz-Lösung (durch Verwendung der holographischen Hypothese und der zugehörigen AdS -CFT-Beziehung [120,121]).

In Buch 6, Teil 2, untersuchen wir auch die Transformation des Propagators zur Zustandssumme bei Komplexierung, die zu einer thermodynamischen Theorie für einige Gleichgewichtsformulierungen führt, wobei bestimmte Parametereinstellungen für die Stabilität erforderlich sind (positive Wärmekapazität). Dies ist in einer Vielzahl von Umgebungen möglich, was darauf hindeutet, dass solche thermodynamisch konsistenten Randbedingungen die klassische Bewegungs- und BH-Singularitätsformulierung durch den Effekt dieser Stabilisierung einschränken könnten, der sich für bestimmte interne Geometrien manifestiert. Erfolgreiche TQG-Formulierungen (Thermische Quantengravitation), wie sie für RNadS- und Lovelock-Raumzeiten in Buch 6 gezeigt werden, durch Neuformulierung unter Verwendung von Analytik und nicht durch nicht-analytische Ansätze, deuten erneut auf eine mögliche grundlegende Rolle der Analytik hin und legen auch nahe, dass TQG „existieren" oder gut formulierbar sein könnte, während QG im Allgemeinen möglicherweise nicht „existiert". Diese Ergebnisse werden zusammen mit Kernkonzepten aus den Büchern 1–6, die mit der Emanatortheorie in Verbindung stehen, in einer neuen theoretischen Synthese in Buch 7 zusammengeführt.

Überblick über Buch 7
In den Büchern 4, 5 und 6 der Reihe haben wir Beispiele für QM mit imaginärer Zeit, QFT in CST, thermische QFT, Minisuperraum-QG und thermische QG untersucht. Dabei haben wir festgestellt, dass das Pfadintegral und der PI-Propagator die allgemeinste Darstellung bieten. Auf der Suche nach einer tieferen Theorie in Buch 7 bauen wir auf der Formulierung der Pfadsumme mit Propagator auf, um zu einer Formulierung der Emanationensumme mit Emanator zu gelangen.

Die Ausbreitung in einem komplexen Hilbert-Raum in einer Standardformulierung von QM oder QFT erfordert, dass die Propagatorfunktion eine komplexe Zahl ist (nicht reell oder quaternionisch usw., [122]). Dies verhindert eine ansonsten naheliegende Verallgemeinerung auf hyperkomplexe Algebren. Um diese Verallgemeinerung zu erreichen, müssen wir eine neue Ebene in die Theorie einführen, eine mit universeller Emanation unter Einbeziehung hyperkomplexer Algebren (Trigintaduonionen), von der angenommen wird, dass sie auf die bekannte Ausbreitung im komplexen Hilbert-Raum mit zugehörigen festen Elementen projiziert (z. B. projiziert der Emanatorformalismus die beobachteten Konstanten und die Gruppenstruktur des Standardmodells). Die „Projektion" ist ein induziertes mathematisches Konstrukt, wie SU(3) auf Produkten von Oktonionen, aber hier ist es das Standardmodell U(1) xSU (2) xSU (3) auf Produkten von Emanator-Trigintaduonionen. Daher wird in Buch 7 eine einheitliche Variationsformulierung vorgelegt, die Alpha als natürliches Strukturelement annimmt und unter anderem eindeutig durch die Bedingung maximaler Informationsemanation spezifiziert wird.

In Buch 7 stellen wir auch die Auswirkungen einer grundlegenden mathematischen Operation auf einen Raum fest, der wiederholt oder addiert wird. Die nicht-GR-Kräfte werden durch die Form der Operation (die Sequenz, die eine assoziative Algebra bildet) gegeben, die GR-Kräfte werden indirekt durch die Form des Raums gegeben, sodass der Aspekt „wiederholt oder addiert" mit Vorsicht betrachtet werden muss. Wenn eine rein „wiederholte" Operation oder Abbildung auftritt, können wir zur Diskussion der dynamischen Abbildung in Buch 1 zurückkehren, wo Chaos auftreten kann und allgegenwärtig ist. Dort ist der ursprüngliche „Phasenübergang", der Übergang zum Chaos, offensichtlich. Wenn eine Operation mit Addition (im statistischen Sinne mehrerer Elemente) zusammen mit wiederholten Gesamtschritten beteiligt ist, gelangen wir zum allgemeinen Rahmen der statistischen Mechanik mit Effekten aus dem Gesetz der großen Zahlen (LLN) und der umgekehrten Martingale-Konvergenz, unter anderem (Buch 6). Am bemerkenswertesten ist jedoch die Prävalenz eines neuen Effekts, nämlich der Phasenübergänge und der Entstehung neuer Strukturen (Ordnung aus Unordnung), einschließlich der bemerkenswerten Strukturen der Chemie und Biologie.

Warum die immer wiederkehrende „kabbalistische Formel"?, war schon zu Sommerfelds Zeiten eine Frage [58]. Nun ist die numerologische Parallele genauer als damals angenommen, also ist sie zu sehr Zufall, um zufällig zu sein. Die Nicht-Koinzidenz scheint auf die maximale Natur der Informationsübertragung unter verschiedenen Umständen zurückzuführen zu sein (in der Physik, Biologie und sogar der menschlichen Kommunikation mit ausreichender Optimierung) sowie auf die fraktalartige Wiederholung von Schlüsselparametersätzen, die in diesen verschiedenen Einstellungen auftritt $\{10,22,78,137 \cong 1/\text{alpha}\}$. Wir sehen, dass 10 die Dimensionalität der Ausbreitung (oder Verbindungsknoten) ausdrückt, während 22 der Anzahl der festen

Parameter in der Ausbreitung entspricht (in Buch 7 untersuchen wir die Ausbreitung in einem 10-dimensionalen Unterraum des 32-dimensionalen Trigonometrieraums, wobei 22 Dimensionen bei festen Werten belassen werden, die in der Theorie als Parameter erscheinen). Wir werden sehen, dass sich die Zahl 78 auf Generatoren der Bewegung bezieht und dass es 4 Chiralitäten der Bewegung gibt („doppelt chiral"). Wir werden auch sehen, dass 137 einfach die Anzahl der unabhängigen tri-oktonionischen Produktterme in der allgemeinen chiralen Trigintaduonion-„Emanation" ist.

Zusammenfassung – Frodo lebt
Tolkien schrieb über Eukatastrophen [127], vielleicht sah er die konstruktive Rolle emergenter Phänomene bei der maximalen Informationsübertragung voraus.

Vorwort zur Physik-Reihe, Buch Nr. 1, über:

Klassische Mechanik und Chaos

Dieses Buch bietet eine Beschreibung der klassischen Mechanik, beginnend mit den klassischen Formulierungen der Punktpartikelbewegung. Der erste Ansatz hierfür war die Verwendung von Differentialgleichungen (Newtons 1. und 2. ^{Gesetz}); der zweite Ansatz war die Verwendung einer Variationsfunktionsformulierung zur Auswahl der Differentialgleichungen (Lagrangesche Variation); der dritte Ansatz war die Verwendung einer Variationsfunktionsformulierung (Aktionsformulierung), um die Variationsfunktionsformulierung auszuwählen. Dieses Buch beschreibt die drei Formulierungen und löst Probleme in jeder dieser Formulierungen.

Erst als die klassische Mechanik bereits gut etabliert war, wurde erkannt, dass es in vielen Systemen zwei Bewegungsbereiche gibt: nicht chaotisch und chaotisch. Dies ist eine moderne Darstellung der klassischen Mechanik, die somit auch die Chaostheorie und Verbindungen zu späteren theoretischen Entwicklungen einschließt. Die Darstellung besteht durchgehend aus der Präsentation interessanter Probleme, von denen viele gelöst sind und die anderen dem Leser überlassen bleiben. Die Probleme stammen aus Kursen zur klassischen Mechanik und Mathematik, die am Caltech, in Oxford und an der University of Wisconsin belegt wurden. Die Kurse reichen vom Grundstudium bis zum fortgeschrittenen Graduiertenniveau. Die Kurse hatten, wie zu erwarten, eine reichhaltige und anspruchsvolle Auswahl an Lehrbüchern und Referenzmaterial, und diese Referenztexte werden hier ebenfalls herangezogen. Während wir das Material durchgehen, werden wir sehen, dass wir tatsächlich gewöhnliche Differentialgleichungen (ODEs) von zunehmender Komplexität studieren (die beispielsweise einer komplizierteren Pendelbewegung entsprechen, etwa durch Hinzufügen einer Reibungskraft). Diese starke Ausrichtung auf die zugrunde liegende Mathematik der ODEs motiviert die Platzierung eines Anhangs für eine kurze Überprüfung der ODEs aus der Perspektive der angewandten Mathematik.

Neben einer modernen Darstellung der zugrunde liegenden ODE-Theorie, einschließlich Chaos, sollen die anderen modernen Hauptelemente zeigen, wo die Theorie der klassischen Mechanik eine Brücke zu künftigen Theorien wie der Quantenmechanik und der speziellen Relativitätstheorie schlagen kann. Es gibt fünf theoretische Implementierungsbereiche der klassischen Mechanik, in denen die Quantenmechanik trivial angezeigt ist (durch analytische Erweiterung/Fortsetzung oder durch algebraische Modifikation von abelsch zu nichtabelsch), und solche Bereiche werden ausführlich beschrieben. Ebenso gibt es drei Bereiche experimenteller Anwendung, in denen die spezielle Relativitätstheorie angezeigt ist und die ebenfalls beschrieben werden.

Kapitel 1 Einleitung

Dieses Buch bietet eine Beschreibung der klassischen Mechanik, beginnend mit den klassischen Formulierungen der Punktpartikelbewegung. Der erste Ansatz hierfür war die Verwendung von Differentialgleichungen (Newtons 1. und 2. ^{Gesetz}); der zweite Ansatz war die Verwendung einer Variationsfunktionsformulierung zur Auswahl der Differentialgleichungen (Lagrangesche Variation); der dritte Ansatz war die Verwendung einer Variationsfunktionsformulierung (Aktionsformulierung), um die Variationsfunktionsformulierung auszuwählen. Dieses Buch beschreibt die drei Formulierungen und löst Probleme in jeder dieser Formulierungen.

Bei einer Beschreibung der Teilchenbewegung, vorausgesetzt, dass sie sich nicht in einem Parameterbereich mit chaotischer Bewegung befindet, werden mehrere wichtige Grenzen festgestellt. Beispiele hierfür sind: die universellen Konstanten aus dem oben genannten Chaosphänomen, die auch in nicht-chaotischen Regimen auftreten, wenn man „an den Rand des Chaos" getrieben wird. Die Streuung ist im asymptotischen Grenzwert definiert und die Störungstheorie ist in dem Sinne wohldefiniert, dass sie konvergent ist. Wenn die Evolution insgesamt als „Prozess" beschrieben wird, handelt es sich oft um einen Martingale-Prozess, der wohldefinierte Grenzen hat. Wir haben also Beschreibungen für die Bewegung, die normalerweise auf eine gewöhnliche Differentialgleichung reduzierbar sind und für die normalerweise Lösungen (die Grenzwertdefinitionen erfordern) gefunden werden.

Die Entwicklung der klassischen Mechanik fand hauptsächlich in den Jahren von 1687 bis 1834 statt [1-13]. Danach folgte eine beträchtliche Lücke, während andere Entdeckungen gemacht wurden, von Quaternionen [14,15] über Elektromagnetismus bis hin zur Quantenmechanik [16-18]. Schließlich wurde 1976 mit der Entdeckung der Chaosuniversalität das letzte Schlüsselelement der klassischen Theorie enthüllt [19]. In dieser Zeit wurden auch ausgefeiltere mathematische Ansätze üblicher [20,21].

Eine große Abweichung von der klassischen Mechanik trat bei der speziellen Relativitätstheorie auf, die durch die Entdeckung der Lorentz-

1

Transformation im Jahr 1899 offenbart wurde (erste Hinweise gab es in den Studien von Fizeau [22] im Jahr 1851, aber dies wurde erst Jahrzehnte später von Einstein verstanden [23]). Die Entwicklung von Methoden der klassischen Mechanik ist bis heute sehr relevant, teilweise aufgrund verwandter Entwicklungen in der modernen KI. Eine der stärksten bekannten Klassifizierungsmethoden, die Support Vector Machine (SVM), basiert beispielsweise auf einer Formulierung der klassischen Mechanik (Lagrange) in einer Anwendung der Kontrolltheorie (mit Ungleichheitsbeschränkungen) [24].

Eine moderne Lehrbuchbeschreibung der klassischen Mechanik ohne Chaostheorie findet sich bei Goldstein [25]. Eine wichtige Entwicklung der Theorie in Bezug auf Variationsinvarianten wurde 1918 von Noether beigesteuert [26]. Andere moderne Lehrbücher, auf die sich dieses Buch bezieht, sind die Klassiker von Landau und Lifshitz [27], Percival & Richards [28] und Fetter & Walecka [29]. Die Two-Timing-Analyse [30] und die Stabilitätsanalyse [31,32] sind ebenfalls in dieser Arbeit enthalten, gefolgt von den oben erwähnten kritischen Entwicklungen in der Chaostheorie [19,33,34] und dem kritischen Auftreten von Fraktalen [35,36].

Dies ist eine moderne Darstellung der klassischen Mechanik, die durchgehend aus der Präsentation von Lösungen für interessante Probleme aus einer Reihe von Texten zur klassischen Mechanik besteht, darunter: Landau und Lifshitz [27]; Goldstein [25]; Fetter & Walecka [29]; Percival & Richards [28]; Arnold (ODE) [32]; Arnold (CM) [37]; Woodhouse [38]; und Bender & Orszag [39]. Beachten Sie, dass die erste Arnold-Referenz und die Bender- und Orszag-Referenz Lehrbücher betreffen, die sich auf gewöhnliche Differentialgleichungen (Ordinary Differential Equations) konzentrieren. Ebenso zeigt eine Analyse der hervorragenden und schnellen Darstellung von Landau und Lifshitz, dass sie den Stoff teilweise durchläuft, indem sie gewöhnliche Differentialgleichungen von zunehmender Komplexität durchgeht. Diese starke Ausrichtung auf die zugrunde liegende Mathematik der gewöhnlichen Differentialgleichungen wird in dieser Darstellung so sehr fortgesetzt (so dass ein Anhang für eine schnelle Überprüfung der gewöhnlichen Differentialgleichungen aus der Perspektive der angewandten Mathematik bereitgestellt wird).

Beginnend mit Newtons Differentialgleichung F=ma stoßen wir nach und nach auf komplexere Differentialgleichungen. Ein dynamisches System

2

auf einen Satz von Differentialgleichungen zu reduzieren, ist keine einfache Angelegenheit, und das Erlernen der Lagrange-Analyse, um dies zu tun, wird zunächst im Mittelpunkt stehen, aber das Endergebnis kann immer als eine Form in Form einer gewöhnlichen Differentialgleichung oder eines Satzes solcher betrachtet werden. Wenn wir also das Problem der Beschreibung der Bewegung eines Systems auf das Problem der Lösung einer gewöhnlichen Differentialgleichung reduzieren können, bedeutet das, dass wir fertig sind? Für einfachere gewöhnliche Differentialgleichungen gilt das, und zwar analytisch (im Anhang sehen wir beispielsweise, dass lineare Differentialgleichungen zweiter Ordnung mit konstanten Koeffizienten immer gelöst werden können). Für komplexere gewöhnliche Differentialgleichungen gilt das immer noch, aber es werden Rechenwerkzeuge benötigt (Lösung nicht in geschlossener Form). Manchmal weisen gewöhnliche Differentialgleichungen jedoch Instabilitäten auf, und für diese ist eine anspruchsvollere Analyse erforderlich, und es gibt möglicherweise keine einfachen Antworten (wie die Existenz des seltsamen Attraktor-Phänomens) [37]. Revolutionärer als bloße Instabilität ist die Entdeckung des Chaos. Eine gewöhnliche Differentialgleichung kann in einem Regime gut funktionieren, in einem anderen Regime jedoch zu „chaotischer Bewegung" übergehen. Der „Rand des Chaos" ist durch ein universelles Periodenverdopplungsverhalten gekennzeichnet und wird in Kapitel 7 beschrieben. Alles, was ein Spezialist für gewöhnliche Differentialgleichungen hinsichtlich der Komplexität befürchtet haben könnte, ist tatsächlich der Fall (mit Instabilitäten und seltsamen Attraktoren usw.), und dies wurde mit der Entdeckung des neuen Phänomens des Chaos durch Universalität noch verdoppelt. Bei den hier beschriebenen Beispielen für gewöhnliche Differentialgleichungen liegt der Schwerpunkt auf physikalischen Problemen, sodass die chaotischen Lösungen direkt mit chaotischer Bewegung in Zusammenhang stehen.

Neben einer modernen Darstellung der zugrunde liegenden Theorie der gewöhnlichen Differentialgleichungen, einschließlich des Chaos, sollen die anderen modernen Hauptelemente zeigen, wo die Theorie der klassischen Mechanik eine Brücke zu den noch kommenden Theorien wie der Quantenmechanik [42] und der speziellen Relativitätstheorie [40] schlagen kann. Für die Störungstheorie mit Lösungen für eine gewöhnliche Differentialgleichung werden verschiedene Techniken gezeigt. Wenn eine komplexe Analyse verwendet wird, erhalten wir beispielsweise Lösungen, aber wir bekommen auch einen Einblick in die allgemeinen Probleme gewöhnlicher Differentialgleichungen, die in der

Quantenmechanik auftreten. Die im Anhang beschriebenen allgemeinen gewöhnlichen Differentialgleichungen erreichen beispielsweise die Sturm-Liouville-Form, die eine für die Quantenmechanik relevante selbstadjungierte Formulierung hat. Noch allgemeiner ist die Navier-Stokes-Gleichung (relevant für die Strömungsdynamik), und noch allgemeiner ist die NS-Gleichung ohne Artenerhaltung (wie in einem Halbleiter, wo es Trägererzeugung geben kann, also keine Erhaltung, mit einer modifizierten Kontinuitätsgleichung usw.). Die in der relativistischen Formulierung erforderlichen Kopplungen wiederum erzeugen ein ziemlich kompliziertes Durcheinander, das fast nie direkt ohne Näherung gelöst werden kann. In der Praxis wird die „Master-Navier-Stokes-Gleichung" innerhalb eines relevanten Betriebsbereichs angenähert.

Im Folgenden werden fünf theoretische Anwendungsbereiche der klassischen Mechanik beschrieben, in denen die Quantenmechanik trivial angedeutet wird (durch analytische Erweiterung/Fortsetzung). Diese Bereiche werden ausführlich beschrieben. Ebenso werden drei Bereiche experimenteller Anwendung beschrieben, in denen die spezielle Relativitätstheorie angedeutet wird. Diese werden ebenfalls beschrieben.

1.1 Die *conditio sine qua non* von Chaos und emergenten Phänomenen

Man wird sehen, dass die klassische Mechanik ein Sonderfall einer größeren quantenmechanischen Theorie ist. Daher könnte man meinen, wir hätten die klassische Mechanik zu einer Theorie degradiert, die von einer anderen abgeleitet ist ... *gäbe es nicht* die Chaostheorie. Chaos ist ein grundlegend neuer dynamischer Aspekt (aller Theorien, klassische, Quantentheorie, statistische Theorien, mit entsprechender Differentialform), aber es ist der einfachste (und dennoch bekannte) Aspekt im Bereich der klassischen Mechanik. Chaotische Bewegung ist allgegenwärtig, kann aber auch in vielen Problemen der klassischen Mechanik vermieden werden, wie etwa bei kleinen Schwingungsproblemen. Chaos hat als universelles Phänomen auch universelle Konstanten, die untersucht werden. Ein einfacher Weg, Chaos zu finden, besteht darin, die Hamilton-Darstellung zu verwenden und jede periodische Bewegung mit Nichtlinearitäten zu untersuchen. Wenn man es als iterative Abbildung betrachtet, werden Chaosdomänen dann klar dargestellt (wie in Kapitel 7 gezeigt wird). In ähnlicher Weise könnte man die statistische Mechanik als eine abgeleitete Theorie der klassischen Mechanik betrachten, *wenn da nicht* das Entropiemaß und emergente

(Phasenübergangs-)Phänomene wären (die in anderen Büchern dieser Reihe [40-46], insbesondere [41] und [44], besprochen werden).

1.2 Die Rolle gewöhnlicher Differentialgleichungen, Phänomenologie und Dimensionsanalyse

Ein Blick in das Inhaltsverzeichnis offenbart viele Unterabschnitte, die sich auf die Anwendung gewöhnlicher Differentialgleichungen beziehen. Dieser Schwerpunkt auf gewöhnlichen Differentialgleichungen ist kein Zufall, ebenso wenig wie die Aufnahme eines großen Anhangs (Anhang A) zu gewöhnlichen Differentialgleichungen. (Anhang A beschreibt allgemeine Methoden für gewöhnliche Differentialgleichungen und fortgeschrittene Methoden mit zahlreichen ausgearbeiteten Lösungen.) Fast immer kann das Problem der klassischen Mechanik auf die Lösung einer gewöhnlichen Differentialgleichung reduziert werden. Da wir mit Newton (einer gewöhnlichen Differentialgleichung 2. Ordnung) damit begonnen haben, scheint dies kein Fortschritt zu sein. Allerdings ist es oft schwierig, wenn nicht sogar nahezu unmöglich, die richtige gewöhnliche Differentialgleichung für ein System zu finden, ohne die dazwischenliegenden Techniken (Lagrange- und Hamilton-Technik). Solche Methoden sind also offensichtlich erforderlich, es ist nur auch eine fundierte Kenntnis gewöhnlicher Differentialgleichungen erforderlich. Wenn wir wissen, dass wir eine Differentialgleichung haben werden, und uns auf Gleichungen beschränken, die mit der Dimensionsanalyse vereinbar sind, können wir oft direkt über gewöhnliche Differentialgleichungen (und Vorschläge oder Erklärungen zu neuen Phänomenen) zur Grundlage für eine Reihe phänomenologischer Argumente für Bewegungsgleichungen und ihre Lösungen gelangen. Dimensionsanalyse und Phänomenologie werden in Kapitel 9 beschrieben.

1.3 Problemquellen; Abdeckungsgrad; Detaillierte Lösungen; Fortgeschrittene Methoden

Einige der Probleme (mit und ohne Lösungen) liegen auf dem Niveau von Prüfungsfragen für die Promotion (eine Prüfung oder „Vorprüfung", die am Ende des zweiten Jahres eines Physik-PhD-Programms abgelegt wird, um an einigen Institutionen wie UWM und U. Chicago zur Promotion zugelassen zu werden). Solche Probleme sind tendenziell die schwierigsten. Einige der Probleme, die fast ebenso schwierig sind, hängen mit Problemen zusammen, die mir während meines Studiums am Caltech in Grund- und Aufbaustudiengängen aufgegeben wurden. In vielen Fällen wurden meine sorgfältig ausgearbeiteten Lösungen in den

5

„Lösungssätzen" verwendet, die der Klasse später zur Verfügung gestellt wurden. Solche Probleme und meine Lösungen werden für Probleme aus den folgenden Caltech-Kursen (ca. 1987) gezeigt: Themen der klassischen Physik, Fortgeschrittene Dynamik und Methoden der angewandten Mathematik (in Anhang A). Oft wurden die Probleme oder Beispiele in den Kursarbeiten von Problemen aus den wichtigsten Lehrbüchern zur klassischen Mechanik abgeleitet. Daher wurden solche Quellen auch direkt für einige der hier gelösten Probleme herangezogen und enthalten Lösungen für Probleme aus den folgenden klassischen Texten: Goldstein [25]; Landau&Lifschitz [27]; Percival&Richards [28]; und Fetter&Walecka [29]. Die Lösungen werden in umfangreicher mathematischer Detailliertheit bereitgestellt, wie es in einer Vorlesung der Fall sein könnte, um die Lösungstechnik (Stichwort „Gymnastik") im Detail zu lehren.

1.4 Zusammenfassung der folgenden Kapitel

Zu Beginn betrachten wir die klassische Theorie der Punktteilchenbewegung und die klassische Mechanik. Dies beginnt in Abschnitt 2.1 mit einer kurzen Beschreibung von Newtons Kalkulationsformulierung (1687) [1], in der die Newtonsche Kraft gleich Masse mal Beschleunigung ist (eine zweite Ableitung nach der Position in der Notation von Leibnitz). Leibnitz war der andere große Erfinder der Kalkulation, wobei er die Integralrechnung in unveröffentlichten Notizen von 1675 [2] verwendete und 1684 veröffentlichte (für eine Übersetzung siehe Struik [3]). Leibnitz beschrieb 1693 auch den Hauptsatz der (modernen) Kalkulation (die inverse Beziehung zwischen Integration und Differenzierung) [4]. Die frühe Rolle mathematisch orientierter Universalgelehrter bei der Entwicklung der mathematischen Grundlagen der klassischen Mechanik wurde mit Euler und Laplace fortgesetzt. Euler leistete bereits früh Beiträge mit Mechanica (1736) [5], setzte aber die Entwicklung der zugrundeliegenden Mathematik und mathematischen Physik über mehrere Jahrzehnte fort und beeinflusste Lagrange mehr als fünfzig Jahre später, im Jahr 1788 (mit der Synthese, die als Euler-Lagrange-Gleichungen bekannt ist). Laplace's Verfahren, das in (1774) [6] beschrieben wird, hatte in ähnlicher Weise einen großen Einfluss auf Hamiltons Neuformulierung im Jahr 1834 (die zum klassischen Propagator führt, der mit $\int e^{Mf(x)} dx$, für in Zusammenhang steht $M \gg 1$) [6] , sowie auf Pfadintegralmethoden in den 1940er Jahren (Quantenpropagator, der mit in Zusammenhang steht $\int e^{iMf(x)} dx, M \gg 1$) [48] .

6

Nach Newton war die nächste wichtige Formulierung der klassischen Theorie D'Alemberts Beschreibung der Kraft im Kontext virtueller Arbeit (1743) [7]. Virtuelle Arbeit, die die tatsächlich geleistete Arbeit auf Null ausgleicht, ist gleichbedeutend mit einer Form der Euler-Lagrange-Gleichungen [8,9], die die Bewegungsgleichungen wie zuvor wiedergeben, jetzt jedoch mit einer viel einfacheren Beschreibung holonomischer Beschränkungen (wie für starre Körper, bei denen die Beschränkungsgleichung keine Differentialgleichung ist). In Abschnitt 3.3.1 überprüfen wir die Arten von Beschränkungen, wie z. B. holonome. In vielen Situationen haben wir nicht-holonome Beschränkungen (wie für ein rollendes Objekt). Die Komplikation nichtholonomischer Beschränkungen lässt sich in Hamiltons Neuformulierung anhand des Prinzips der kleinsten Wirkung (1833, 1834) [10-13], das in Kapitel 3 beschrieben wird, leicht handhaben. Hamilton verschiebt die mathematische Grundlage der theoretischen Formulierung zu einem Variationsextremum eines Wirkungsfunktionals, das als Integral einer Lagrange-Funktion für ein Punktteilchen über die Zeit (entlang einer Flugbahn oder eines Pfades) definiert ist. Das Variationsminimum, d. h. das Prinzip der kleinsten Wirkung, stellt dann die Euler-Lagrange-Gleichungen wieder her, um dieselben Bewegungsgleichungen wie bei D'Alembert zu beschreiben, außer dass wir jetzt die Möglichkeit haben, nichtholonome Beschränkungen mithilfe von Lagrange-Multiplikatoren zu handhaben (kurz beschrieben in Abschnitt 3.3.1 und dann in einigen Beispielen in Abschnitt 3.3.2 verwendet). Hamilton war außerdem zusammen mit Olinde Rodrigues (1840) [15] einer der Entdecker der Quaternionen (1843-1850) [14]. Diese wurden von Maxwell zur Beschreibung des frühen Elektromagnetismus (siehe [40]) und zur Bezeichnung komplexerer Algebren (ein Vorspiel zur Quantenmechanik – siehe [42]) verwendet.

Die in Kapitel 3 gezeigte Variationsformulierung „vereinheitlicht" die klassische Theorie auch auf andere Weise [7-14] und schlägt eine Brücke zur „neuen" Quantentheorie (Details in [42]). Dies liegt daran, dass die Quantentheorie in Form einer oszillierenden Integralformulierung ausgedrückt werden kann, bei der die Einschränkung einer minimalen Wirkung nicht als grundlegende Variationsregel gilt, sondern als Folge der Summierung aller Bewegungspfade, deren Wirkungen als Phasenterme in ein stark oszillierendes Integral eingehen (anfängliche mathematische Entwicklung aus dem Laplace-Verfahren [6]), das wiederum die klassischen Bewegungsgleichungen als nullte Näherung an das oszillierende Integral (stationäre Phase) auswählt. In erster Ordnung

7

haben wir semiklassische Effekte, und eine Summe der vollständigen Quantenbeschreibung ergibt die vollständige Quantentheorie (siehe [42] für weitere Details).

Kapitel 3 untersucht insbesondere die Anwendung der minimalen Wirkungsformulierung in Form eines Funktionals (der Wirkung) auf die Lagrange-Funktion, die entlang eines bestimmten Pfades integriert ist. Mit einer solchen Anwendung der Variationsmethodik lässt sich eine breite Palette klassischer Systeme beschreiben. Es gibt zwei Hauptmethoden zur Formulierung des Wirkungsfunktionals, die durch die Legendre-Transformation verknüpft sind: (i) die bereits erwähnte Lagrange-Methode und (ii) die Hamilton-Methode. Der Hamilton-Operator, der (mit Anwendungen) in Kapitel 6 beschrieben wird, ist mit Erhaltungsgrößen des Systems verbunden, sofern diese existieren, wie etwa der Energie. In diesem letzteren Sinne, der Beschreibung der Erhaltungsgrößen des Systems, wird der Hamilton-Operator in Kapitel 3 eingeführt, um diese Erhaltungsgrößen in den Lösungen auszudrücken. Die Analyse aus der Perspektive einer vollständigen Hamilton-Variationsanalyse erfolgt jedoch erst in Kapitel 6. Die dazwischenliegenden sehr kurzen Abschnitte umfassen Kapitel 4 „Klassische Messung" und Kapitel 5 „Kollektive Bewegung".

In den Kapiteln 3, 6 und 8 wird die Formulierung des Hamiltonoperators erster Ordnung in Form kanonischer Koordinaten beschrieben. Die Phasenraumdarstellung der Systemdynamik in Form kanonischer Koordinaten ermöglicht dann die Untersuchung der Eigenschaften des Hamiltonoperators, wenn dieser als Abbildungsfunktion auf einem Phasenraum betrachtet wird. Wir stellen fest, dass solche Abbildungen flächenerhaltend sind und uns ermöglichen, das asymptotische Systemverhalten in vielen Situationen mühelos zu beschreiben, einschließlich Situationen, die ein radikal neues Phänomen deutlich demonstrieren: „Chaos". Das allgegenwärtige Auftreten von Chaos und von klassischen Systemen „am Rande des Chaos" wird dann in Kapitel 7 beschrieben.

Die „Universalität" des Chaos wurde in Feigenbaums Aufsatz von 1976 [19] gezeigt. Diese Universalität tritt unter der Annahme auf, dass die Abbildungsfunktion ein quadratisches (parabolisches) lokales Maximum hat. Feigenbaum weist darauf hin, dass dies eine normale Beziehung ist, geht aber nicht näher darauf ein. Es stellt sich heraus, dass die quadratische Form des lokalen Maximums (in der Nähe eines kritischen

Punkts) eine allgemeine Eigenschaft aus der Variationsrechnung und Hilbert-Räumen ist, die als Morse-Palais-Lemma [20,21] bekannt ist. Die Annahme, die der Universalität des Chaos zugrunde liegt, ist gültig, wenn es in der Nähe kritischer Punkte von Interesse eine ausreichend glatte Funktion gibt, z. B. wenn es eine Mannigfaltigkeitsbeschreibung (mit einer glatten Funktion) gibt. Nehmen wir an, wir stellen dies auf den Kopf (wie in [47] geschehen wird) und nehmen an, dass Chaos eine fundamentale, immer vorhandene Grenze ist. Wenn dies zutrifft, muss Morse-Palais immer anwendbar sein, sodass wir eine Mannigfaltigkeit (Geometrie) haben. Dies ist interessant, weil wir, bevor wir in [41] überhaupt zu dynamischen Feldern/Geometrien (Mannigfaltigkeiten) kommen, Hinweise darauf sehen, dass ein solches mathematisches Konstrukt als Konsequenz der Universalität der, nun ja, Universalität [19] existiert.

Kapitel 8 befasst sich mit expliziteren Eigenschaften kanonischer Koordinaten und Transformationen zwischen ihnen. Dadurch können kanonische Koordinaten gewählt werden, die die Analyse erheblich vereinfachen, indem die Bewegungsgleichungen entkoppelt und in vielen Fällen zu Bewegungskonstanten oder Bewegungskoordinaten gemacht werden. Der am stärksten entkoppelte Fall wird durch die sogenannte Hamilton-Jacobi-Gleichung beschrieben, die, wenn sie in den Operatorformalismus für die Quantentheorie verschoben wird, der in [42] beschrieben wird, zur bekannten Schrödinger-Gleichung wird. Eine andere Formulierung in Bezug auf entsprechend gewählte kanonische Variablen führt zur Poisson-Klammer-Formulierung. Diese wird ebenfalls diskutiert, nicht wegen ihrer Anwendung in der klassischen Physik an *sich* , sondern wegen ihrer trivialen Verschiebung zu einer Operatorkommutatorformulierung, um zu der anderen (ersten) Quantenreformulierung der klassischen Theorie (der Heisenberg-Formulierung) zu gelangen. Kapitel 9 fährt mit einem weiteren Vorteil der Hamilton-Formulierung fort, einer Erhaltungsgröße in vielen Systemen, und zwar über ihre Anwendung in der Störungstheorie. Die Verwendung von Hamilton-Operatoren sowohl im klassischen als auch im Quantenstörungskontext *wird* diskutiert. Kapitel 9 beschreibt auch die Dimensionsanalyse, die zusammen mit einer Analyse der Erhaltungsgrößen zu überraschenden Lösungen führen kann, die allein auf Selbstähnlichkeit beruhen – mit einigen klassischen Beispielen. Zusätzliche Übungen finden Sie in Kapitel 10.

Die in diesem Buch beschriebene klassische Mechanik berührt spezielle relativistische Korrekturen nur kurz, d. h. sie konzentriert sich auf partikuläre Materie, die sich mit nicht-relativistischer Geschwindigkeit bewegt. Daher gibt es in diesem Buch eine Annäherung an die absolute Zeit, ein Konzept der Gleichzeitigkeit und der sofortigen Kraftübertragung bei sich ändernder Quellenposition. Beachten Sie, dass diese Trennung der speziellen Relativitätstheorie von der klassischen Physik in diesem Buch auch physikalisch sinnvoll ist, da auf der Ebene der untersuchten partikulären, nicht-relativistischen Materie nur wenige Möglichkeiten bestehen, spezielle relativistische Effekte zu beobachten. Siehe Abschnitt 3.3.2 für einen frühen experimentellen Hinweis auf die Existenz einer 4-Vektor-Größe für Energie-Impuls in der Compton-Streuformel. Ein weiteres Beispiel, bei dem relativistische Effekte beobachtet wurden, obwohl sie damals noch nicht realisiert wurden, waren die Experimente von Fizeau zur Lichtausbreitung durch fließendes Wasser (1851) [22]. (Einstein bemerkte, dass „ die experimentellen Ergebnisse, die ihn am meisten beeinflusst hatten, die Beobachtungen der Sternaberration und Fizeaus Messungen der Lichtgeschwindigkeit in bewegtem Wasser waren " [23].) Das Fizeau-Experiment (Abschnitt 4.3) führt zu einer relativistischen Geschwindigkeits-4-Vektoradditionsberechnung (für den relativistischen Dopplereffekt). Sobald der relativistische Dopplereffekt aufgedeckt ist, kann die gesamte spezielle Relativitätstheorie mit Hilfe des Bondi-K-Kalküls (beschrieben in [40]) wiederhergestellt werden.

Sobald wir in [40] zu Vorstellungen dynamischer Kraftfelder gelangen, wird die Lorentz-Transformation der Maxwell-Gleichungen (als 4-Vektoren) vorgestellt (1899), und 1905 folgt dann die Ausweitung dieser Transformationen auf alle Materie à la Einstein. Aus diesem Grund werden die spezielle Relativitätstheorie sowie Hintergrundinformationen und Problemlösungen in [40] über Felder behandelt.

Daher sind die in diesem Buch beschriebenen Felder, wenn überhaupt, statisch oder stationär, und die Diskussion ihrer allgemeinen dynamischen Rolle wird auf [40] verschoben. Die betrachteten klassischen mechanischen Systeme sind auch insofern einfach, als zu jedem Zeitpunkt nur wenige Elemente interagieren und in Bewegung sind. Die Verbindungen zu Systemen mit vielen Elementen werden hauptsächlich [44] über die statistische Mechanik überlassen. Selbst auf der Ebene der klassischen Mechanik können wir jedoch immer noch erste Anzeichen neuer Phänomene erkennen (aufgrund emergenter Martingalphänomene und des Verhaltens nach dem Gesetz der großen Zahlen, LLN). Daraus können wir erkennen, dass es neue grundlegende Parameter gibt, wie z. B. Entropie (diskutiert in [41], in Bezug auf Informationsgeometrie, und in Buch 6 über die statistische Mechanik).

Beachten Sie, dass wir, bevor wir zu [44] über die statistische Mechanik kommen, wo hauptsächlich die grundlegende Rolle der Entropie untersucht wird, die Entropie bereits im Kontext der statistischen Lerntheorie auf einer Neuronalen *Mannigfaltigkeit* (angegeben in [41]) „entdeckt" haben werden. Wenn statistisches Lernen auf einer neuronalen Netzkonstruktion (NN) mit NN-Lernen über Erwartung/Maximierung durchgeführt wird, kann der Lernprozess mithilfe der Informationsgeometrie beschrieben werden. Die Informationsgeometrie ist ein Formalismus der Differentialgeometrie, der auf Familien von Verteilungen in statistischen Lernprozessen angewendet wird. Beim optimalen statistischen Lernen kann gezeigt werden, dass die Entropie für „lokale" Begriffe der Verteilungsdistanz in einem ähnlichen Prozess ausgewählt wird, wie die euklidische Distanz (flache Raumzeit) als lokaler geometrischer Begriff der Mannigfaltigkeitsdistanz ausgewählt wird. Auf diese Weise wird die Entropie als lokales Maß ausgewählt, genauso wie die lokal flache Raumzeit ausgewählt wird (mit lokaler Minkowski-Metrik). Abgesehen von der Theorieverbindung ist die direkte Implementierung des statistischen Lernens in Form von KI-basiertem SVM-Lernen [24] eigentlich eine Übung in Lagrangescher Optimierung mit nichtholonome Ungleichungsbeschränkungen (siehe [24]) und ist daher für diejenigen, die den Stoff dieses Buches beherrschen, direkt zugänglich.

Jetzt geht's los... mit Newton.

Kapitel 2. Newton, Leibnitz und D'Alembert

Mathematische Beschreibungen der Physik müssen versuchen zu begründen, warum ihre Beschreibung unter all den mathematisch ausdrückbaren Möglichkeiten auf eine bestimmte Weise erfolgen oder sich entwickeln sollte. Die Antwort, insbesondere im Gefolge der von Maupertus und Leibnitz [2] vertretenen Philosophie, ist typischerweise eine Form von Optimum, das auf dem Zustand oder dem Weg der Bewegung (z. B. dem kürzesten Weg) ausgewählt wird. Angesichts der Idee, ein Variationsextremum zu suchen, ist es dann logisch, dass es zur Erfindung (oder Entdeckung) der Variationsrechnung kommt.

Vor 1660 hatte die Physik vor der Infinitesimalrechnung eine Menge an Beobachtungsdaten gesammelt, aber noch nicht die Mathematik entwickelt, um Flugbahnen und Extremalpfade zu beschreiben (wie diese Flugbahnen aussehen werden). Das heißt nicht, dass es nicht bereits eine Reihe wichtiger mathematischer Entwicklungen gegeben hätte, die bis zur Erfindung der primitiven Trigonometrie mit dem Konzept des Sinus des Winkels zurückreichen (der Sinus wurde von indischen Astronomen in der Gupta-Zeit zur Sternenverfolgung verwendet, aber die Verwendung der Methode ließe sich bis zu den alten Babyloniern mit späteren Entdeckungen zurückverfolgen [75]).

Newtons Fluxionsrechnung wurde 1665-1666 (während der Londoner Pest) erfunden, aber er vermied die direkte Verwendung von Infinitesimalen bei der Formulierung seiner Schlussfolgerungen. Leibniz' Kalkül akzeptierte von Anfang an die Verwendung und Gültigkeit von Infinitesimalen und begann 1675 mit der Entwicklung einer Notation für Infinitesimale, die noch heute verwendet wird. Die formale mathematische Gültigkeit der Verwendung von Infinitesimalen musste bis 1963 warten, als Abraham Robinson [76,77] seine „Non-standard analysis" veröffentlichte.

Die mathematisch-physikalische Beschreibung der Realität etablierte sich mit der Entwicklung der Infinitesimalrechnung in den 1660er Jahren [1,2]. Insbesondere die Variationsrechnung liefert physikalische Lösungen und Beschreibungen der Realität, die der Beobachtung entsprechen, wobei die physikalische Beschreibung der Realität in Form eines

13

Variationsextremums vorliegt [6,10,11]. Dies wird ausführlich in der klassischen Mechanik und der klassischen Feldtheorie beschrieben. Ein Variationsprozess zur Auswahl des Optimums führt oft zur Lösung einer Art Differentialgleichung (im Anhang ausführlich besprochen). Das ist in Ordnung, wenn Sie die Differentialgleichung lösen können, aber wenn Sie das nicht können, ist es von Vorteil, eine andere Analysemethode zur Auswahl von Bewegungsgleichungen zu haben. So wurde sehr früh erkannt, dass man einen Auswahlprozess auf der Grundlage hochoszillierender Integralkonstruktionen haben könnte, die sich selbst für ihre stationäre Phasenkomponente auswählen [6]. Dieser letztere Weg wird schließlich die Grundlage für den Pfadintegralansatz der Quantenphysik (siehe [42]) und der gesamten klassischen Physik legen, die zuvor als Sonderfall auftrat.

Die Einführung mathematischer physikalischer Konzepte vor der formalen mathematischen Validierung ist ein wiederkehrendes Thema in der Physik. Ein weiteres Beispiel hierfür ist die Einführung der Delta-Funktion durch Dirac, formalisiert über die L^2-Verteilungstheorie [78] (dies ist das, was in der zugrundeliegenden, selbstadjungierten Quantenformulierung unbedingt erforderlich ist).

2.1 Newtons Kraftgesetz und, mit Leibnitz, Erfindung der Infinitesimalrechnung

Beginnen wir mit einer Neuformulierung der drei Newtonschen Gesetze:

1. Gesetz : $\frac{dp}{dt} = 0$ wenn $F = 0$, wobei $p = mv$ und m Masse ist und v Geschwindigkeit ist.

2. Gesetz : $\frac{dp}{dt} = F \rightarrow F = ma$.

3. Gesetz : Die zwischen zwei Objekten ausgeübte Kraft ist gleich und entgegengesetzt.

$$(2:1)$$

Und wenn es mehr als ein Teilchen gibt, gilt für die Bewegungsgleichung des i-ten Teilchens:

$$\sum_j \vec{F}_{ji} + \vec{F}_i = \dot{\vec{p}}_i \, ,$$

$$(2\text{-}2)$$

wobei $\vec{F}_{ji}$ die Kraft des j-ten Teilchens auf das i-te Teilchen ist ($\vec{F}_{ii} = 0$), $\vec{F}_i$ die Netto-Außenkraft auf das i-te Teilchen ist und $\dot{\vec{p}}_i$ die zeitliche Ableitung des Impulses des i-ten

14

Teilchens ist. Erinnern Sie sich an Newtons 3. ^{Gesetz}, wonach die zwischen zwei Objekten ausgeübte Kraft gleich groß und entgegengesetzt ist, d. h. $\vec{F}_{ji} = -\vec{F}_{ij}$. Dies wird als schwaches Gesetz von Aktion und Reaktion bezeichnet [25].

In Kapitel 1, Problem 6 (Seite 31) von Goldstein [25], das unten beschrieben wird, stellen wir fest, dass die Standardbewegungsgleichungen für die Position und den Impuls des Schwerpunkts, wenn man sie als Ausgangspunkt nimmt, nicht nur das schwache Gesetz von Aktion und Reaktion anzeigen, sondern auch das starke Gesetz, *bei dem die Kräfte streng entlang der Linie verlaufen* , die die Objekte verbinden. Dieses praktische Ergebnis ergibt sich, weil die Bewegungsgleichungen des Systems implizit mit Erhaltungsgesetzen auf Systemebene in Beziehung stehen, sodass wir, umgekehrt betrachtet, globale Erhaltungsgesetze sehen, die die lokale Dynamik und lokale Kraftbeschreibungen so einschränken, dass die Kräfte zwischen Objekten streng entlang der Linie verlaufen, die die Objekte verbinden. Dies wird im Zusammenhang mit Noethers Theorem [26] in einem späteren Abschnitt ausführlicher entwickelt. Betrachten wir zunächst das Schwerpunktsystem im Detail, beginnend mit einer Beschreibung der Schwerpunktkoordinate, die die Bewegungsgleichung hat:

$$\vec{R} = \frac{\sum m_i \vec{r}_i}{\sum m_i}; \quad M = \sum m_i; \quad M\frac{d^2\vec{R}}{dt^2} = \sum_i \vec{F}_i = \vec{F}^{(ext)},$$

wobei sich dies auf die Bewegungsgleichungen der einzelnen Objekte bei Wegfall der Schwerpunktskoordinaten bezieht:

$$\sum m_i \frac{d^2\vec{r}_i}{dt^2} = \sum_i \vec{F}_i.$$

Ein direkter Vergleich mit der einzelnen Bewegungsgleichung oben, wenn sie über Objekte summiert wird, zeigt, dass wir Folgendes haben müssen:

$$\sum_{i,j} \vec{F}_{ji} = 0 \rightarrow \vec{F}_{12} = -\vec{F}_{21},$$

(2-3)

Im fundamentalen Fall zweier Objekte erhalten wir also (bisher) das schwache Gesetz von Aktion und Reaktion. Wenden wir uns nun der Systembeschreibung der Winkelbewegung (um den Mittelpunkt) zu, die sich auf die Erhaltung des Drehimpulses bezieht. Beginnen wir mit dem

15

Systemdrehimpuls und der Änderung des Drehimpulses bei äußerem Drehmoment:

$$L = \sum_i \vec{r}_i \times \vec{p}_i; \quad \frac{dL}{dt} = \sum_i \vec{r}_i \times \vec{F}_i,$$

wir nehmen zunächst direkt die Zeitableitung:

$$\frac{dL}{dt} = \sum_i \dot{\vec{r}}_i \times \vec{p}_i + \vec{r}_i \times \dot{\vec{p}}_i = \sum_i \vec{r}_i \times \dot{\vec{p}}_i$$

Ein direkter Vergleich der Zeitableitungen des Drehimpulses ergibt dann:

$$\sum_{i,j} \vec{r}_i \times \vec{F}_{ji} = 0.$$

$$(2\text{-}4)$$

Konzentrieren wir uns erneut auf zwei interagierende Objekte (mit den Bezeichnungen 1 und 2): $\vec{r}_1 \times \vec{F}_{21} + \vec{r}_2 \times \vec{F}_{12} = 0$,und da $\vec{F}_{ji} = -\vec{F}_{ij}$bereits vorhanden, müssen wir Folgendes haben: $(\vec{r}_1 - \vec{r}_2) \times \vec{F}_{12} = 0$,Abschluss des starken Gesetzes des Aktions-Reaktions-Beweises – die Kräfte verlaufen streng entlang der Linie, die die Objekte verbindet (was eine mögliche Funktionsbeschreibung in einer späteren Analyse ermöglicht).

2.2 D'Alemberts Prinzip der virtuellen Arbeit

Dieser Abschnitt fasst D'Alemberts Argument in moderner Notation gemäß [25,37] zusammen. Angenommen, das System befindet sich im Gleichgewicht, d. h. $\vec{F}_i = 0$, dann ist klar $\vec{F}_i \cdot \delta\vec{r}_i = 0$. Also $\sum \vec{F}_i \cdot \delta\vec{r}_i = 0$, was wir nun wie folgt zerlegen:

$$\vec{F}_i = \vec{F}_i^{(a)} + f_i,$$

$$(2\text{-}5)$$

wobei $\vec{F}_i^{(a)}$die angewandte Kraft und $f_i$die Zwangskraft ist. Somit gilt:

$$\Sigma_i^{\square} \vec{F}_i^{(a)} \cdot \delta\vec{r}_i + \Sigma_i^{\square} \vec{f}_i \cdot \delta\vec{r}_i = 0,$$

wobei es $\delta\vec{r}_i$sich um beliebige Verschiebungen handeln kann. Wir beschränken uns nun auf die Situation, in der die virtuelle Nettoarbeit aufgrund der Zwangskräfte Null ist, $\Sigma_i^{\square} \vec{f}_i \cdot \delta\vec{r}_i = 0$, und erhalten dann:

$$\Sigma_i^{\square} \vec{F}_i^{(a)} \cdot \delta\vec{r}_i = 0.$$

Angenommen, das System befindet sich jetzt in einer allgemeinen Umgebung, $\vec{F}_i = \dot{\vec{p}}_i$wenn wir die Zwangskraft wie zuvor abspalten:

$$\Sigma_i^{\square} \left(\vec{F}_i^{(a)} - \dot{\vec{p}}_i \right) \cdot \delta\vec{r}_i + \Sigma \vec{f}_i \cdot \delta\vec{r}_i = 0$$

16

und mit der gleichen Annahme, dass aufgrund von Einschränkungen keine virtuelle Nettoarbeit anfällt, erhalten wir:

$$\Sigma_i^{\square}\left(\vec{F}_i^{(a)} - \dot{\vec{p}}_i\right) \cdot \delta\vec{r}_i = 0 , \qquad D'Alembert's \; principle$$

(2-6)

Von der obigen Form müssen wir in verallgemeinerte Koordinaten transformieren, die voneinander unabhängig sind, so dass die Koeffizienten der Verschiebungen separat auf Null gesetzt werden können:

$$\vec{r}_i = \vec{r}_i(q_1, q_2, \dots q_n, t) \rightarrow \delta\vec{r}_i = \Sigma_j^{\square}\frac{d\vec{r}_i}{\partial q_j}\delta q_j .$$

Betrachten Sie zunächst die Transformation des $\vec{F}_i^{(a)} \cdot \delta\vec{r}_i$ Teils (ohne Berücksichtigung des hochgestellten Zeichens „angewendet"):

$$\Sigma_i^{\square}\vec{F}_i \cdot \delta\vec{r}_i = \Sigma_{i,j}^{\square}\vec{F}_i \cdot \frac{\partial\vec{r}_i}{\partial q_j}\delta q_j = \Sigma_j^{\square}Q_j\delta q_j$$

$$\rightarrow Q_j = \Sigma_i^{\square}\vec{F}_i \cdot \frac{\partial\vec{r}_i}{\partial q_j}$$

(2-7)

wobei die Dimension von Q nicht die Dimension der Kraft sein muss und die verallgemeinerten Koordinaten nicht die Dimension der Länge, ihr Produkt aber trotzdem die Dimension der Arbeit sein muss. Betrachten wir nun die Transformation des $\Sigma_i^{\square}\dot{p}_i \cdot \delta\vec{r}_i$ Terms:

$$\Sigma_i^{\square}\dot{p}_i \cdot \delta\vec{r}_i = \Sigma_i^{\square}m_i\ddot{\vec{r}}_i \cdot \delta\vec{r}_i = \Sigma_{i,j}^{\square}m_i\ddot{\vec{r}}_i \cdot \frac{\partial\vec{r}_i}{\partial q_j}\delta q_j$$

$$= \Sigma_{i,j}^{\square}\left\{\frac{d}{dt}\left(m_i\dot{\vec{r}}_i \cdot \frac{\partial\vec{r}_i}{\partial q_j}\right) - m_i\dot{\vec{r}}_i\frac{d}{dt}\left(\frac{\partial\vec{r}_i}{\partial q_j}\right)\right\}\delta q_j$$

Jetzt,

$$\frac{d}{dt}\left(\frac{\partial\vec{r}_i}{\partial q_j}\right) = \Sigma_k^{\square}\frac{\partial^2\vec{r}_i}{\partial q_j\partial q_k}\dot{q}_k + \frac{\partial^2\vec{r}_i}{\partial q_j\partial t} = \frac{\partial}{\partial q_j}\frac{d\vec{r}_i}{dt} = \frac{\partial\vec{r}_i}{\partial q_j}.$$

Darüber hinaus wechseln Sie zu $\vec{r}_i = \vec{v}_j$:

$$\frac{\partial\vec{v}_i}{\partial\dot{q}_j} = \frac{\partial}{\partial\dot{q}_j}\left\{\Sigma_k^{\square}\frac{\partial r_i}{\partial q_k}\dot{q}_k + \frac{\partial r_i}{\partial t}\right\} = \frac{\partial r_i}{\partial q_j}$$

Wir können jetzt schreiben

$$\Sigma_i^{\square}\dot{p}_i \cdot \delta\vec{r}_i = \Sigma_i^{\square}\left\{\frac{d}{dt}\left(m_i\vec{v}_i \cdot \frac{\partial\vec{v}_j}{\partial\dot{q}_j}\right) - m_i\vec{v}_i \cdot \frac{\partial\vec{v}_j}{\partial q_j}\right\}$$

$$= \Sigma_i^{\square}\left\{\frac{d}{dt}\left(\frac{\partial}{\partial\dot{q}_j}\left(\Sigma_i^{\square}\frac{1}{2}m_i\vec{v}_i^{\;2}\right)\right) - \frac{\partial}{\partial q_j}\left(\Sigma_i^{\square}\frac{1}{2}m_i\vec{v}_i^{\;2}\right)\right\}$$

17

und wenn wir den Term der kinetischen Energie schreiben $\Sigma_i^{\square} \frac{1}{2} m_i \vec{v}_i^2 = T$, erhalten wir das d'Alembertsche Prinzip in der Form:

$$\Sigma_j^{\square} \left[\left\{ \frac{d}{dt}\left(\frac{\partial T}{\partial \dot{q}_j}\right) - \frac{\partial T}{\partial q_j} \right\} - Q_j \right] \partial q_j = 0.$$

(2-8)

Wenn wir die Kraft als Potentialfunktion ausdrücken $\vec{F}_i = -\nabla_i V$ (wobei Äquipotentialflächen in Bezug auf „Feldlinien" wohldefiniert sind), erhalten wir:

$$Q_j = \Sigma_i^{\square} \vec{F}_i \cdot \frac{\partial \vec{r}_i}{\partial q_j} = -\Sigma \nabla_i V \cdot \frac{\partial \vec{r}_i}{\partial q_j} = -\frac{\partial V}{\partial q_j}$$

(2-9)

Wenn wir nun die Standard-Lagrange-Funktion einführen $L = T - V$, stellen wir fest, dass das D'Alembert-Prinzip zu den Bewegungsgleichungen führt, die in Bezug auf die Lagrange-Funktion ausgedrückt werden:

$$\frac{d}{dt}\left(\frac{\partial L}{\partial \dot{q}_j}\right) - \frac{\partial L}{\partial \dot{q}_j} = 0,$$

(2-10)

wobei die letztere prägnante Form der Bewegungsgleichungen als Euler-Lagrange-Gleichungen (EL-Gleichungen) bekannt ist. Damit ist die Herleitung der EL-Gleichungen über das D'Alembert-Prinzip abgeschlossen; wir werden im nächsten Kapitel eine andere Herleitung der EL-Gleichung im Zusammenhang mit Hamiltons Prinzip der kleinsten Wirkung durchführen.

Betrachten wir nun einige der einfachsten Kraftfelder oder Phänomenologien. Angenommen, die Kraft wirkt in eine einzige Richtung (gleichmäßig) und ist konstant. Dies wäre ein Beispiel für die Kraft aufgrund der Schwerkraft an der Erdoberfläche, wo $F = -mg$. Wenn wir das einfache Pendel betrachten, haben wir eine vollständige Beschreibung, da alle anderen „System"-Parameter das Pendel betreffen (Armlänge, die masselos ist, und Pendelgewichtsmasse):

Beispiel 2.1. Das einfache Pendel

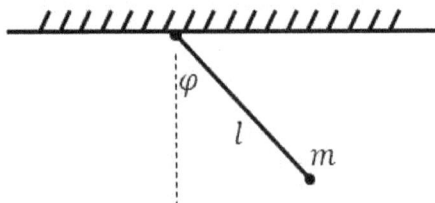

Abbildung 2.1 Einfaches Pendel.

Der Lagrange-Operator ist gegeben durch $L=KE-PE$ Wo:

$$KE = \frac{1}{2}m(l\dot{\varphi})^2 \quad and \quad PE = -lgm\cos\varphi, \quad thus \; L$$

$$= \frac{1}{2}m(l\dot{\varphi})^2 + lgm\cos\varphi$$

Übung 2.1. Wie lauten die Bewegungsgleichungen für das einfache Pendel?

Beispiel 2.2. Die einfache Feder
Betrachten wir nun, wo die Kraft keine Konstante ist, sondern linear in einer bestimmten Verschiebung, wie es bei einer einfachen Feder der Fall wäre $F = -kx$. Hier tritt k als phänomenologischer Parameter ein, nicht als einfacher Dimensionsparameter, und ist materialabhängig. Die Bewegungsgleichungen lauten also:

$$m\ddot{x} = -kx \rightarrow x = \cos(\omega t) + B\sin(\omega t), \quad where \; \omega = \sqrt{\frac{k}{m}}.$$

Übung 2.2. Was ist die Lagrange-Funktion?

Beispiel 2.3. Das Tischfederproblem.
Betrachten Sie eine Feder, deren eines Ende an einer Tischoberfläche und das andere Ende an einer Masse m befestigt ist. Für eine planare Bewegung in Polarkoordinaten gilt für die kinetische Energie: $T = \left(\frac{1}{2}\right)m(\dot{r}^2 + r^2\dot{\theta}^2)$. Für die potentielle Energie gilt aus dem Hookeschen Gesetz: $\delta W = -kr\delta r$. Die Bewegungsgleichungen ergeben dann: $m\ddot{r} - mr\dot{\theta}^2 = -kr$ und $\frac{d}{dt}\left(mr^2\dot{\theta}\right) = 0$.

Übung 2.3. Wiederholen Sie die Operation in geradlinigen Koordinaten.

Das letzte Beispiel zeigt, wie hilfreich die Vertrautheit mit der Handhabung von Differentialgleichungen im Folgenden sein wird. Aus diesem Grund wird im Anhang (Anhang A) eine Übersicht über gewöhnliche Differentialgleichungen gegeben, der Einfachheit halber folgt gleich darauf ein kurzer Überblick. Anschließend werden in Abschnitt 3.3.2 mehrere weitere EOM- und Lagrange-Beispiele gegeben, nachdem wir gelernt haben, wie man mit Einschränkungen umgeht.

2.3 Übersicht über einfache trajektorienbasierte gewöhnliche Differentialgleichungen

Es werden nun einige kurze Kommentare zur Rolle gewöhnlicher Differentialgleichungen an diesem frühen Punkt gegeben, mit mehr Hintergrundinformationen und zahlreichen Beispielen in Anhang A. Im Folgenden interessieren wir uns für Kräfte, die in der Verschiebung polynomisch sind und bei niedriger Ordnung, daher wird ma=F zu: ma=0; ma=konstant; oder ma=- kx ; wie bereits erwähnt. Da $a = \ddot{x}$, sehen wir, dass wir die Familie der gewöhnlichen Differentialgleichungen mit Ableitungen zweiter Ordnung beschreiben. In einer allgemeineren Form einer solchen gewöhnlichen Differentialgleichung würden die Ableitungsterme erster Ordnung fehlen, und indem wir diese hinzugefügt haben, haben wir jetzt Standardreibungskräfte (sofern in der ersten Ableitung linear und negativ) einbezogen. So finden wir fast mühelos heraus, wie hinzugefügte Terme in der gewöhnlichen Differentialgleichung mit der physikalischen Kinematik und Phänomenologie zusammenhängen und von diesen sogar (umgekehrt) verwendet werden können, um neue physikalische Effekte zu identifizieren, wie es Landau und Lifshits bei der Entdeckung der LL-Gleichung [49] und bei der Kategorisierung verschiedener Kopplungsphänomene [50] getan haben. Eine weitere Analyse des Zusammenspiels zwischen gewöhnlichen Differentialgleichungen und Phänomenologie sowie eine Dimensionsanalyse finden Sie in Kapitel 9.

Kapitel 3. Hamiltons Prinzip der kleinsten Wirkung

Wir erhalten die Euler-Lagrange-Gleichungen nun auf andere Weise, als Ergebnis eines Variationsminimums, das durch Hamiltons Prinzip der kleinsten Wirkung [10-13] gegeben ist. Dieser Ansatz ist mehr als eine Newtonsche Umformulierung, da er die Grundformulierung für die vollständige Quantentheorie ist, die in [42] beschrieben und in Abschnitt 3.2 kurz erörtert wird. Daher ist dieser Abschnitt von besonderer Bedeutung, da er einen Teil der konzeptionellen Grundlage für die vollständig verallgemeinerte Quantentheorie (Propagatortheorie) ([42-44]) und Emanatortheorie ([47]) bildet.

3.1 Lagrange-Funktion für Punktteilchen

Betrachten wir ein punktförmiges Objekt und definieren wir seine Position durch die verallgemeinerten Koordinaten $\{q_k\}$, wobei wir für K Dimensionen die Koordinaten haben: $q_1 \dots q_k \dots q_K$. Führen wir nun eine Zeitparametrisierung (Koordinate) ein t und definieren wir die zugehörigen verallgemeinerten Koordinatenänderungen (Position) mit der Zeit, z. B. die Geschwindigkeiten. Somit $\{q_k\}$ haben wir für Koordinaten und Geschwindigkeiten :$\{v_k\}$

$$v_k = \frac{dq_k}{dt} = \dot{q}_k,$$

(3-1)

für die Zeit t. In der frühen Physik wurde argumentiert [2-13], dass Variationskonstrukte, die minimiert (wie Pfade) oder maximiert (wie Entropie) werden, bestimmen sollten, wie sich Systeme entwickeln, ausbreiten oder ins Gleichgewicht kommen. In diesen Diskussionen sehen wir, dass die frühe dynamische Beschreibung von Newton, $F = ma$, eine Formulierung der zweiten Ableitung ist.

Der Name der Variationsfunktion von Koordinaten und Geschwindigkeiten lautet wie zuvor „Lagrange-Funktion" und wird wie folgt bezeichnet L:

$$L = L(\{q_k\}, \{\dot{q}_k\}) = L(\{q_k\}, \{v_k\}),$$

wobei $L = L(\{q_k\}, \{\dot{q}_k\})$ die Form einer Präambel ist, die oft verwendet wird, um die unabhängigen Variablen (variationsrelevant) in der Funktionsdefinition anzugeben, hier die Koordinaten und ihre

Geschwindigkeiten. Betrachten Sie Newtons 2. ^{Gesetz} ohne vorhandene Kraft, die Lagrange-Funktion dafür lautet:

$$L = L(\{q_k\}, \{v_k\}) = \sum_k \frac{1}{2} m(v_k)^2,$$

oder für eine Dimension L= $(1/2)mv^2$, den klassischen Ausdruck für kinetische Energie. Um Newtons 2. Gesetz wiederherzustellen , setzen wir dann die Zeitableitung jeder der Lagrange-Geschwindigkeitsableitungen auf Null (*nicht die Zeitableitung der Lagrange-Funktion selbst*):

$$\frac{d}{dt}\frac{dL}{dv} = \frac{d}{dt}\frac{d}{dv}\left(\frac{1}{2}mv^2\right) = m\frac{dv}{dt} = ma = 0,$$

wodurch die Bewegungsgleichung wiederhergestellt wird, wenn keine Kraft vorhanden ist (ma=F=0). Ein direkter Ausdruck einer Variation einer Funktion, sodass das Setzen dieser Variation auf Null die Bewegungsgleichungen ergibt, ist also das, was man in der „Aktionsformulierung" erhält (erstmals 1834 von Hamilton mit dem Prinzip der kleinsten Wirkung ausgedrückt [10-13]). Die Aktion S wird als Funktion einer Funktion (eines Funktionals) eingeführt, die durch die folgende Integralbeziehung entlang von Pfaden definiert ist, die durch den Zeitparameter t parametrisiert sind (siehe Abbildung 2.1):

$$S = \int_{t_1}^{t_2} L(q, \dot{q}, t)dt$$

(3-2)

wobei die Komponentenindizes weggelassen werden (oder eindimensionaler Fall). Wir nehmen an, dass dies ein gültiger Ausgangspunkt für die Herleitung von Bewegungsgleichungen ist, und beweisen dies später in der Analyse (wo dieser Aktionsbegriff in der Hamilton-Jacobi-Formulierung in Kapitel 8 erneut hergeleitet wird).

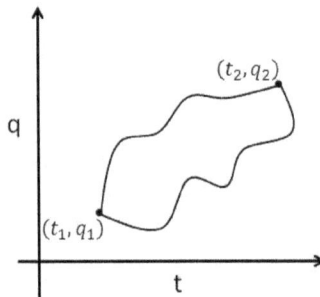

Abbildung 3.1. Die Aktion besteht aus der Integration der Lagrange-Funktion entlang eines angegebenen Pfades. Stationarität in

der Variation der Aktion mit festen Endpunkten führt zu den üblichen Euler-Lagrange-Gleichungen. In der Abbildung sind zwei Integrationspfade für die Lagrange-Funktion dargestellt, mit gemeinsamen (festen) Endpunkten, sodass $q_1 = q(t_1)$und $q_2 = q(t_2)$.

In der Hamilton-Formulierung wird die Bewegung durch den zeitparametrisierten Pfad angegeben $q(t)$, der einen stationären Wert für die Aktion liefert (funktionale Variation ist Null), und wobei die typische Randbedingung darin besteht, dass die Endpunkte auf Bewegungspfaden zu Beginn $t_1$und Ende festgelegt sind t_2, d. h $\delta q(t_1) = \delta q(t_1) = 0.$. Unter der Annahme, dass es im Lagrange-Operator keine direkte Zeitabhängigkeit gibt, haben wir dann für die funktionale Ableitung:

$$0 = \delta S = \delta \int_{t_1}^{t_2} L(q, \dot{q}) dt$$

$$= \int_{t_1}^{t_2} \delta L(q, \dot{q}) dt = \int_{t_1}^{t_2} \left[\left(\frac{\partial L}{\partial q}\right) \delta q + \left(\frac{\partial L}{\partial \dot{q}}\right) \delta \dot{q} \right] dt$$

$$\delta S = \int_{t_1}^{t_2} \left[\left(\frac{\partial L}{\partial q}\right) \delta q + \left(\frac{\partial L}{\partial \dot{q}}\right) \frac{d\delta q}{dt} \right] dt$$

$$= \int_{t_1}^{t_2} \left[\left(\frac{\partial L}{\partial q}\right) \delta q - \frac{d}{dt}\left(\frac{\partial L}{\partial \dot{q}}\right) \delta q + \frac{d}{dt}\left(\frac{\partial L}{\partial \dot{q}} \delta q\right) \right] dt$$

$$\delta S = \left[\frac{\partial L}{\partial \dot{q}} \delta q \right]_{t_1}^{t_2} + \int_{t_1}^{t_2} \left[\left(\frac{\partial L}{\partial q}\right) - \frac{d}{dt}\left(\frac{\partial L}{\partial \dot{q}}\right) \right] \delta q \, dt$$

Der Randterm aus der partiellen Integration ist Null, da die Grenzen für die betrachteten Variationen festgelegt sind. Dies ist der Standardfall für die meisten der hier beschriebenen Variationsprobleme. Es gibt alternative, komplexere Formulierungen mit nicht festgelegten Enden, die bei Bedarf erläutert werden. Somit haben wir nun, dass Hamiltons Prinzip der kleinsten Wirkung (Standardform) die zuvor erwähnten Euler-Lagrange-Gleichungen [8] wiederherstellt:

$$\delta S = 0 \overset{\square}{\Rightarrow} \left(\frac{\partial L}{\partial q}\right) - \frac{d}{dt}\left(\frac{\partial L}{\partial \dot{q}}\right) = 0.$$

23

Die Euler-Lagrange-Gleichungen werden in den folgenden Abschnitten verwendet, um die Bewegungsgleichungen in einer Vielzahl von Anwendungen zu erhalten. Bevor wir jedoch zu diesen Beispielen übergehen, kann aus der Wirkungsformulierung mehr als nur eine Wiederherstellung der Bewegungsgleichungen entnommen werden. Es können nun eine Vielzahl von Bewegungseigenschaften und Erhaltungssätzen extrahiert werden.

3.1.1 Mechanische Eigenschaften, die durch die Wirkungsformulierung angegeben werden

In früheren Abschnitten wurde mehrfach auf Goldsteins Lehrbuch [25] verwiesen, und ein Teil der Entwicklung (starkes Aktions-Reaktionsgesetz) beruhte auf der Lösung von Problemen aus diesem Lehrbuch. Im Folgenden lösen wir viele der in Landaus und Lifshitz' Lehrbuch über Mechanik [27] vorgestellten Probleme im Detail und verfolgen teilweise ihre mathematische Entwicklung, da es sich um eine Darstellung der möglichen Differentialgleichungen zweiter Ordnung handelt, die auftreten können. Der auf gewöhnliche Differentialgleichungen zentrierte Ansatz wird auch in Percivals Text [28] verwendet, daher ist dies ein beliebter Ansatz. Die Rolle gewöhnlicher Differentialgleichungen bei der Entwicklung der Mechanik wird in der hier vorgestellten Arbeit jedoch noch deutlicher, mit einem großen Anhang über gewöhnliche Differentialgleichungen und Probleme/Lösungen für diese (entnommen aus Notizen, die ich mir am Caltech in AMa101, einem Mathematikkurs auf Graduiertenniveau über gewöhnliche Differentialgleichungen, gemacht habe). Ein Teil der hier vorgestellten Entwicklung paart Klassen gewöhnlicher Differentialgleichungen mit Bewegungsklassen und zeigt von dort aus, wie man zu allgemeinen Systemen gelangt, einschließlich solcher mit Chaos. Der Chaos-Teil der Diskussion wird hauptsächlich in der Hamilton-Formulierung durchgeführt, die dem Lehrbuch von Percival [28] ähnelt. Die Abschnitte zur fortgeschrittenen Dynamik basieren auf Problemlösungen für Probleme aus den Lehrbüchern von Goldstein [25], Landau und Lifshitz [27] und Fetter & Walecka [29] sowie auf Notizen aus den Kursen Dynamik (Ph 106) und Fortgeschrittene Dynamik (Aph107), die am Caltech (ca. 1986) absolviert wurden.

Nach der Beschreibung von Landau und Lifschitz in Mechanik [27] betrachten wir zunächst ein System, das aus zwei Teilen mit vernachlässigbarer Wechselwirkung besteht. Wir schreiben die Lagrange-Funktion des Gesamtsystems als einfache Summe der beiden Teile:

$$L = L_1 + L_2.$$

Die additive Eigenschaft impliziert eine Entkopplung nicht wechselwirkender Systeme, jedoch mit einer gemeinsamen Konstante (z. B. Wahl der Einheiten). Um dies zu zeigen, multiplizieren Sie die Lagrange-Funktion mit einer Konstanten, die resultierenden Bewegungsgleichungen bleiben unverändert und die einzelnen Terme haben alle denselben Multiplikator. Um in diesem Sinne weiterzumachen, fügen Sie der gegebenen Definition einer Lagrange-Funktion eine Gesamtzeitableitung einer Funktion (abhängig von Koordinaten und Zeit) hinzu:

$$\tilde{L} = L + \frac{d}{dt} f(q, t)$$

Die erhaltene neue Aktionsfunktion lautet:

$$\tilde{S} = S + f(q(t_2), t_2) - f(q(t_1), t_1)$$

bei denen die Variation gleich ist, wenn die Endpunkte festgelegt sind:

$$\delta \tilde{S} = \delta S.$$

Somit definiert eine Lagrange-Funktion dieselbe Bewegungsgleichung für jede Variation, wenn sie sich um eine totale Zeitableitung unterscheidet. (Wenn es nicht feste oder nicht triviale Randbedingungen gibt, dann gibt es keine Invarianz mehr bei der Addition einer totalen Zeitableitung.)

Wenn die Lagrange-Funktion nicht von der räumlichen Koordinate abhängt, sprechen wir von Homogenität im Raum, dasselbe gilt für die Zeit. Wenn die Lagrange-Funktion nicht von der Richtung im Raum abhängt, sprechen wir von räumlicher Isotropie, während dies für die Zeit, einen eindimensionalen Parameter, gleichbedeutend mit der Aussage von Zeitumkehrinvarianz ist. Wenn wir also sagen, dass bei der Beschreibung der freien Bewegung eines Partikels nichts Besonderes an der Position oder Zeit ist, dann sagen wir, dass die Lagrange-Funktion für seine Bewegung keine $\{q, t\}$-Abhängigkeit haben sollte. Darüber hinaus darf die Geschwindigkeitsabhängigkeit nur von der Größe abhängen (für Isotropie), was bequem als Abhängigkeit von der Größe der Geschwindigkeit im Quadrat geschrieben werden kann:

$$L = L(v^2).$$

Wenn dies eine gültige Funktionsform für die Lagrange-Funktion ist, dann erwarten wir keine Änderung bei Geschwindigkeitsverschiebung (gilt für nichtrelativistische, d. h. Galileische, absolute Zeitreferenz). Versuchen wir es $\vec{v}' = \vec{v} + \vec{\varepsilon}$:

$$L' = L(v'^2) = L(v^2 + 2\vec{v} \cdot \vec{\varepsilon} + \varepsilon^2) = L(v^2) + \frac{\partial L}{\partial v^2} 2\vec{v} \cdot \vec{\varepsilon} + O(\varepsilon^2),$$

wobei die Ableitung zur ersten Ordnung in $\vec{\varepsilon}$ explizit gezeigt wird. Damit dies bei erster Ordnung unverändert bleibt, muss der Term erster Ordnung eine vollständige Zeitableitung sein. Da es bereits eine Zeitableitung in der Geschwindigkeit gibt, ist dies nur möglich, wenn $\frac{\partial L}{\partial v^2}$ unabhängig von der Geschwindigkeit (aber ungleich Null) ist, also gilt $L \propto v^2$, und gemäß Newtons Spezifikation von Masse und Trägheit haben wir:

$$L = \frac{1}{2} m v^2,$$

(3-4)

für das freie Teilchen, woraus sich durch Anwendung der Euler-Lagrange-Gleichung die Bewegungsgleichung $v=$ konstant ergibt, wodurch das Trägheitsgesetz wiederhergestellt wird. Beachten Sie auch, dass $v^2 = \left(\frac{dl}{dt}\right)^2 = \frac{(dl)^2}{(dt)^2}$, wobei die Ausdrücke für die Metrik , $(dl)^2$ in verschiedenen Koordinatensystemen lauten:

Kartesisch: $(dl)^2 = (dx)^2 + (dy)^2 + (dz)^2$ $\Rightarrow L = \frac{1}{2} m(\dot{x}^2 + \dot{y}^2 + \dot{z}^2)$

Zylindrisch: $(dl)^2 = (dr)^2 + (r\,d\varphi)^2 + (dz)^2$ $\Rightarrow L = \frac{1}{2} m(\dot{r}^2 + r^2 \dot{\varphi}^2 + \dot{z}^2)$

Sphärisch: $(dl)^2 = (dr)^2 + (r\,d\theta)^2 + (r\sin\theta\,d\varphi)^2$ $\Rightarrow L = \frac{1}{2} m(\dot{r}^2 + r^2 \dot{\theta}^2 + r^2 \sin^2\theta\,\dot{\varphi}^2)$

(3-5abc)

3.1.2 Die Rechtsmittelklage
Beispiel 3.1. Die Klage auf Freizügigkeit – minimaler praktischer Nutzen, maximale theoretische Implikation
Für ein freies Teilchen mit eindimensionaler Bewegung haben wir $L = T = \frac{1}{2}\dot{x}^2$, wobei die Wirkung ist:

$$S = \int_{t_A}^{t_B} L\,dt = \int_{t_A}^{t_B} \frac{1}{2} v^2\,dt,$$

wobei $v = \frac{x_B - x_A}{t_B - t_A}$ aus der EL-Gleichung. Somit

$$S = \frac{1}{2}\frac{(x_B - x_A)^2}{(t_B - t_A)} \quad \rightarrow \quad S = \frac{1}{2}\frac{(\Delta x)^2}{(\Delta t)} \quad \rightarrow \quad (\Delta x)^2 \cong (\Delta t)\ if\ S$$
$$= constant.$$

Wenn $\Delta t = N$ Zeitschritte, dann $|\Delta x| \approx \sqrt{\Delta t}$, wie bei einem Random Walk (weitere Details in [45]).

Übung 3.1. Wiederholen Sie mit $L = \cosh v$.

Beachten Sie, dass die Wirkung für die freie Bewegung der Lösung der Diffusionsgleichung (Lösung der 1D-Wärmegleichung) ähnelt, was unser erster Hinweis auf die Möglichkeit der Schrödinger-Gleichung und der erste Hinweis auf Ito-Integral-Formulierungen (Weiner-Integral) ist, die später erneut bei der euklidischen Quantenform über analytische Zeit (über Wick-Rotation, siehe [43,44]) zu sehen sind. Die Beziehung zur Diffusionsbeziehung in einer Dimension ist auch ein früher Hinweis auf die tiefen Verbindungen zwischen Dynamik und Thermodynamik insgesamt – über (Quanten-)Mechanik mit komplexer Zeit oder Analytik (wird in [43,44] erörtert). Die Verdinglichung analytischer Trigontaduonion-Emanationsassoziationen oder -projektionen mit der Entstehung von Thermizität (Martingal-Thermodynamik), Geometrie (Standardkosmologie) und Eichgeometrie (das Standardmodell) wird in [45] weiter erörtert.

Beispiel 3.2. Lagrange-Funktion mit zeitlichen Ableitungen höherer Ordnung

Betrachten Sie ein System mit der folgenden Lagrange-Funktion:

$$L = A\ddot{x}^2 + \frac{1}{2}m\dot{x}^2.$$

Die Bewegungsgleichung für ein solches System kann eindeutig ermittelt werden, wenn wir verlangen, dass die Aktion für alle Pfade mit den gleichen Werten von x und allen seinen Zeitableitungen an den Endpunkten der Pfade ein Extremum ist:

$$S = \int_{t_1}^{t_2} \left(A\ddot{x}^2 + \frac{1}{2}m\dot{x}^2\right) dt = \int_{t_1}^{t_2} L(\dot{x}, \ddot{x})dt$$

$$0 = \delta S = \int_{t_1}^{t_2} \left(\frac{\partial L}{\partial \dot{x}}\delta\dot{x} + \frac{\partial L}{\partial \ddot{x}}\delta\ddot{x}\right) dt$$

$$= \int_{t_1}^{t_2} \left(-\frac{d}{dt}\left(\frac{\partial L}{\partial \dot{x}}\right)\delta x - \frac{d}{dt}\left(\frac{\partial L}{\partial \ddot{x}}\right)\delta\dot{x}\right) dt$$

und eine weitere partielle Integration (wobei die Randterme und damit die Gesamtableitungen weggelassen wurden):

27

$$\delta S = \int_{t_1}^{t_2} \left(-\frac{d}{dt}\left(\frac{\partial L}{\partial \dot{x}}\right) + \frac{d^2}{dt^2}\left(\frac{\partial L}{\partial \ddot{x}}\right) \right) \delta x\, dt = 0 \;\rightarrow\; \frac{d^2}{dt^2}\left(\frac{\partial L}{\partial \ddot{x}}\right) - \frac{d}{dt}\left(\frac{\partial L}{\partial \dot{x}}\right)$$
$$= 0$$

Die Bewegungsgleichung lautet somit:
$$2Ax^{(4)} - m\ddot{x} = 0,$$
wobei (4) eine zeitliche Ableitung vierter Ordnung bezeichnet.

Übung 3.2. Wiederholen Sie mit $L = A\ddot{x}^3 + \frac{1}{2}m\dot{x}^2 + B\ddot{x}$

3.2 Kleinste Wirkung aus hochoszillierenden Integralen und stationärer Phase

Das Variationsextremum, das in Hamiltons Prinzip der kleinsten Wirkung angegeben ist, kann auch über ein potenziertes Funktionalintegral mit großem Betrag [6] erhalten werden, wobei die Wirkung entlang jedes Pfades ausgewertet wird, von dem jeder einen potenzierten Term mit einem großen konstanten Faktor beiträgt (so dass ein Variationsminimum dominiert, gemäß der unten stehenden Konvention für negative Vorzeichen). Dies wird auch in der Quantenpfadintegralformulierung [48] (und [42]) verwendet, wo es immer noch eine große Konstante gibt (die Umkehrung der Planckschen Konstante), aber der potenzierte Term imaginär gemacht wird, d. h. jeder Pfad trägt nun seine Wirkung als Phasenterm bei, wobei die stationäre Phase dann das Variationsextremum auswählt. Somit kann die klassische Integralform analytisch in eine Quantenintegralform fortgesetzt werden, die direkt relevant ist:

$$\int e^{-Mf(x)}\, dx \;\rightarrow\; \int e^{iMf(x)}\, dx, \; M \gg 1.$$

(3-6)

Beachten Sie, dass die klassische Integralform eine seltsame Darstellung war und nicht oft verwendet wurde, da sie ohnehin auf Hamiltons kleinste Wirkung zurückgeführt werden konnte. In ihrer komplexen Form jedoch erhalten wir, wenn wir sie auf die Differentialform reduzieren, die mit der kleinsten Wirkung vereinbar ist, die Schrödinger-Gleichung und erhalten die klassische Theorie in niedrigster Ordnung zurück, mit Quantenkorrekturen in höherer Ordnung (siehe [42] für Details).

Das Konzept mehrerer Pfade, aus denen der Pfad ausgewählt wird, der Stationarität verleiht, ist grundlegend für den Quanten-PI-Ansatz zur Quantenmechanik. Die PI-Quantisierung ist in verschiedenen Bereichen äquivalent zu den Formulierungen Operator/Wellenfunktion (Schrödinger) oder selbstadjungierter Operator/Hilbert-Raum

(Heisenberg), wie in [42] gezeigt wird, wobei die Wahl der Formulierung zur Lösung eines Problems entscheidend für dessen Lösung sein kann. Die variationell definierten klassischen Konstrukte, insbesondere jene, die in Kapitel 8 umrissen werden, lassen sich schließlich auf die vollständige quantenmechanische Formulierung verallgemeinern (in Bezug auf mehrere Ausbreitungspfade und ein stationäres Wirkungsfunktional über diesen Pfaden). In der Praxis ist die vollständige Quantentheorie, insbesondere für gebundene Systeme, viel einfacher zu analysieren, wenn wir von der Pfadintegraldarstellung zu einer der äquivalenten Formulierungen von Heisenberg [16], Schrödinger [17] oder Dirac [18] wechseln, wie in [42] gezeigt wird. Die Heisenbergsche Operator-Kalkül-Formulierung basiert auf einer Operator-Reformulierung des klassischen Hamilton-Operators (Kapitel 6); Die Schrödinger-Gleichung basiert auf einer Operator- Wellenfunktional -Reformulierung der Hamilton-Jacobi-Gleichungen (Kapitel 8); und Diracs axiomatische Reformulierung [42] verlagert sich auf allgemeine Systeme, ohne notwendigerweise ein klassisches Analogon zu haben (und schlägt in weiteren Entwicklungen [18] auch eine Brücke zur relativistischen Wellengleichung für Spin ½-Fermionen).

Beachten Sie, dass die klassische Integraldarstellung eine einfache Summe der Pfade (keine Gewichtung) beinhaltete und wir später, bei der analytischen Fortsetzung einer Quantenformulierung, immer noch eine ungewichtete Summe der Pfade hatten. Diese Eigenschaft wird auf die statistische Mechanik übertragen und wird zum Äquipartitionssatz. Sie kann über die analytische Fortsetzung (Wick-Rotation) vom Quantenpropagator zur statistisch-mechanischen Zustandssumme (beschrieben in den Büchern 7 und 8 der Reihe) gefunden werden. Es gibt also immer mehr Beweise dafür, dass die zugrunde liegenden Theorien oder theoretischen Darstellungen analytisch sind, und zwar möglicherweise in mehrfacher Hinsicht, was darauf hindeutet, dass sie möglicherweise grundlegend hyperkomplex sind (weitere Erläuterung in Buch 9).

3.3 Lagrange-Funktion für Teilchensysteme
Betrachten wir nun eine Gruppe frei beweglicher Teilchen. Die Lagrange-Funktion besteht aus Termen der kinetischen Energie:

$$L = T = \sum_a \frac{1}{2} m_a v_a^2,$$

(3-7)

wobei der Index „a" die verschiedenen Partikel umfasst, wobei die Lagrange-Funktion für eindimensionale Bewegung explizit ist. Mehrdimensionale Bewegung (normalerweise dreidimensional) ist implizit, wobei Komponentenindizes für Vektormengen unterdrückt werden. Betrachten wir nun die Partikel als wechselwirkend und drücken dies als „potenzielle Energie"-Term aus, wie in der vorherigen D'Alembert/Newton-Formulierung angegeben:

$$L = \sum_{a=1} \frac{1}{2} m_a v_a{}^2 - U(\vec{r}_1, \vec{r}_2, \dots) = T - U,$$

(3-8)

wobei die Standardnotation „T" für kinetische Energie und „U" für potentielle Energie eingeführt wurde. Die Euler-Lagrange-Gleichungen, die die Standardvektornotation explizit für Geschwindigkeiten verwenden, ergeben dann:

$$m_a \frac{d\vec{v}_a}{dt} = -\frac{\partial U}{\partial \vec{r}_a} = \vec{F},$$

(3-9)

wobei F die bekannte Newtonsche Kraft ist. Beachten Sie, dass wir, um von der Lagrange-Funktion hierher zu gelangen, erneut die Einführung einer Potentialfunktion ohne Bezug zur Zeit oder zur Informationsübertragung sehen, z. B. bezieht sie sich auf eine implizite Galileische absolute Zeit mit sofortiger Ausbreitung von Wechselwirkungen. Natürlich wird dies erheblich fehlerhaft, wenn die Geschwindigkeiten relativistisch werden, aber in diesem Stadium, in dem wir klassische mechanische Eigenschaften in klassischen Umgebungen (wie Pendelbewegungen) untersuchen, ist dies ein vernachlässigbarer Fehler. Denken Sie daran, dass die Lagrange-Funktion bis auf eine additive Konstante oder eine totale Zeitableitung unverändert bleibt. Bisher betrachten wir keine Potentiale mit Zeitabhängigkeit, daher bedeutet die Konzentration auf „unverändert bis auf eine additive Konstante", dass wir unsere Lagrange-Formulierung beliebig verschieben können, um das Potential auf Null fallen zu lassen, wenn der Abstand zwischen den Teilchen zunimmt

Betrachten wir nun ein System aus zwei Teilchen aus der Sicht eines Systems, das durch das erste Teilchen definiert ist (nun als offenes System betrachtet). Zunächst lautet die Lagrange-Funktion für nur zwei Teilchen:

$$L = T_1(q_1, \dot{q}_1) + T_2(q_2, \dot{q}_2) - U(q_1, q_2).$$

Angenommen, wir haben eine Lösung für das zweite Teilchen als Funktion der Zeit: $q_2 = q_2(t)$, und wir setzen diese Lösung wieder in unseren Lagrange-Operator ein. Das Ergebnis ist ein kinetischer Term, bei dem die einzige unabhängige Variable nun die Zeit ist, der also als Gesamtzeitableitung betrachtet und somit aus dem Lagrange-Operator entfernt werden kann, ohne dessen Bewegungsgleichungen zu ändern. Der äquivalente Lagrange-Operator, bei dem nun das erste Teilchen in einem „offenen" System beschrieben wird, lautet also:

$$L = T_1(q_1, \dot{q}_1) - U(q_1, q_2(t)).$$

Die Lagrange-Funktion hat nun ihre Hauptform erreicht $L = T - U$, kinetische Energie minus potentielle Energie. An dieser Stelle mag es seltsam erscheinen, eine grundlegende Entität $T - U$ im Variationsformalismus zu haben, wenn die Erhaltung der Gesamtenergie gelten würde $T + U$. (Es stellt sich heraus, dass letzteres auch als Grundlage für einen Variationsformalismus, Hamiltonschen Formalismus, funktioniert, auf den wir in späteren Kapiteln eingehen werden.) Vorerst bleiben wir bei der Lagrange-Formulierung und gehen zu der Art von „Potenzial" über, das in einem System durch Einschränkungen implizit ist.

3.3.1 Einschränkungen

Mechanische Systeme haben oft mit eingeschränkter Bewegung durch Stangen, Schnüre und Scharniere zu tun. Dann ergeben sich zwei neue Probleme: (1) die Bestimmung der Auswirkung der Einschränkung auf die Freiheitsgrade (N Partikel in 3D haben 3N Freiheitsgrade, wenn sie nicht eingeschränkt sind; wenn sie beispielsweise auf eine Oberfläche gezwungen werden, werden sie auf 2N Freiheitsgrade reduziert usw.); und (2) Reibung. In den folgenden Beispielproblemen gehen wir davon aus, dass die Reibung vernachlässigbar ist, kehren aber in Kapitel 9 zu einer Diskussion über Reibung und andere phänomenologische Kräfte zurück.

Wenn eine Einschränkung nicht holonom ist, können die Gleichungen, die die Einschränkung ausdrücken, nicht verwendet werden, um die abhängigen Koordinaten zu eliminieren. Betrachten Sie allgemeine lineare Differentialgleichungen mit Einschränkungen der Form:

$$\sum_{i=1}^{n} g_i(x_1, \dots, x_n) dx_i = 0.$$

Einschränkungen können oft in dieser Form ausgedrückt werden, aber sie ist nur integrierbar (und holonom), wenn eine integrierende Funktion existiert $f(x_1, \ldots, x_n)$:

$$\frac{\partial(fg_i)}{\partial x_j} = \frac{\partial(fg_j)}{\partial x_i}.$$

Daher sollten die gemischten Ableitungen zweiter Ordnung einer integrierbaren Funktion nicht von der Differenzierungsordnung abhängen. Als Beispiel hierfür betrachten wir eine Scheibe, die in einer Ebene rollt und deren Einschränkung durch ein Paar Differentialgleichungen bestimmt wird (mit expliziten Nullfaktoren):

$$0d\theta + dx - a\sin\theta\, d\varphi = 0 \quad and \quad 0d\theta + dy + a\cos\theta\, d\varphi = 0.$$

Dafür haben wir:

$$\frac{\partial(f(1))}{\partial\theta} = \frac{\partial(f(0))}{\partial x} = 0 \quad \rightarrow \quad \frac{\partial f}{\partial\theta} = 0,$$

Somit hat f keine θ Abhängigkeit. Dies ist jedoch inkonsistent mit:

$$\frac{\partial(f(1))}{\partial\varphi} = \frac{\partial(f(-a\sin\theta))}{\partial x},$$

wobei f θ eine Abhängigkeit hat. Rollende Objekte sind daher ein bekanntes Beispiel für ein System mit nicht holonomen Beschränkungen.

3.3.2 Lagrange-Funktionen für einfache Systeme

Wenn einfache Einschränkungen oder Kopplungen vorliegen, ist eine direkte Auswertung der kinetischen Terme möglich. Betrachten wir beispielsweise das einfachste Doppelpendel (siehe Abbildung 3.2, bestehend aus masselosen Stäben, die Punktmassen verbinden). Beachten Sie, dass allgemeine Mehrelementsysteme fast vollständig in [44] über Statistische Mechanik behandelt werden.

Beispiel 3.3 Das Doppelpendel

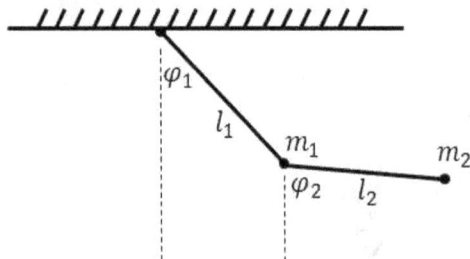

Abbildung 3.2. Das Doppelpendel.

32

Beschreiben wir die Koordinaten des m_2 Masse durch (x ,y):
$$x = l_1 sin\varphi_1 + l_2 sin\varphi_2 \quad and \quad y = l_1 cos\varphi_1 + l_2 cos\varphi_2$$
Wenn wir dann die Lagrange-Funktion als kinetische Energie minus potentielle Energie betrachten, $L = K.E. - P.E.$ bestimmen wir zunächst die KE:

$$K.E. = \frac{1}{2} m_1 (l_1 \dot\varphi_1)^2$$
$$+ \frac{1}{2} m_2 [(l_1 cos\varphi_1 \dot\varphi_1 + l_2 cos\varphi_2 \dot\varphi_2)^2$$
$$+ (-l_1 sin\varphi_1 \dot\varphi_1 - l_2 sin\varphi_2 \dot\varphi_2)^2]$$
$$= \frac{1}{2}(m_1 + m_2)(l_1 \dot\varphi_1)^2 + \frac{1}{2} m_2 (l_2 \dot\varphi_2)^2$$
$$+ m_2 (l_1 \dot\varphi_1)(l_2 \dot\varphi_2) cos\,(\varphi_1 - \varphi_2)$$
$$P.E. = (m_1 + m_2)g(sin\varphi_1)l_1 + m_2 g l_2 sin\varphi_2$$

und die Lagrange-Funktion lautet wie folgt:
$$L = \frac{1}{2}(m_1 + m_2)(l_1 \dot\varphi_1)^2 + \frac{1}{2} m_2 (l_1 \dot\varphi_1)^2 + m_2 (l_1 \dot\varphi_1)(l_2 \dot\varphi_2) cos(\varphi_1 - \varphi_2)$$
$$- (m_1 + m_2)g l_1 sin\varphi_1 - m_2 g l_2 sin\varphi_2$$

Übung 3.3. Bestimmen Sie die Bewegungsgleichungen.

Betrachten wir nun die Wirkung auf ein einfaches Pendel, wenn der Stützpunkt auf verschiedene Weise moduliert wird (horizontal in Bsp. 3.4, vertikal in Bsp. 3.5 und kreisförmig in Bsp. 3.6):

Beispiel 3.4. Das Einzelpendel mit horizontal schwingender Lagerung
Betrachten wir nun das einzelne Pendel (Abbildung 3.3), wenn der Stützpunkt nun bei liegt m_1 und es horizontal schwingt:

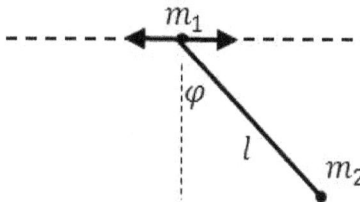

Abbildung 3.3. Das Einzelpendel mit horizontal schwingender Lagerung.

Wenn wir die zweite Masse sorgfältig in kartesischen Koordinaten angeben, erhalten wir:
$$x_2 = x_1 + lsin\varphi \quad and \quad y_2 = lcos\varphi.$$
Wenn wir dann die Lagrange-Funktion wie folgt definieren, $L = K.E. - P.E.$ erhalten wir:

33

$$K.E. = \frac{1}{2}m_1\dot{x}_1{}^2 + \frac{1}{2}m_2[(\dot{x}_1 + l\cos\varphi\dot{\varphi})^2 + (-l\sin\varphi\dot{\varphi})^2]$$

$$= \frac{1}{2}m_1\dot{x}_1{}^2 + \frac{1}{2}m_2[\dot{x}_1{}^2 + (l\dot{\varphi})^2 + 2l\cos\varphi\dot{x}_1\dot{\varphi}]$$

$$= \frac{1}{2}(m_1 + m_2)\dot{x}_1{}^2 + \frac{1}{2}m_2(l\dot{\varphi})^2 + m_2l\cos\varphi\dot{x}_1\dot{\varphi}$$

$$P.E. = -lgm_2\cos\varphi$$

$$L = \frac{1}{2}(m_1 + m_2)\dot{x}_1{}^2 + \frac{1}{2}m_2(l\dot{\varphi})^2 + m_2l\cos\varphi(\dot{x}_1\dot{\varphi} + gl)$$

Übung 3.4. Bestimmen Sie die Bewegungsgleichungen.

Beispiel 3.5. Einzelpendel mit vertikal schwingender Lagerung.
Betrachten wir Abbildung 3.3, jedoch mit *vertikal* schwingender Lagerung. Wenn wir die zweite Masse in kartesischen Koordinaten angeben, erhalten wir:

$$x_2 = x_1 + l\sin\varphi \quad and \quad y_2 = l\cos\varphi.$$

Wenn wir dann die Lagrange-Funktion wie folgt definieren, $L = K.E. - P.E.$ erhalten wir:

$$K.E. = \frac{1}{2}m_1\dot{x}_1{}^2$$

$$+ \frac{1}{2}m_2[(\dot{x}_1 + l\cos\varphi\dot{\varphi})^2$$
$$+ (-l\sin\varphi\dot{\varphi})^2]$$

$$= \frac{1}{2}m_1\dot{x}_1{}^2 + \frac{1}{2}m_2[\dot{x}_1{}^2 + (l\dot{\varphi})^2 + 2l\cos\varphi\dot{x}_1\dot{\varphi}]$$

$$= \frac{1}{2}(m_1 + m_2)\dot{x}_1{}^2 + \frac{1}{2}m_2(l\dot{\varphi})^2 + m_2l\cos\varphi\dot{x}_1\dot{\varphi}$$

$$P.E. = -lgm_2\cos\varphi$$

$$L = \frac{1}{2}(m_1 + m_2)\dot{x}_1{}^2 + \frac{1}{2}m_2(l\dot{\varphi})^2 + m_2l\cos\varphi(\dot{x}_1\dot{\varphi}$$
$$+ gl)$$

Übung 3.5. Bestimmen Sie die Bewegungsgleichungen.

Beispiel 3.6. Das Einzelpendel mit rotierender (oszillierender) Scheibe als Träger.
Betrachten Sie Abbildung 3.3, jedoch mit *rotierender Scheibe* als Schwingunterstützung. Beginnen Sie mit den Koordinaten der Pendelmasse:

$$x = l\sin\varphi + a\sin\gamma t \quad and \quad y = l\cos\varphi + a\cos\gamma t.$$

Die kinetische Energie beträgt dann:

34

$$K.E. = \frac{1}{2}m([lcos\varphi\dot{\varphi} + a\gamma cos\gamma t]^2$$
$$+ [-lsin\varphi\dot{\varphi} + a\gamma sin\gamma t]^2)$$
$$= \frac{1}{2}m(l\dot{\varphi})^2 + m\gamma al\dot{\varphi}[cos\varphi cos\gamma t + sin\varphi sin\gamma t]$$
$$= \frac{1}{2}m(l\dot{\varphi})^2 + m\gamma al\dot{\varphi}(cos(\varphi - \gamma t))$$

und die potentielle Energie ist:

$$P.E. = -gmlcos\varphi + gmacos\gamma t$$

$$L = \frac{1}{2}m(l\dot{\varphi})^2 + m\gamma al\dot{\varphi}(cos(\varphi - \gamma t)) + gm(lcos\varphi - acos\gamma t)$$
$$= \frac{1}{2}m(l\dot{\varphi})^2 + mla\gamma^2 sin(\varphi - \gamma t) + mglcos\varphi$$

Übung 3.6. Bestimmen Sie die Bewegungsgleichungen.
Betrachten wir nun den Fall, dass der Pendelarm eine Feder ist (siehe Abbildung 3.4).

Beispiel 3.7 Das Einzelpendel mit Feder zur Pendelarmlagerung .

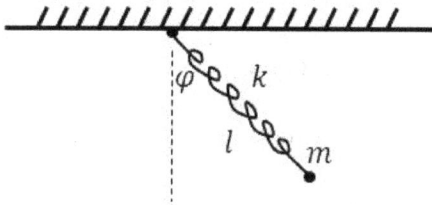

Abbildung 3.4. Das Einzelpendel mit Feder zur Pendelarmunterstützung.

$$L = \frac{1}{2}m(\dot{r}^2 + r^2\dot{\theta}^2) + mgrcos\theta - \frac{1}{2}k(r - l)^2$$
$$\frac{d}{dt}\left(\frac{\partial L}{\partial \dot{r}}\right) - \frac{\partial L}{\partial r} = m\ddot{r} - mgcos\theta + k(r - l)$$
$$+ mr\dot{\theta}^2 = 0$$
$$\frac{d}{dt}\left(\frac{\partial L}{\partial \dot{\theta}}\right) - \frac{\partial L}{\partial \theta} = mr^2\ddot{\theta} + mgrsin\theta = 0$$

Betrachten wir kleine Schwingungen aufgrund der Feder, sodass die Armlänge wie folgt geschrieben werden kann: $r = l + \varepsilon$ und $\varepsilon \ll l$ wenn wir auch einen kleinen Schwingungswinkel berücksichtigen, können wir ein kleines Schwingungsergebnis schreiben und Resonanzfrequenzen identifizieren (dies ist ein Beispiel für eine einfache Analyse kleiner

Schwingungen; eine ausführlichere Beschreibung für komplexere Analysen kleiner Schwingungen finden Sie in Abschnitt 3.8). In erster Ordnung haben wir:

$$m\ddot{\varepsilon} - mg + k\varepsilon = 0 \quad and \quad ml^2\ddot{\theta} + mgl\theta = 0.$$

Somit ergeben sich kleine Schwingungslösungen:

$$\varepsilon = A\cos\left(\omega_0^{(1)}t + \alpha\right) + \frac{mg}{k} \quad \rightarrow \quad \omega_0^{(1)} = \sqrt{\frac{k}{m}}$$

Und

$$\theta = B\cos\left(\omega_0^{(2)}t + \beta\right) \rightarrow \quad \omega_0^{(2)} = \sqrt{\frac{g}{l}}.$$

Übung 3.7. Was passiert, wenn $\omega_0^{(1)} = \omega_0^{(2)}$.

Betrachten wir nun, wann der Pendelarm Zug, aber keinen Druck aushält (z. B. wenn es sich um ein Seil handelt).

Beispiel 3.8. Das Einzelpendel mit ausschließlicher Zuglagerung der Pendelmasse.
Betrachten Sie Abbildung 3.4, jedoch mit *Spannungsunterstützung* .
Wieder haben wir das einfache Pendel mit der Masse m, die von einer Schnur (oder einem Draht) der Länge gehalten wird l, und betrachten nun die Spannung im Draht. Wir möchten den holonomen Bereich untersuchen, in dem die Spannung der Schnur nicht nachlässt. Wieder haben wir in Polarkoordinaten für das Potenzial $U = -mgr\cos\theta$:

$$L = \frac{1}{2}m\left(\dot{r}^2 + r^2\dot{\theta}^2\right) + mgl\cos\theta$$

Daher

$$E_T = \frac{1}{2}ml^2\dot{\theta}^2 - mgl\cos\theta$$

wobei die effektive Kraft, die auf den Draht wirkt, radial ist. Verwenden wir die EL-Gleichung für die Koordinate r:

$$\frac{d}{dt}\left(\frac{\partial L}{\partial \dot{r}}\right) - \frac{\partial L}{\partial r} = Q_r$$

(3-10)

Da $Q_r = -T_r$, die Saitenspannung, haben wir dann:

$$m\ddot{r} - mr\dot{\theta}^2 - mg\cos\theta = -T_r \quad \rightarrow \quad T_r = \frac{2}{l}E_T + 3mg\cos\theta$$

$$0 \le \frac{2}{l}E_T + 3mg\cos\theta \quad \rightarrow \quad E_T \ge -\frac{3}{2}mgl\cos\theta,$$

Für eine gespannte Schnur oder ein gespanntes Seil. Wenn es einen maximalen Winkel gibt, θ_{max} haben wir:

36

$$E_T = -mgl\cos\theta_{max} \quad and \quad 0 \le \frac{2}{l}E_T + 3mg\cos\theta_{max}$$

$$0 \le -2mg\cos\theta_{max} + 3mg\cos\theta_{max} \quad \to \quad 0 \le \cos\theta_{max} \quad \to \quad 0 \le \theta_{max}$$
$$\le 90$$

Wenn es also einen maximalen Winkel für die Bewegung bei gespanntem Draht gibt, muss dieser im Bereich liegen $0 \le \theta_{max} \le 90$, mit der Systemenergie:

$$-mgl \le E_T \le 0.$$

Wenn es keinen maximalen Winkel mit Straffung gibt, erfüllen wir die Bedingung $E_T \ge -\frac{3}{2}mgl\cos\theta$ für jeden Winkel und haben somit:

$$E_T \ge \frac{3}{2}mgl$$

Verschieben wir nun die potentielle Energie so, dass das Pendel im Ruhezustand hat $E = 0$, dann ist der Bereich der Energiewerte, in dem die Saitenspannung erhalten bleibt:

$$0 \le E_T < mgl \quad and \quad \frac{5}{2}mgl \le E_T < \infty.$$

Übung 3.8. Wie gelangt man von der Libration zur Rotation?

Beispiel 3.9. Ein Pendel mit horizontaler Stützbewegung mit Federrückstellkraft.
Betrachten wir das Problem eines Pendels, das sich frei in horizontaler Richtung bewegen kann und dessen Stützpunkt sich ebenfalls frei in horizontaler Richtung bewegen kann, wobei die Federkonstante $k/2$ auf der linken und rechten Seite vorhanden ist (ähnlich wie Problem 3.7 in [29]). Das Pendelgewicht hat eine Masse, die m durch einen masselosen Stab der Länge l mit dem Stützpunkt verbunden ist. Die Bewegung des Gewichtes muss in einer vertikalen Ebene der Pendelbewegung erfolgen, deren Koordinaten wir wie folgt annehmen:

$$X = x + l\sin\theta \quad and \quad Y = -l\cos\theta$$

Die Lagrange-Funktion lautet dann:

$$L = \frac{1}{2}m(\dot{X}^2 + \dot{Y}^2) - U, \quad where \quad U = \frac{1}{2}kx^2 - mgl\cos\theta$$

was sich wie folgt vereinfacht:

$$L(x,\theta) = \frac{1}{2}m\dot{x}^2 + \frac{1}{2}m(l\dot{\theta})^2 + m\dot{x}\dot{\theta}l\cos\theta - U.$$

Die EL-Gleichung für x ergibt:

$$m\ddot{x} + \frac{d}{dt}(m\dot{\theta}l\cos\theta) - kx = 0$$

und die EL-Gleichung für θ ergibt:

$$ml^2\ddot{\theta} + \frac{d}{dt}(m\dot{x}l\cos\theta) + m\dot{x}\dot{\theta}l\sin\theta + mgl\sin\theta = 0.$$

In der Näherung für kleine Schwingungen reduzieren sich die Bewegungsgleichungen auf:

$$\ddot{x} + l\ddot{\theta} - \frac{k}{m}x = 0 \quad and \quad \ddot{x} + l\ddot{\theta} + g\theta = 0.$$

Wir können kombinieren, um eine Beziehung zwischen zu sehen (x, θ): $x = \frac{mg}{k}\theta$, die sich auf eine einzige Beziehung reduziert:

$$L\ddot{\theta} + g\theta = 0 \quad where \quad L = l + \frac{mg}{k}.$$

Bei kleinen Schwingungen haben wir also ein Pendel der effektiven Länge $L = l + \frac{mg}{k}$.

Übung 3.9. Wiederholen Sie die Übung mit der Masse M für den Stab (gleichmäßig).

Beispiel 3.10. Wie hoch können Sie schwingen, bevor die Stützspannung auf Null sinkt?
Die beiden als nächstes betrachteten dynamischen Systeme haben abgesehen von einer Verschiebung der Winkelkoordinaten identische Lagrange-Funktionen . Beide haben die gleiche Einschränkung eines konstanten radialen Abstands, wobei die Kraft der Einschränkung, die auf Null geht, entweder die Stelle markiert, an der die Spannung einer Pendelschnur nachlässt, oder wenn ein gleitender Gegenstand eine halbkugelförmig gewölbte Oberfläche verlässt. Betrachten wir zunächst das Pendelproblem und gehen wir der Frage nach, wann die Spannung der Pendelschnur auf Null geht.

Das erste Problem beantwortet auch die Frage, ob man auf eine Schaukel steigen und in immer größeren Bögen schwingen kann, vielleicht parametrisch gesteuert, und eine ausreichende Winkelgeschwindigkeit erreichen kann, um vollständige Drehungen zu beginnen … Die Antwort ist nie, denn eine Winkelgeschwindigkeit (am unteren Ende des Bogens) wäre $\omega > \sqrt{(5g/l)}$ erforderlich, wobei ein „Sprung" oder Impuls erforderlich wäre, da, sobald die Winkelgeschwindigkeit auf $\omega = \sqrt{(2g/l)}$ das Niveau der Stützleine ansteigt, die Spannung auf Null sinkt und ein weiteres (inkrementelles oder adiabatisches) Wachstum der Systemenergie nicht möglich sein wird.

Die Lagrange-Funktion für das Pendel wird nun mit einem expliziten Lagrange-Multiplikator (siehe Anmerkung unten) für den τ auf die Länge beschränkten l Pendelradius geschrieben r:

$$L = \frac{1}{2}m\left(\dot{r}^2 + r^2\dot{\theta}^2\right) + mgr\cos\theta - \tau(r - l)$$

Die EL-Gleichungen liefern uns die Bewegungsgleichungen:

$$r:\quad m\ddot{r} - mr\dot{\theta}^2 - mg\cos\theta - \tau = 0$$

$$\theta:\quad \frac{d}{dt}\left(mr^2\dot{\theta}\right) + mgr\sin\theta = 0$$

$$\tau:\quad r - l = 0$$

Beachten Sie die Einführung eines „Lagrange-Multiplikators", der, wenn er als eigenständiger Variationsparameter mit seiner eigenen EL-Gleichung (siehe oben) behandelt wird, die Zwangsbedingungsgleichung wiederherstellt. Die Verwendung von Lagrange-Multiplikatoren im Folgenden wird ebenfalls sehr einfach sein, da wir beispielsweise einen Term erhalten $-\tau(contraint\_body)$, wenn die Zwangsbedingungsgleichung lautet $contraint\_body = 0$ (dies funktioniert offensichtlich nur für Gleichheitsbeschränkungen, aber es gibt auch ein sehr ähnliches Verfahren für Ungleichheitsbeschränkungen [24]).

Aus der θ Gleichung erhalten wir eine Bewegungskonstante (Energieerhaltung):

$$\frac{d}{dt}\left(\frac{1}{2}\dot{\theta}^2 - \frac{g}{l}\cos\theta\right) = 0$$

Wenn wir $\dot{\theta} = \omega$ bei definieren $\theta = 0$:

$$\frac{1}{2}\dot{\theta}^2 - \frac{g}{l}\cos\theta = \frac{1}{2}\omega^2 - \frac{g}{l}$$

Lösung für die Spannung τ:

$$\tau = ml\omega^2 - 2mg + 3mg\cos\theta$$

Bedenken Sie, dass die Spannung (oder die Zwangskraft) auf Null sinkt:

$$\omega^2 = \frac{g}{l}(2 - 3\cos\theta).$$

Wir sehen, dass es Lösungen mit Nullspannung gibt, wenn $\frac{g}{l}(2 - 3\cos\theta) \geq 0$. Der Winkel, bei dem die Nullspannung erstmals auftritt, beträgt:

$$\cos\theta = \frac{2}{3} \quad \to \quad \theta \cong 48°.$$

In der Energieformel sind drei Bereiche von Interesse:

Fall 1: $l\omega^2 < 2g$: $2mg\cos\theta = ml\dot\theta^2 - ml\omega^2 + 2mg >$ $-2mg + 2mg = 0$. Somit haben wir $\cos\theta > 0$, somit $\theta \leq$ 45°und da kleiner als $\theta \cong 48°$, ist die Spannung $\tau > 0$.

Fall 2: $2g < l\omega^2 < 5g$: $2mg\cos\theta = ml\dot\theta^2 - (x - 2)mg, where$ $2 < x < 5$. Somit kann $\tau = 0$ wie $\cos\theta = \frac{2}{3} - \frac{l\omega^2}{3g}$ bereits erwähnt gelten.

Fall 3: $l\omega^2 > 5g$ kann $\omega^2 = \frac{g}{l}(2 - 3\cos\theta)$ nie erfüllt werden, daher geht die Spannung nie auf Null zurück – das Pendel rotiert (vollständig), anstatt sich zu bewegen.

Übung 3.10. Beschreiben Sie die Bewegung, während Sie von ausgehen $l\omega^2 > 5g$ und abnehmen ω.

Beispiel 3.11. Bewegung auf der Oberfläche einer Halbkugel
Für das zweite, verwandte Problem betrachten wir die Bewegung einer Scheibe (Hockey-Puck) auf der Oberfläche einer Halbkugel. Wir möchten wissen, in welchem Winkel die gleitende Scheibe die Halbkugel verlässt, wenn sie gleitet, also wann die Zwangskraft Null ist. Die Lagrange-Funktion lautet

$$L = \frac{1}{2}m(\dot r^2 + r^2\dot\theta^2) - mgr\cos\theta - \tau(r - l),$$

und die Analyse wird wie zuvor fortgesetzt, mit demselben Ergebnis für den Winkel, bei dem die Einschränkung zuerst Null erreicht ($\theta \cong 48°$) wie zuvor.

Übung 3.11 . Welche Federkonstante k, wenn die Feder auf die Oberseite der Halbkugel zurückspringt, hält den Zwangskontakt aufrecht bis$\theta = 50°$

3.4 Erhaltungsgrößen in einfachen Systemen
Als nächstes wird der Hamiltonoperator für ein einfaches Teilchensystem beschrieben (normalerweise ein Element oder eine kleine Gruppe von Elementen (zwei), die irgendwie miteinander verbunden sind), aber nur im Zusammenhang mit der Identifizierung von Integralen der Bewegung, wie Energieerhaltung, Impulserhaltung und Drehimpulserhaltung. Eine weitere Diskussion der Hamiltonoperatoren erfolgt dann in Kapitel 6.

Betrachten Sie ein verallgemeinertes Koordinatensystem q_i, wobei „i" die Komponente in einem System mit s Freiheitsgraden ist (die kumulierten Dimensionen der freien Bewegung der Partikel werden alle zu s gezählt). Gleiches gilt für die zugehörigen Geschwindigkeiten: $\dot{q}_i$. Es gibt also s Freiheitsgrade für die verallgemeinerte Koordinate und s Freiheitsgrade für die verallgemeinerte Geschwindigkeit. Dies führt zu 2s-Anfangsbedingungen zur Festlegung der Bewegung. In einem geschlossenen mechanischen System scheint dies auf 2s-Bedingungen und zugehörige Konstanten oder Integrale der Bewegung hinzudeuten, aber das Auftreten der Zeit in der Geschwindigkeit als Differential bedeutet, dass t und $t + t_0$ dieselbe Bewegungsgleichung haben, sodass eine dieser 2s-Konstanten lediglich ist t_0, eine Wahl des Zeitursprungs. Betrachten wir Symmetrien des Bewegungsraums und Implikationen angesichts der Lagrange-Formulierung:

$$\frac{dL(q_i, \dot{q}_i, t)}{dt} = \sum_i \left[\left(\frac{\partial L}{\partial q_i} \right) \dot{q}_i + \left(\frac{\partial L}{\partial \dot{q}_i} \right) \ddot{q}_i \right] + \frac{\partial L}{\partial t}$$

Betrachten Sie zunächst die Homogenität in der Zeit, d. h. ein geschlossenes oder offenes System, aber mit zeitunabhängigem externen Feld. In jedem Fall gilt $\frac{\partial L}{\partial t} = 0$, und unter Wiederverwendung der Euler-Lagrange-Beziehungen gilt:

$$\frac{dL}{dt} = \sum_i \left[\left(\frac{\partial L}{\partial q_i} \right) \dot{q}_i + \left(\frac{\partial L}{\partial \dot{q}_i} \right) \ddot{q}_i \right] = \sum_i \left[\dot{q}_i \frac{d}{dt} \left(\frac{\partial L}{\partial \dot{q}_i} \right) + \left(\frac{\partial L}{\partial \dot{q}_i} \right) \ddot{q}_i \right]$$

$$= \sum_i \left[\frac{d}{dt} \left(\dot{q}_i \frac{\partial L}{\partial \dot{q}_i} \right) \right]$$

Daher,

$$\frac{d}{dt} \left[\sum_i \left(\dot{q}_i \frac{\partial L}{\partial \dot{q}_i} \right) - L \right] = 0$$

Die mit der Zeit erhaltene Größe ist die Energie, bezeichnet mit E:

$$E = \sum_i \left(\dot{q}_i \frac{\partial L}{\partial \dot{q}_i} \right) - L$$

(3-11)

Beachten Sie, dass die Additivität der Energie auf Subsystemen dann aus der Additivität für die Lagrange-Funktion und der expliziten Additivität folgt, die durch die Summe angegeben wird. Wenn $L = T(q, \dot{q}) - U(q)$ und $T(q, \dot{q}) \propto (\dot{q})^2$, was typisch ist, dann *ergibt sich die Standardenergieerhaltung in Form von kinetischer Energie plus potenzieller Energie:*

$$E = T(q, \dot{q}) + U(q).$$

41

(3-12)

Betrachten wir als nächstes die Homogenität im Raum und beginnen wir mit einem Variationsausdruck für die Lagrange-Funktion, von der wir annehmen, dass sie nicht explizit zeitabhängig ist:

$$\delta L(q,\dot q) = \sum_i \left[\left(\frac{\partial L}{\partial q_i}\right)\delta q_i + \left(\frac{\partial L}{\partial \dot q_i}\right)\delta \dot q_i \right]$$

wobei eine infinitesimale Verschiebung die Auswertung der Lagrange-Funktion nicht verändern sollte, wenn $\delta q_i \neq 0$:

$$\delta L(q,\dot q) = 0 = \sum_i \left(\frac{\partial L}{\partial q_i}\right) = \sum_i -\left(\frac{\partial U}{\partial q_i}\right) \Rightarrow \sum_i F_i = 0.$$

Die Nettokräfte und -momente in einem geschlossenen System summieren sich auf Null (eine spezielle Verwendung davon wird in Abschnitt 5.1 gezeigt). Wenn wir die Euler-Lagrange-Relation wieder einsetzen, um einen expliziten Term für die Gesamtzeitableitung zu erhalten:

$$\sum_i \frac{d}{dt}\left(\frac{\partial L}{\partial \dot q_i}\right) = \frac{d}{dt}\sum_i \left(\frac{\partial L}{\partial \dot q_i}\right) = 0 .$$

Aus der Gesamtzeitableitungsbeziehung erhalten wir eine Bewegungskonstante, die der Impulserhaltung entspricht:

$$\sum_i \left(\frac{\partial L}{\partial \dot q_i}\right) = \vec P ,$$

(3-13)

wobei sich dies für Systeme mit $T(q,\dot q) \propto (\dot q)^2$ für jedes der Teilchen zur Standardform vereinfacht:

$$\vec P = \sum_i m_i v_i .$$

(3-14)

Hinweis: Bei zwei Teilchen haben wir $\vec F_1 + \vec F_2 = 0$, was gleichbedeutend damit ist, dass Aktion gleich Reaktion ist (d. h. Newtons 3. Gesetz ist ein Sonderfall der Impulserhaltung und der Lagrange-Gleichung).

Passend zu unseren verallgemeinerten Koordinaten und Geschwindigkeiten lauten die verallgemeinerten Impulse und Kräfte:

$$p_i = \frac{\partial L}{\partial \dot q_i} \quad and \quad F_i = \frac{\partial L}{\partial q_i},$$

(3-15)

wobei die Lagrange-Gleichungen einfach lauten:

$$\dot p_i = F_i.$$

(3-16)

42

Sehen wir uns nun an, was aufgrund der Isotropie des Raums passiert. Dazu wechseln wir von verallgemeinerten Koordinaten zu einem dreidimensionalen radialen Positionsvektor mit infinitesimaler Rotationsverschiebung, der gegeben ist durch:

$$\delta\vec{r} = \delta\vec{\varphi} \times \vec{r} \; and \; \delta\vec{v} = \delta\vec{\varphi} \times \vec{v}.$$

Die Variation im Lagrange-Operator sollte Null sein (jetzt Indizierung über einzelne Partikel):

$$0 = \delta L(\vec{r}_a, \dot{\vec{r}}_a) = \delta L(\vec{r}_a, \vec{v}_a) = \sum_a \left[\left(\frac{\partial L}{\partial \vec{r}_a}\right) \cdot \delta\vec{r}_a + \left(\frac{\partial L}{\partial \vec{v}_a}\right) \cdot \delta\vec{v}_a \right]$$

Ersetzen der EL-Gleichung und Definition des verallgemeinerten Impulses:

$$\sum_a \left[\dot{\vec{p}}_a \cdot \delta\vec{r}_a + \vec{p}_a \cdot \delta\vec{v}_a \right] = 0 \;\Rightarrow\; \delta\vec{\varphi} \cdot \sum_a \left[\vec{r}_a \times \dot{\vec{p}}_a + \vec{v}_a \times \vec{p}_a \right]$$

Kommen wir also zu:

$$\frac{d}{dt}\left[\sum_a \vec{r}_a \times \vec{p}_a \right] = 0 \;\Rightarrow\; \vec{M} = \sum_a \vec{r}_a \times \vec{p}_a = constant.$$

(3-17)

Die Größe $\vec{M}$ ist der Drehimpuls und dieser bleibt erhalten. Es gibt keine anderen additiven Integrale der Bewegung (z. B. keine anderen globalen räumlichen Symmetrien als Homogenität und Isotropie des Raums).

Da wir nun wissen, dass der Drehimpuls erhalten bleibt, können wir beginnen, die Konsequenzen davon zu untersuchen. Der Drehimpuls in 1D ist trivialerweise Null, daher müssen wir uns Problemen mit uneingeschränkter 2D-Bewegung oder 3D-Bewegung zuwenden. Beginnen wir mit dem *Kugelpendel*.

Beispiel 3.12. Das sphärische Pendel.
Betrachten Sie Abbildung 3.4, jedoch mit *Zugunterstützung* und mit 3D-Bewegung der Masse (d. h. nicht mehr horizontal eben). Die kartesische Koordinate der Masse lautet:

$$x = l\sin\varphi\cos\theta \quad and \quad y = l\sin\varphi\sin\theta \quad and \quad z = l\cos\varphi$$

Ihre Zeitableitungen sind unkompliziert:

$$\dot{x} = l\cos\varphi\dot{\varphi}\,\cos\theta + l\sin\varphi(-\sin\theta)\dot{\theta}, \; etc.$$

Der Lagrange-Operator ist also

$$L = \frac{1}{2}m\{l^2(cos^2\varphi\dot\varphi^2) + l^2sin^2\varphi\dot\varphi^2 + l^2sin^2\varphi\dot\theta\}$$
$$- mglcos\varphi$$
$$= \frac{1}{2}m(l\dot\varphi)^2 + \frac{1}{2}m(lsin\varphi\dot\theta)^2 - mglcos\varphi$$

Für die Bewegungsgleichungen beginnen wir mit der Eliminierung des erhaltenen Drehimpulses um die z-Achse:

$$\frac{d}{dt}\left(\frac{\partial L}{\partial \dot\theta}\right) - \frac{\partial L}{\partial \theta} = 0 \rightarrow \frac{d}{dt}\left(ml^2sin^2\varphi\dot\theta\right) = 0$$

$$ml^2sin^2\varphi\dot\theta = P_\theta \text{ , a conserved quantity, alternatibvely} \Rightarrow \dot\theta$$

$$= \frac{P_\theta}{ml^2sin^2\varphi}$$

Wenn wir die $\dot\theta$ Abhängigkeit im Lagrange-Operator durch Verwendung seiner Erhaltungsgröße eliminieren, erhalten wir den überarbeiteten Lagrange-Operator:

$$L = \frac{1}{2}m(l\dot\varphi)^2 + \frac{P_\theta{}^2}{2ml^2sin^2\varphi} - mglcos\varphi$$

wo jetzt:

$$\frac{d}{dt}\left(\frac{\partial L}{\partial \dot\varphi}\right) - \frac{\partial L}{\partial \varphi} = 0 \Rightarrow ml^2\ddot\varphi = \frac{-P_\theta{}^2sin\varphi cos\varphi}{ml^2sin^4\varphi} + mglsin\varphi$$

daher,

$$\ddot\varphi + \frac{P_\theta{}^2}{(ml)^2}\frac{cos\varphi}{sin^3\varphi} - \frac{g}{l}sin\varphi = 0$$

Aufgabe 3.12. Wie hoch ist die Eigenfrequenz bei der Kleinwinkelnäherung?

Beispiel 3.13. *Tisch mit einem Loch, durch das an den Enden eine Linie mit Massen verläuft.*

Betrachten wir ein anderes Szenario, in dem der Drehimpuls um eine bestimmte Achse erhalten bleibt. Betrachten wir einen Tisch mit einem Loch. Eine Spannungslinie verläuft durch das Loch. Das Ende der Linie, das unter dem Tisch hängt, ist mit Masse m_2 verbunden (die Linie hat eine vernachlässigbare Masse), während das Ende, das auf der Tischplatte ruht, Masse hat m. Die anfänglichen Kräftegleichgewichtsgleichungen liefern:

$$F_2 = m_2g - T_2, \qquad T_2 = T_1 = F_1 = ma_1, \qquad y_2 = l - r_1,$$
$$\dot y_2 = -\dot r_1, \qquad \ddot y_2 = -\ddot r_1$$

44

Während die Kraft in Bezug auf die Potentialfunktion Folgendes liefert:

$$F_i = -\frac{\partial U}{\partial q_i}, \quad F_1 = m_1 a_1 = m_1\left(\ddot{r}_1 + r_1{}^2\ddot{\theta}\right) = m_1\ddot{r}_1, \quad \text{and} \quad F_2$$

$$= m_2 g + \frac{m_1}{m_2}F_2$$

Somit lautet die Lagrange-Funktion:

$$L = \frac{1}{2}m_1\left(\left(\ddot{r}_1 + \ddot{r}_2\dot{\theta}^2\right) + \frac{1}{2}m_2(\dot{y}_2)^2 - U_2 - U_1, \quad \text{where } U_2\right.$$

$$= y_2 F_2 \text{ and } U_1 = -r_1 F_1$$

was umgeschrieben werden kann:

$$L = \frac{1}{2}(m_1 + m_2)(\dot{r})^2 + \frac{1}{2}m_1 r_1{}^2\dot{\theta}^2 - (l - r_1)\left(\frac{m_2{}^2}{m_1 + m_2}\right)g$$

$$+ r_1\left(\frac{m_1 m_2}{m_1 + m_2}\right)g$$

Wir können konstante Terme aus der Lagrange-Funktion streichen (da sie keine Änderung in den EL-Gleichungen und somit auch keine Änderung in den Bewegungsgleichungen bewirken). Wir streichen also den konstanten Term und gruppieren neu:

$$L = \frac{1}{2}(m_1 + m_2)(\dot{r})^2 + \frac{1}{2}m_1 r^2\dot{\theta}^2 + rm_2 g$$

Wir können nun mit der Auswertung der Lagrange-Funktion fortfahren und dabei wieder mit dem Term zur Drehimpulserhaltung beginnen:

$$\frac{d}{dt}\frac{\partial L}{\partial\dot{\theta}} - \frac{\partial L}{\partial\theta} = 0 \quad \rightarrow \quad \frac{d}{dt}\left(m_1 r^2\dot{\theta}\right) = 0 \quad \rightarrow \quad m_1 r^2\dot{\theta} = p_\theta$$

Somit haben wir:

$$L = \frac{1}{2}(m_1 + m_2)(\dot{r})^2 + \frac{p_\theta{}^2}{2m_1 r^2} + m_2 gr$$

Die verbleibende Bewegungsgleichung lautet:

$$\frac{d}{dt}\frac{\partial L}{\partial\dot{r}} - \frac{\partial L}{\partial r} = 0 \quad \rightarrow \quad (m_1 + m_2)\ddot{r} - m_2 g + \frac{p_\theta{}^2}{m_1 r^3} = 0$$

Für r klein haben wir dann:

$$\ddot{r} = -\frac{p_\theta{}^2}{(m_1 + m_2)m_1}\frac{1}{r^3} = -\beta\frac{1}{r^3}, \quad \text{where } \beta = \frac{p_\theta{}^2}{(m_1 + m_2)m_1}$$

Daher können wir schreiben:

$$\dot{r}\ddot{r} = -\beta\frac{\dot{r}}{r^3} \quad \rightarrow \quad (\dot{r})^2 = +\beta\left(\frac{1}{r^2}\right) \rightarrow \dot{r} = \frac{\sqrt{\beta}}{r} \rightarrow r\dot{r} = \sqrt{\beta} = \frac{1}{2}\frac{d}{dt}r^2 \quad \rightarrow \quad r$$

$$= \sqrt{2\sqrt{\beta}t}$$

Das letztere Ergebnis der rBewegungsgleichung weist auf ein Abstoßungspotential hin, was dann die Frage aufwirft, wann wir stabile Umlaufbahnen haben?

$$L = \frac{1}{2}m_1(\dot{r})^2 + \frac{p_\theta^{\,2}}{2(m_1 + m_2)r^2} + m_2gr \quad \rightarrow \quad -U$$

$$= \frac{p_\theta^{\,2}}{2(m_1 + m_2)r^2} + m_2gr,$$

Daher,

$$\frac{dU}{dr} = 0 \quad \Rightarrow \quad -\frac{p_\theta^{\,2}}{(m_1 + m_2)r_{eq}^{\,3}} + m_2g = 0 \quad \Rightarrow \quad r_{eq} = \sqrt[3]{\gamma}, \quad where \; \gamma$$

$$= \frac{p_\theta^{\,2}}{(m_1 + m_2)m_2g}$$

Übung 3.13. *Könnte dieses Gerät zum Wiegen unbekannter Massen verwendet werden* m_2*? Beschreiben Sie ein Verfahren, um dies zu erreichen.*

Beispiel 3.14. Betrachten wir noch einmal das Einzelpendel mit horizontal schwingender Lagerung .
Betrachten wir nun das einzelne Pendel noch einmal, wenn der Stützpunkt horizontal schwingt. Das Pendel bewegt sich in der Ebene des Papiers. Der Faden der Länge $l$biegt sich nicht. Der Stützpunkt P bewegt sich horizontal vor und zurück gemäß der Gleichung $x = a\cos(\omega t)$, und ($\omega \neq \sqrt{(g/l)}$):

(i) Beginnen wir mit der Formulierung der Lagrange-Funktion für dieses System und erhalten so die Lagrange-Bewegungsgleichungen. (Vergessen Sie beim Schreiben der Lagrange-Gleichung für x nicht die verallgemeinerte Kraft.) Habe: $x' = x + l\sin\theta$, also $\dot{x}' = \dot{x} + l\cos\theta\dot{\theta}$. Habe $y' = -l\cos\theta$, also $\dot{y}' = l\sin\theta\,\dot{\theta} = -mgl\cos\theta$. Habe auch das übliche $U = mgy$, um dann die Lagrange-Funktion zu schreiben:

$$L = \frac{1}{2}m\left(\left[-a\omega\sin(\omega t) + l\cos\theta\,\dot{\theta}\right]^2 + [l\sin\theta\dot{\theta}]^2\right)$$
$$+ mgl\cos\theta$$

$$= \frac{1}{2}ml^2\dot{\theta}^2 + mgl\cos\theta + am\omega^2l\cos(\omega t)\sin\theta$$

46

$$\frac{d}{dt}\left(\frac{d}{\partial\dot{\theta}}\right) - \frac{\partial L}{\partial\theta} = 0$$

$$\rightarrow \quad ml^2\ddot{\theta} + mglsin\theta - am\omega^2 lcos(\omega t)cos\theta = 0$$

(ii) Lösen Sie als Nächstes die obigen Bewegungsgleichungen erster Ordnung in θ(kleinen Schwingungen) und finden Sie die stationäre Lösung für $\theta(\,t)$, in Bezug auf m, l, a und ω. (Wir sind nicht an der Lösung interessiert, die mit der Eigenfrequenz des Pendels schwingt.) Daher gilt:

$$ml^2\ddot{\theta} + mgl\theta - am\omega^2 lcos(\omega t) = 0$$
$$\ddot{\theta} + \frac{g}{l}\theta - \frac{a}{l}\omega^2 cos(\omega t) = 0.$$

So haben:

$$\ddot{\theta} + \frac{g}{l}\theta = \frac{a}{l}\omega^2\,cos(\omega t)$$

wobei die rechte Seite eine effektive Kraft/m ist. Und wir haben die Lösung:

$$\theta = \frac{(a/l)\omega^2}{\omega_0^2 - \omega^2}\cos(\omega t + \beta).$$

Übung 3.14. Wiederholen Sie die Übung, jedoch mit einer vertikal schwingenden Unterlage.

3.5 Ähnliche Systeme und der Virialsatz

Bisher haben wir gesehen, welche Rolle globale Symmetrien bei der Festlegung (additiver) Erhaltungssätze spielen. Betrachten wir nun Symmetrien innerhalb der Lagrange-Funktion, sodass sie als eine weitere Lagrange-Funktion mit einem insgesamt konstanten Multiplikator ausgedrückt werden kann. In einem solchen Fall werden wir feststellen, dass die Bewegungsgleichungen gleich sind. Um zu sehen, ob eine Lagrange-Funktion eine solche „Ähnlichkeit" aufweist, muss der Term der potentiellen Energie genau in dieser Hinsicht spezifiziert werden. Skalieren wir also die Systemlängen und -zeiten neu und lassen die potentielle Energie eine homogene Funktion der Parameterskalierung sein (wobei der Grad der Homogenität durch den Parameter k gegeben ist):

$$\vec{q}_a \rightarrow \alpha\vec{q}_a, (\,l' = \alpha l, \text{Längendilatation})$$
$$\dot{\vec{q}}_a \rightarrow \left(\frac{\alpha}{\beta}\right)\dot{\vec{q}}_a, (\,t' = \beta t, \text{Zeitdilatation})$$

47

$$U(\alpha\{\vec{q}_a\}) \longrightarrow \alpha^k U(\{\vec{q}_a\}), \text{(homogen, Grad k)}.$$

(3-18abc)

Nachdem die Dilatationen nun spezifiziert sind, müssen wir, damit es eine Ähnlichkeit im Lagrange-Operator gibt, sodass ein insgesamt konstanter Faktor resultiert, bei typischer Lagrange-Spezifizierung $L = T - U$ bereits die Skalierung des potentiellen Energieanteils haben, die Skalierung des kinetischen Energieanteils ist einfach die, die durch die Geschwindigkeit oben (im Quadrat) gegeben ist. Um also ein ähnliches System zu haben:

$$(\frac{\alpha}{\beta})^2 = \alpha^k \longrightarrow \beta = \alpha^{1-\frac{1}{2}k}, \quad \left(\frac{E'}{E}\right) = \alpha^k \text{ and } \left(\frac{M'}{M}\right) = \alpha^{1+\frac{1}{2}k}.$$

(3-19)

Betrachten wir einige Fälle, in denen wir ein homogenes Potenzial haben:
(1) Bei kleinen Schwingungen oder der klassischen Feder ist die potentielle Energie eine quadratische Funktion der Koordinaten (k=2). Die obige kritische Beziehung mit k=2 wird zu: $\beta = \alpha^0 = 1$, d. h., die Größe der Abweichung von der Ruhelage (Amplitude) spielt keine Rolle, das Zeitverhältnis des Systems wird 1 sein, d. h. die Systemperiode ist unabhängig von der Amplitude.
(2) Bei einem gleichmäßigen Kraftfeld ist die potentielle Energie eine lineare Funktion der Koordinaten, wie z. B. die Näherung für die Bewegung aufgrund der Schwerkraft in der Nähe der Erdoberfläche (PE = mgh). Für k=1 haben wir: $= \sqrt{\alpha}$, also Fall unter Schwerkraft. Die Fallzeit beispielsweise entspricht der Quadratwurzel der Anfangshöhe.
(3) Für das Newton- oder Coulomb-Potential gilt: k = -1. Nun gilt $= \sqrt[3]{\alpha}$, das Quadrat der Umlaufzeit einer Umlaufbahn verhält sich wie die dritte Potenz der Umlaufbahngröße (3. Keplersches ^{Gesetz}).

Virialsatz

Dies ist aufgrund seiner universellen Anwendbarkeit eines der wenigen Beispiele oder Kontexte, in denen ein System mit mehreren Elementen (und mit sehr vielen Elementen) betrachtet wird. Jedes homogene Potential, bei dem die Bewegung begrenzt ist, ermöglicht die Anwendung des Virialsatzes, wonach die zeitlichen Mittelwerte der potentiellen und kinetischen Energie des Systems eine einfache Beziehung haben. Dies lässt sich wie folgt herleiten:

48

$$E = \sum_i \left(\dot{q}_i \frac{\partial L}{\partial \dot{q}_i} \right) - L \implies \sum_i \left(\dot{q}_i \frac{\partial L}{\partial \dot{q}_i} \right) = 2T$$

(3-20)

Schreiben $v_i = \dot{q}_i$ und Definieren verallgemeinerter Impulse, anschließender Wechsel zur Vektornotation mit durch den Index „a" gekennzeichneten Teilchen:

$$\sum_i (v_i \, p_i) = \sum_a \vec{v}_a \cdot \vec{p}_a = \frac{d}{dt} \left(\sum_a \vec{r}_a \cdot \vec{p}_a \right) - \sum_a \vec{r}_a \cdot \dot{\vec{p}}_a$$

Nehmen wir nun den zeitlichen Durchschnitt von 2T, wobei der gesamte Term der Zeitableitung den Mittelwert Null hat, wenn wir eine begrenzte Bewegung haben. Genauer gesagt $f(t)$ wird der zeitliche Durchschnitt für eine Funktion der Zeit wie folgt definiert:

$$\overline{f} = \lim_{\tau \to \infty} \frac{1}{\tau} \int_0^\tau f(t) dt$$

(3-21)

Angenommen $f(t) = \frac{d}{dt} F(t)$, dann:

$$\overline{f} = \lim_{\tau \to \infty} \frac{1}{\tau} [F(\tau) - F(0)] = 0$$

Für begrenzte Bewegung.

Da die Bewegung begrenzt ist, wenn wir uns in einem endlichen Raumbereich mit endlichen Geschwindigkeiten aufhalten, gilt:

$$2\overline{T} = -\overline{\sum_a \vec{r}_a \cdot \dot{\vec{p}}_a} = \overline{\sum_a \vec{r}_a \cdot \frac{\partial U}{\partial \vec{r}_a}} = k\overline{U}$$

Betrachten wir noch einmal, was dies für die drei oben genannten Fälle bedeutet ($E = \overline{E} = \overline{T} + \overline{U}$):

(1) Kleine Schwingungen (k=2) haben $\overline{T} = \overline{U}, E = 2\overline{T}$.

(2) Gleichmäßiges Feld (k=1), haben $\overline{T} = (1/2) \, \overline{U}, E = 3\overline{T}$

(3) Newtonsches oder Coulomb-Potential (k = −1): $\overline{U} = -2\overline{T}$, $E = -\overline{T}$. Dieses Ergebnis ist mit der Annahme vereinbar, dass die Gesamtenergie einer begrenzten Bewegung in diesem Potentialtyp negativ ist, wie aus den folgenden Beispielen hervorgeht.

3.6 Eindimensionale Systeme

Systemanalysen verlieren oft an Dimensionalität (aufgrund von Symmetrien). Betrachten wir die Umlaufbahn eines Planeten um die Sonne, wo sich das 3D-Problem durch die Erhaltung des Drehimpulses auf ein 2D-Problem reduziert. In den meisten Fällen müssen wir nur Bewegungen in einer oder zwei Dimensionen berücksichtigen. Beginnen wir mit eindimensionalen Bewegungen.

Betrachten Sie die folgende Lagrange-Funktion für eine eindimensionale Bewegung, bei der ein beliebiges Potenzial wie in Abbildung 3.5 skizziert ist.

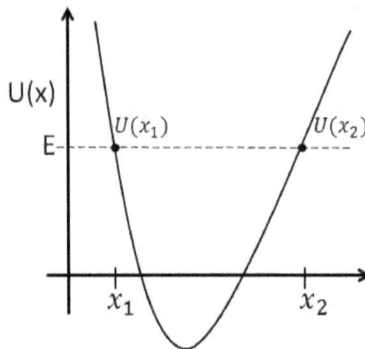

Abbildung 3.5 . Ein eindimensionales Potenzial $U(x_1) = E = U(x_2)$.

$$L = \frac{1}{2}m\,\dot{x}^2 - U(x) \;\longrightarrow\; E = \frac{1}{2}m\,\dot{x}^2 + U(x)$$

(3-22)

Da $U(x) \leq E$ und die positive Wurzel gezogen wird (das Negative entspricht einer Zeitumkehr mit demselben Lösungstyp):

$$\frac{dx}{dt} = \sqrt{\frac{2[E - U(x)]}{m}} \;\rightarrow\; t = \sqrt{m/2}\int dx/\sqrt{E - U(x)} + C$$

Die Bewegungsgrenzen sind gegeben durch $U(x_1) = E = U(x_2)$, und die Bewegungsperiode ist gegeben durch das Doppelte des Integrals von x_1 bis x_2:

$$Period = \sqrt{2m}\int_{x_1}^{x_2} dx/\sqrt{E - U(x)}.$$

(3-23)

Beispiel 3.15. Bewegung auf einer gekrümmten Rampe.
Eine kleine Masse gleitet reibungslos auf einem Block der Masse M, wie in Abbildung 3.6 dargestellt. M selbst gleitet reibungslos auf einem horizontalen Tisch, und seine gekrümmte Seite hat die Form eines Kreises mit Radius a.

    a) Finden Sie die Lagrange-Gleichungen für das System in Bezug auf zwei verallgemeinerte Koordinaten.

    b) Besten Sie zwei Erhaltungsgrößen.

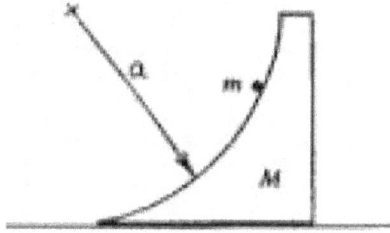

Abbildung 3.6. Eine Masse m gleitet reibungslos auf einem Block der Masse M auf einem Kreis mit Radius a.

Die Koordinaten: $x_1 = x + a \cos \theta$; $y_1 = -a \sin \theta$; und $x_2 = x$.
Die Koordinatenzeitableitungen: $\dot{x}_1 = \dot{x} + a \sin \theta \, \dot{\theta}$; $\dot{y}_1 = -a \cos \theta \, \dot{\theta}$;
und $\dot{x}_2 = \dot{x}$.
Die potentielle Energie: $U = -mga \sin \theta$.
Daher,

$$L = T - U = \frac{1}{2}m \left(\left[\dot{x} - a \sin \theta \, \dot{\theta}\right]^2 + \left[-a \cos \theta \, \dot{\theta}\right]^2 \right) + \frac{1}{2}M(\dot{x})^2 - U$$

$$L = \frac{1}{2}(m + M)\dot{x}^2 + \frac{1}{2}m(a\dot{\theta})^2 - am\dot{x}\dot{\theta} \sin \theta + mga \sin \theta$$

Und,

$\frac{d}{dt}\left(\frac{\partial L}{\partial \dot{x}}\right) - \frac{\partial L}{\partial x} = 0 \Rightarrow (m + M)\ddot{x} - \frac{d}{dt}\left(am\dot{\theta} \sin \theta\right) = 0$, daher,

$\frac{d}{dt}\{(m + M)\dot{x} - am\dot{\theta} \sin \theta\} = 0.$

Also haben wir:

$$(m + M)\dot{x} - am\dot{\theta} \sin \theta = const,$$
$$\text{Und,}$$
$$E = T + U = \frac{1}{2}(m + M)\dot{x}^2 + \frac{1}{2}m(a\dot{\theta})^2 - am\dot{x}\dot{\theta} \sin \theta + mga \sin \theta.$$

Übung 3.15. Ermitteln Sie die Geschwindigkeiten der Massen als Funktion der Zeit, wenn die Masse m oben auf der gekrümmten Seite aus der Ruhe gelöst wird.

3.7 Bewegung im Zentralfeld

Betrachten Sie ein einzelnes Teilchen in einem zentralen Potential. Sein Drehimpuls bleibt erhalten: $\vec{M} = \vec{r} \times \vec{p} = constant$. Da Konstante $\vec{M}$ senkrecht zu ist $\vec{r}$, befindet sich die Position immer in einer Ebene senkrecht zu $\vec{M}$ (die Erhaltung des Drehimpulses hat das Problem somit von 3D auf 2D reduziert). Die entsprechende Form des Lagrange-Operators für Bewegungen in einer Ebene mit zentralem Potential ist daher:

$$L = \frac{1}{2}m\dot{r}^2 + \frac{1}{2}m(r\dot{\varphi})^2 - U(r)$$

(3-24)

Beachten Sie, dass es keinen direkten Bezug auf die Koordinate gibt φ. Im Hamilton-Formalismus bedeutet dies:

$$F_\varphi = \frac{\partial L}{\partial \varphi} = 0$$

daher

$$\dot{p}_\varphi = F_\varphi = 0 \quad \rightarrow \quad p_\varphi = constant = "M".$$

$$p_\varphi = \frac{\partial L}{\partial \dot{q}_i} = mr^2\dot{\varphi} = M.$$

(3-25)

Denken Sie daran, dass die Fläche eines radialen Sektorradius r mit Überstreichungswinkel φ ist $A = (1/2)r \cdot r\varphi$ und die Sektorgeschwindigkeit somit $V_{sectorial} = (1/2)r^2\dot{\varphi} = M/2m$ konstant ist, d. h. „gleiche Flächen werden in gleicher Zeit überstrichen", auch bekannt als Keplers drittes Gesetz. Wie bei dieser Art von Analyse üblich, werden Integrale der Bewegung (z. B. Erhaltungssätze) als erster Schritt zur Vereinfachung der Analyse verwendet. Für Energie haben wir also:

$$E = \frac{1}{2}m\dot{r}^2 + \frac{1}{2}m(r\dot{\varphi})^2 + U(r) \quad \rightarrow \quad \frac{1}{2}m\dot{r}^2 = [E - U] - \frac{M^2}{2mr^2},$$

wobei der letzte Term die Zentrifugalenergie ist. Umformulierung:

$$\frac{dr}{dt} = \sqrt{\frac{2}{m}[E - U] - \frac{M^2}{m^2 r^2}}$$

Durch Integrieren erhalten wir

$$t = \int \frac{dr}{\sqrt{\frac{2}{m}[E - U] - \frac{M^2}{m^2 r^2}}} + C_1$$

(3-26)

Verwenden von $d\varphi = \frac{M}{mr^2} dt$,

$$\varphi = \int \frac{M dr / r^2}{\sqrt{2m[E - U] - \frac{M^2}{r^2}}} + C_2$$

(3-27)

Beachten Sie, dass sich $\dot{\varphi} = M$ der Mittelwert φ monoton ändert. Für einen geschlossenen Pfad, der notwendigerweise einen (begrenzten) minimalen und maximalen Radius hat, gilt also für die Phasenänderung beim Übergang vom minimalen zum maximalen Radius und dann zurück:

$$\Delta\varphi = 2 \int_{r_{min}}^{r_{max}} \frac{M dr / r^2}{\sqrt{2m[E - U] - \frac{M^2}{r^2}}}$$

wobei die Grenzen der Bewegung durch die Energie gegeben sind, die keinen kinetischen Anteil hat, $E = U_{eff}$ wobei

$$U_{eff} = U + \frac{M^2}{2mr^2}.$$

(3-28)

Damit $\Delta\varphi$ dort ein geschlossener Pfad entsteht, muss genau gleich 2π oder ein Vielfaches von sein $\Delta\varphi$, muss ein Vielfaches von ergeben 2π (d. h. $\Delta\varphi = 2\pi \ (m/n)$). Dies geschieht nur für alle Pfade im obigen Integral, wenn die Potentiale U die Form $1/r$ oder haben r^2, und in diesen Fällen tritt ein zusätzliches Integral der Bewegung auf (bekannt als Runge-Lens-Vektor). Bevor wir $1/r$ jedoch zum kritischen Potential übergehen, betrachten wir die Auswirkungen eines von Null verschiedenen Drehimpulses mit einem zentralen Potential. Es ist im Allgemeinen unmöglich, in solchen Fällen das Zentrum zu erreichen, selbst bei attraktiven Potentialen. Um das Zentrum zu erreichen, wenn $M \neq 0$, betrachten wir offensichtlich eine Situation, in der wir uns nicht an den Wendepunkten der Bewegung befinden, also

$$\frac{1}{2}m\dot{r}^2 = [E - U] - \frac{M^2}{2mr^2} > 0,$$

und wenn wir neu gruppieren und den Grenzwert nehmen, wenn der Radius gegen Null geht, stellen wir fest, dass die einzigen Potentiale, die dies zulassen, die folgende Bedingung erfüllen müssen:

$$\lim_{r \to 0} r^2 U < -\frac{M^2}{2m}$$

Dies ist nur für negative Potentiale $U(r) = -\alpha/r^n$ mit $n > 2$ oder mit möglich $n = 2$ and $\alpha > \frac{M^2}{2m}$.

Im vorhergehenden Beispiel haben wir gesehen, dass die Kepler- und Coulomb-Potentiale ($U(r) = -\alpha/r$) nicht in der Gruppe der Potentiale waren, die eine Bewegung durch das Zentrum erlauben, wenn der Drehimpuls ungleich Null ist. Betrachten wir nun das für die Schwerkraft (und für die Anziehung zwischen entgegengesetzten Ladungen) relevante Anziehungspotential genauer $U(r) = -\alpha/r$. Zunächst lässt sich das Winkelintegral für diese Situation leicht lösen, wobei das effektive Potential lautet:

$$U_{eff} = -\frac{\alpha}{r} + \frac{M^2}{2mr^2} \ ,and \ \min_r U_{eff} = -\frac{m\alpha^2}{2M^2} \ at \ r = \frac{M^2}{m\alpha} \tag{3-29}$$

wobei die Funktionsminimum- und signifikanten Energiebereiche in Abbildung 3.7 angegeben sind.

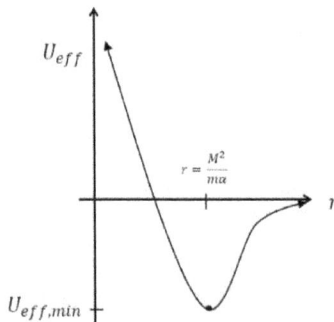

Abbildung 3.7. Eine Skizze des effektiven Potenzials. $U_{eff,min} = -\frac{m\alpha^2}{2M^2}$. Die Bewegung ist endlich, wenn $E < 0$, unendlich, wenn $E \geq 0$.

Durch Integration erhält man dann:

$$\varphi = \cos^{-1} \frac{\left(\dfrac{M}{r} - \dfrac{m\alpha}{M}\right)}{\sqrt{2mE + \dfrac{m^2\alpha^2}{M^2}}} + constant$$

(3-30)

Lassen Sie uns $\varphi = 0$ dem Auftreten der größten Annäherung (im Folgenden Perihel r_{min}) entsprechen, in diesem Fall ist die Konstante Null. Lassen Sie uns auch zwei Formen der Beschreibung von Umlaufbahnen betrachten $\{p, e\}$, wobei $2p$ als Latus rectum bekannt ist und e die Exzentrizität ist, und die Kegelschnittparameter $\{a, b\}$, wobei $2a$ die Länge der Hauptachse und $2b$ die Länge der Nebenachse ist:

$$p = \frac{M^2}{m\alpha} \quad and \quad e = \sqrt{1 + \frac{2EM^2}{m\alpha^2}}$$

(3-31)

um zur Bahngleichung zu gelangen:

$$p = r(1 + e\cos\varphi)$$

(3-32)

Aus der Bahngleichung können wir Folgendes ersehen:

$$r_{min} = \frac{p}{1+e} \quad and \quad r_{max} = \frac{p}{1-e}$$

(3-33)

Seit $2a = r_{min} + r_{max}$:

$$a = \frac{p}{1 - e^2} = \frac{\alpha}{2|E|}$$

(3-34)

Wir sehen auch, dass die Verhältnisse b/r_{min} und r_{max}/b Skalierungsinvarianten sind und proportional zueinander sein müssen, wobei für $e = 0$ gezeigt wird, dass dies Gleichheit ist, sodass $b = \sqrt{r_{min} \cdot r_{max}}$ und wir erhalten:

$$b = \frac{p}{\sqrt{1 - e^2}} = \frac{M}{\sqrt{2m|E|}}$$

(3-35)

Betrachten wir nun die verschiedenen Fälle im Hinblick auf den Exzentrizitätsparameter $e = \sqrt{1 + \frac{2EM^2}{m\alpha^2}}$ der Umlaufbahn:

Denn $e = 0$(tritt auf, wenn $E = -\frac{m\alpha^2}{2M^2}$): Wir haben eine Kreisbahn $r_{min} = r_{max} = p$.

Für $0 \leq e < 1$(tritt auf, wenn $E < 0$): Wir haben eine elliptische Umlaufbahn $r_{min} \neq r_{max}$.
Für Ellipsen und Kreise gibt es gebundene Umlaufbahnen, die es uns ermöglichen, das vollständige Sektorintegral einer solchen Umlaufbahn zu berechnen und so einfach die Fläche der Ellipse oder des Kreises zu erhalten. Erinnern Sie sich

$$\frac{d(area)}{dt} = V_{sectorial} = \frac{1}{2}r^2\dot{\varphi} = \frac{M}{2m}$$

(3-36)

Integration über die Zeit einer Umlaufzeit T:

$$T = \frac{2m(area)}{M} = \frac{2m\pi ab}{M} = \pi\alpha\sqrt{\frac{m}{2|E|^3}}.$$

(3-37)

Aus dieser exakten Lösung können wir erkennen, dass , was das $T^2 \propto \frac{1}{|E|^3} \propto a^{3\,3.}$ Keplersche Gesetz ist.

Für $e = 1$(tritt auf, wenn $E = 0$): Wir haben eine parabolische Umlaufbahn (unbegrenzt) mit $r_{min} = \frac{p}{2}$ and $r_{max} = \infty$, die ein einfallendes Teilchen aus der Ruhe im Unendlichen beschreibt.

Für $e > 1$(tritt auf, wenn $E > 0$): Wir haben eine hyperbolische Umlaufbahn (unbegrenzt).

Der Laplace-Runge-Lenz-Vektor
Betrachten Sie eine umgekehrt quadratische Zentralkraft, die auf ein einzelnes Teilchen einwirkt und durch die Gleichung beschrieben wird

$$A = p \times L - mk\hat{r} \rightarrow e = \frac{A}{mk},$$

(3-38)

Wo

m ist die Masse des Punktteilchens, das sich unter der Zentralkraft bewegt,
p ist sein Impulsvektor,
L = r × p ist sein Drehimpulsvektor,
r ist der Ortsvektor des Teilchens (Bild 3.8),
r̂ ist der entsprechende Einheitsvektor , d. h. $\hat{r}$, und

56

r ist der Betrag von **r** , dem Abstand der Masse vom Kraftmittelpunkt.

Der konstante Parameter k beschreibt die Stärke der Zentralkraft; er ist gleich $\underline{G} \cdot M \cdot m$ für Gravitationskräfte und $- \underline{k}_e \cdot Q \cdot q$ für elektrostatische Kräfte. Die Kraft ist anziehend, wenn $k > 0$, und abstoßend, wenn $k < 0$.

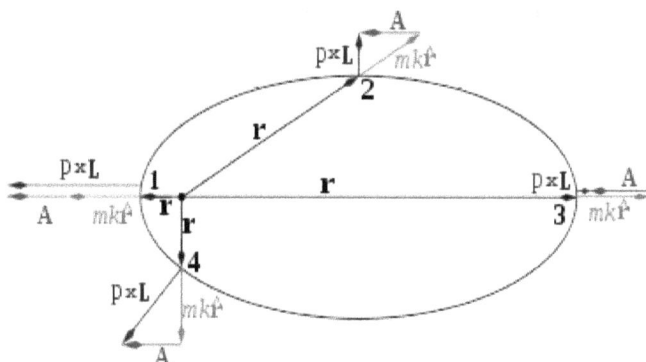

Abbildung 3.8 . Der LRL-Vektor **A** an vier Punkten auf der elliptischen Umlaufbahn unter einer umgekehrt quadratischen Zentralkraft. Der Anziehungspunkt ist als kleiner schwarzer Kreis dargestellt, von dem die Positionsvektoren ausgehen. Der Drehimpulsvektor **L** steht senkrecht auf der Umlaufbahn. Die koplanaren Vektoren **p** × **L** und (mk / r) **r** sind dargestellt. Der Vektor **A** ist in Richtung und Größe konstant.

Die sieben Skalargrößen E , **A** und **L** (da es sich um Vektoren handelt, tragen die beiden letzteren jeweils drei Erhaltungsgrößen bei) sind durch zwei Gleichungen miteinander verknüpft, **A** · **L** = 0 und A2 = m2k2 + 2mEL2 , was fünf unabhängige Bewegungskonstanten ergibt. Dies steht im Einklang mit den sechs Anfangsbedingungen (Anfangsposition des Teilchens und Geschwindigkeitsvektoren , jeweils mit drei Komponenten) , die die Umlaufbahn des Teilchens festlegen, da die Anfangszeit nicht durch eine Bewegungskonstante bestimmt wird. Die resultierende eindimensionale Umlaufbahn im sechsdimensionalen Phasenraum ist somit vollständig festgelegt.

Beispiel 3.16. Eine Testmasse wird über dem Nordpol freigesetzt.
Eine Testmasse wird im Ruhezustand, einen Erddurchmesser über dem (rotierenden) Nordpol, freigegeben. Die atmosphärische Reibung wird

ignoriert. (Verwenden Sie diese Methode für die Erdbeschleunigung in der Nähe der Erdoberfläche .) $10\frac{m}{sec^2}$, und für den Erdradius $R_e = 6,400\ km$.)

    a) Ermitteln Sie die Geschwindigkeit (in Meter/Sekunde) der Masse, wenn sie auf die Erde trifft.

    b) Finden Sie einen Ausdruck für die Zeit, die die Masse braucht, um auf die Erde zu treffen. Ihr Ausdruck sollte ein dimensionsloses Integral enthalten.

Lösung:

(a) Geschwindigkeit an der Erdoberfläche: die potentielle Energie der Testmasse: $\Phi = -\frac{mGM}{R}$. Die Energieerhaltung ergibt, dass die kinetische Energie die Änderung der potentiellen Energie ist:

$$\frac{1}{2}mv^2 = \Delta PE = \left(\frac{-mGM}{R}\right)\Big|_{R_e}^{3R_e} = \frac{2}{3}m\,R_e\,g$$

(b) Zeit bis zum Aufprall. Betrachten wir zunächst die Beziehung zwischen Fall und Radius r:

$$\frac{1}{2}mv^2 = \left(\frac{-mGM}{R}\right)\Big|_{r}^{3R_e} \qquad v$$

$$= \frac{dr}{dt}\ \ since\ no\ coriolis\ force\ at\ North\ pole$$

$$\frac{1}{2}m\left(\frac{dr}{dt}\right)^2 = \frac{mGM}{r} - \frac{mGM}{3R_e}$$

$$\frac{dr}{dt} = \sqrt{\frac{2GM}{r} - \frac{2GM}{3R_e}} = \sqrt{2GM}\sqrt{\frac{1}{r} - \frac{1}{3R_e}}$$

$$dt = \frac{1}{\sqrt{2GM}}\frac{dr}{\sqrt{\frac{1}{r} - \frac{1}{3R_e}}}$$

$$T = \frac{1}{\sqrt{2GM}}\int_{R_e}^{3R_e}\frac{dr}{\sqrt{\frac{1}{r} - \frac{1}{3R_e}}} = \frac{(3R_e)^{\frac{3}{2}}}{\sqrt{2GM}}\int_{(\frac{1}{3})}^{1}\frac{dx}{\sqrt{\frac{1}{x} - 1}} \cong 1.43\frac{(3R_e)^{\frac{3}{2}}}{\sqrt{2GM}}$$

Übung 3.16. Eine Testmasse wird über dem Äquator losgelassen.

Beispiel 3.17. Ein Planet der Masse M…

Ein Planet der Masse m umkreist eine Sonne mit der Masse M. In den allgemeinen Eigenschaften keplerscher Systeme haben wir gesehen, dass sich der Planet in einer Ebene bewegt, die das Kraftzentrum enthält. (a)

Führen Sie Polarkoordinaten für die Bewegungsebene ein und schreiben Sie die Lagrange-Funktion. (b) Ermitteln Sie Drehimpuls und Energie des Planetensystems. (c) Aus der Kepler-Analyse wissen wir, dass die Umlaufbahn eine Ellipse ist. Setzen Sie also die Länge a der großen Halbachse *und* die Exzentrizität εdieser Ellipse in Beziehung zu der in (b) ermittelten erhaltenen Energie und dem erhaltenen Drehimpuls, indem Sie die Umlaufbahn als Ellipse wie folgt parametrisieren:

$$\frac{1}{e} = \frac{1}{a(1 - \varepsilon^2)} + \frac{\varepsilon}{a(1 - \varepsilon^2)} \cos\theta$$

Lösung:

(a) Wir erhalten die Newtonsche Gravitationskraft und wechseln zum Schwerpunktsystem:

$$F = \frac{mMG}{r^2} = \frac{M_T\mu G}{r^2}, \text{where } M_T = (m + M) \text{ and } \mu = \frac{mM}{m + M}$$

Daher können wir die potentielle Energie wie folgt schreiben:

$$U = -\frac{M_T\mu G}{r}$$

In Polarkoordinaten lautet die Lagrange-Funktion also $L = T - U$:

$$L = \frac{1}{2}\mu(\dot{r}^2 + r^2\dot{\theta}^2) - U(|\vec{r}|) \text{ and } \vec{r} = \vec{r}_m - \vec{r}_M, r = |\vec{r}|$$

(b) Um die Energie zu erhalten, beginnen wir mit der Ermittlung der Bewegungsgleichungen für die zyklischen Koordinaten, hier den Umlaufwinkel, um andere Bewegungskonstanten zu erhalten, und verwenden dann $E = T + U$:

$$\frac{d}{dt}(\mu r^2\dot{\theta}) = 0 \rightarrow l = \mu r^2\dot{\theta}, angular\ momemtum\ conserved$$

$$E = \frac{1}{2}\mu\dot{r}^2 + \frac{l^2}{2\mu r^2} - \frac{\mu M_T G}{r}$$

(c) Beziehung zur Parametrisierung einer Ellipse. Bei r_{min}und r_{max}haben wir $\dot{r} = 0$, also erhalten wir:

$$E = \frac{l^2}{2\mu r_{min}^2} - \frac{\mu M_T G}{r_{min}} \text{ and } E = \frac{l^2}{2\mu r_{max}^2} - \frac{\mu M_T G}{r_{max}}$$

Aus der Ellipsenparametrisierung haben wir für r_{min}und r_{max}:

$$\frac{1}{r_{min}} = \frac{1}{a(1-\varepsilon^2)} + \frac{\varepsilon}{a(1-\varepsilon^2)} \quad \Rightarrow \quad r_{min} = a(1-\varepsilon)$$

$$\frac{1}{r_{max}} = \frac{1}{a(1-\varepsilon^2)} + \frac{\varepsilon}{a(1-\varepsilon^2)} \quad \Rightarrow \quad r_{max} = a(1+\varepsilon)$$

Mithilfe der beiden Gleichungen für die Energie an den maximalen und minimalen r-Positionen erhalten wir:

$$\frac{l^2}{2\mu}\left(\frac{1}{r_{max}{}^2} - \frac{1}{r_{max}{}^2}\right) - \mu M_T G \left(\frac{1}{r_{min}} - \frac{1}{r_{max}}\right) = 0 \quad \rightarrow \quad l^2$$
$$= \mu^2 M_T G a (1-\varepsilon^2)$$

die Beziehung für l^2 in die beiden Energiegleichungen sowie $r_{min} = a(1-\varepsilon)$ und einsetzen $r_{max} = a(1+\varepsilon)$, erhalten wir:

$$E = \frac{-\mu M_T G}{r_{min} + r_{max}} = \frac{-\mu M_T G}{2a}$$

Daher,

$$a = \frac{-\mu M_T G}{2E} = \frac{mMG}{2|E|} = \frac{\alpha}{2|E|}, where\ a = \mu M_T G = mMG.$$

Und indem wir in die l^2 Relation einsetzen, gruppieren wir um, um den Ausdruck für die Exzentrizität zu erhalten:

$$\varepsilon = \sqrt{1 + \left(\frac{2El^2}{\mu\alpha^2}\right)}.$$

Übung 3.17. *Wie groß ist die Exzentrizität des Erde-Mond-Systems? Des Erde-Sonne-Systems?*

Beispiel 3.18. Ein Teilchen der Masse m...
Ein Teilchen der Masse m bewegt sich in einem Potential $U = \alpha/r - \beta/r^3$, $\alpha, \beta > 0$.

a) Für welchen Radiusbereich r sind Kreisbahnen stabil? (Drücken Sie die Bedingung für r in Bezug auf α und β aus.)
b) Bestimmen Sie in Bezug auf r, α, β und m die Frequenz Ω einer Kreisbahn und die Frequenz w kleiner Schwingungen um eine Kreisbahn.

Lösung:
(a) $U = \alpha/r - \beta/r^3$, $\alpha, \beta > 0$, und für Umlaufbahnen: $L = \frac{1}{2}m(\bar{r}^2 + r^2\dot{\theta}^2) - U$ und $E = \frac{1}{2}m\dot{r}^2 + \frac{M_\theta^2}{2mr^2} + U$, also

60

$$U_{eff} = \frac{M_\theta^2}{2mr^2} - \frac{\alpha}{r} - \frac{\beta}{r^3}.$$

Kreisbahnen für:

$$\frac{U_{eff}}{\partial r} = 0 \;\rightarrow\; -\frac{M_\theta^2}{mr^3} + \frac{\alpha}{r^2} + \frac{3\beta}{r^4} = 0$$

Stabile Umlaufbahnen für:

$$\frac{\partial^2 U_{eff}}{\partial r^2} = \frac{3M_\theta^2}{mr^4} - \frac{2\alpha}{r^3} - \frac{12\beta}{r^5} > 0.$$

(b) Erinnern Sie sich an die überstrichene Fläche A in der Beziehung: .
$M_\theta = mr^2\dot\theta = 2m\frac{dA}{dt}$ Dann können Sie schreiben:

$$dt = \frac{2m}{M_\theta}dA \;\Longrightarrow\; T = \frac{2m}{M_\theta}(\pi r_c^2)$$

$$\alpha r_c^2 - \frac{M_\theta^2}{m}r_c + 3\beta = 0$$

Die Frequenz der Kreisbahn Ω beträgt:

$$\Omega = \frac{2\pi}{T} = \frac{M_\theta}{mr_c^2},$$

und die Frequenz kleiner Schwingungen um diese Kreisbahn:

$$\omega = \sqrt{\frac{1}{2m}\frac{\partial^2 U_{eff}}{\partial r^2}\bigg|_{r_c}} = \sqrt{\frac{1}{m}\left\{\frac{\alpha}{r^3} - \frac{3\beta}{r^5}\right\}}.$$

Übung 3.18. *Was passiert, wenn* α *und* β *so gewählt werden, dass* $\Omega = \omega$?

Beispiel 3.19. Teilchen in einem zentralen Kraftfeld.
Ein Teilchen bewegt sich in einem zentralen Kraftfeld, das durch das
Potenzial gegeben ist: $U = -K\frac{e^{-r/a}}{r}$, wobei K und a positive Konstanten
sind. (a) Ermitteln Sie die Beziehung zwischen r, l und E für
Kreisbahnen. (b) Ermitteln Sie die Periode kleiner Schwingungen (in der
r- θ Ebene) um eine Kreisbahn.

Lösung:

(a) Also haben $U = -K\frac{e^{-r/a}}{r}$ und $L = \frac{1}{2}m(\dot r^2 + r^2\dot\theta^2) - U$. Für die
Zentrifugalbarriere haben wir:

$$\frac{d}{dt}\left(\frac{\partial L}{\partial \dot\theta}\right) = 0 \;\Longrightarrow\; mr^2\dot\theta = |L|$$

Also,

61

$$L = \frac{1}{2}m\dot{r}^2 - \frac{|L|^2}{2mr^2} - U$$

und die Bewegungsgleichungen sind:

$$\frac{d}{dt}(m\dot{r}) - \left\{ -\frac{|L|^2}{mr^3} - \frac{\partial U}{\partial r} \right\} = 0$$

Haben Kreisbahnen $r = const$ für:

$$\frac{|L|^2}{mr_0^3} = -\frac{\partial U}{\partial r}\bigg|_{r=r_0} \rightarrow \frac{l^2}{mr_0^3} + \frac{E}{r_0} = +\frac{K}{ar_0}e^{-r_0/a} \rightarrow E$$

$$= \frac{l^2}{2mr_0^2} + \frac{K}{a}e^{-r_0/a}$$

(b) Wir haben $\omega = \sqrt{\frac{1}{2m}\frac{\partial^2 U_{eff}}{\partial r^2}}$ und $U_{eff} = \frac{+l^2}{2mr^2} - \frac{Ke^{-r/a}}{r}$, und im Schwingungsgleichgewicht:

$$\frac{U_{eff}}{\partial r} = \frac{-l^2}{mr^3} + \frac{Ke^{-r/a}}{r^2} + \frac{Ke^{-r/a}}{ar} = 0,$$

daher,

$$\frac{\partial^2 U_{eff}}{\partial r^2} = \frac{3l^2}{mr^4} - \frac{2Ke^{-r/a}}{r^3} - \frac{Ke^{-r/a}}{ar^2} - \frac{Ke^{-r/a}}{ar^2} - \frac{Ke^{-r/a}}{a^2r}.$$

Aus

$$\left(\frac{1}{r^2} + \frac{1}{ar}\right)Ke^{-r/a} = \frac{l^2}{mr^3} \quad and \quad Ke^{-r/a} = \left(\frac{ar}{a+r}\right)\frac{l^2}{mr^2}$$

$$= \frac{a}{a+r}\frac{l^2}{mr}$$

Wir können uns dann neu formieren, um

$$\omega = \sqrt{\frac{l^2}{m^2r^2}\left\{\frac{a}{a+r}\right\}\left(\frac{1}{r^2} + \frac{1}{ar} - \frac{1}{a^2r}\right)}.$$

Übung 3.19. *Angenommen,* $\dfrac{\partial^2 U_{eff}}{\partial r^2}\bigg|_{r_c}$ *für eine Auswahl von K Und a, leiten Sie die Frequenzformel zur Ableitung dritter Ordnung im Potenzial ab. Was ist die neue Schwingungsfrequenz?*

Beispiel 3.20. Keplers 3. *Gesetz* **aus Newtons Gesetzen.**
3. Keplersche Gesetz für zwei Sterne der Masse m1 und m2 auf Kreisbahnen um ihren Schwerpunkt die folgende Form

hat: $T^2 = \frac{4\pi^2}{G(m_1+m_2)} R^3$, wobei T die Periode und R der Abstand zwischen den Sternen ist.

(b) Zeigen Sie, dass die Formel in die Form umgeschrieben werden kann $T^2 = (m_1 + m_2)^{-1} R^3$, wobei T in Jahren, R in AE (astronomische Einheiten) und m in Sonnenmassen ausgedrückt werden. (Wenn R die große Halbachse ist, gilt dies auch für elliptische Bahnen.)

(c) Zeigen Sie, dass für ein kleines Objekt in einer Kreisbahn um die Oberfläche eines großen Objekts gilt, $T = K\rho^{-1/2}$ und ermitteln Sie die Konstante K. Wie lang ist die Umlaufzeit eines Kieselsteins in der Umlaufbahn um die Oberfläche eines kugelförmigen Felsens ($\rho = 3g/cm^3$)?

Lösung:

(a) Rückruf: $L = r \times \mu v = const$ und $dA = \frac{1}{2}r \cdot rd\theta$

Also,

$$L = \mu r \times \left(\dot{r}\hat{r} + r\dot{\theta}\hat{\theta}\right) = \mu r^2 \dot{\theta} = 2\mu \frac{dA}{dt} = const$$

$$2\mu dA = Ldt \rightarrow 2\mu(\pi ab) = LT$$

Erinnern Sie sich an die Beziehung der Massen zu den Haupt- und Nebenachsen:

$$a = \frac{G(m_1 + m_2)\mu}{2|E|} \qquad b = \frac{L}{\sqrt{2\mu|E|}}$$

Daher,

$$LT = 2\mu\pi \frac{G(m_1 + m_2)\mu}{2|E|} \frac{L}{\sqrt{2\mu|E|}}$$

$$\rightarrow \quad \frac{4\pi^2}{G(m_1 + m_2)} \left\{ \frac{G(m_1 + m_2)\mu}{2|E|} \right\}^3 = T^2$$

Ersetzen wir also a = R (Auswertung auf der großen Halbachse):

$$T^2 = \frac{4\pi^2}{G(m_1 + m_2)} R^3.$$

(b) Die Einheitenänderung erfolgt wie folgt:

$$T^2 \left(\frac{365 \times 24 \times 3600 \sec}{1yr} \right)^2$$

$$= \frac{4\pi^2}{G(m_1 + m_2) \left(\dfrac{2 \times 10^{30} kg}{M_\Theta} \right)} R^3 \left(\frac{1.5 \times 10^8 km}{1 A.U.} \right)^3,$$

so $T^2 = (m_1 + m_2)^{-1} R^3 K$ und $K =$

$$\frac{(1.5 \times 10^8 km)^3 4\pi^2}{6.67 \times 10^{-11} Nm^2/kg^2 (3.15 \times 10^7 sec)^2 (2 \times 10^{30} kg)} \left[\frac{M_\Theta \cdot yr^2}{(A.U.)^3} \right] = 1.0 \left[\frac{M_\Theta \cdot yr^2}{(A.U.)^3} \right].$$

Daher,

$$T^2 = (m_1 + m_2)^{-1} R^3.$$

(c) $T^2 = (m_1 + m_2)^{-1} R^3 \simeq m_{Large}^{-1} R^3 \simeq \dfrac{\frac{4}{3}\pi R^3}{m_{Large}} \dfrac{1}{\frac{4}{3}\pi} = \dfrac{\rho}{\frac{4}{3}\pi}$, also $T =$

$K \rho^{-1/2}$ wobei $K = \dfrac{1}{2\sqrt{\frac{\pi}{3}}}$ (wobei T in Einheiten von Jahren, $R = AU's$, $m =$

$M_\Theta's$, und angegeben ist $m_1 \gg m_2$. Für $\rho = 3g/cm^3 = 3 \times 10^3 kg/m^3$, also:

$$T = \sqrt{\frac{3\pi}{6.67 \times 10^{-11}}} (3 \times 10^3)^{-1/2} sec = 6.86 \times 10^3 sec = 114 \, min.$$

Übung 3.20. Wie lang ist die Umlaufzeit eines Kieselsteins in der Umlaufbahn um die Erdoberfläche ($\rho = 1g/cm^3$) und die Oberfläche eines Neutronensterns ($\rho = 10^{16} g/cm^3$)?

Beispiel 3.21. Binäre Systeme.
Sternmassen werden durch Beobachtung von Doppelsternsystemen ermittelt. Normalerweise kann man die Sterne nicht auflösen, aber das Spektrum zeigt zwei periodisch wechselnde Dopplerverschiebungen, die die Sichtliniengeschwindigkeit jedes Sterns angeben. Nennen Sie die Geschwindigkeiten V_1 und . Zeigen Sie, dass, wenn die Umlaufbahn um einen Winkel V_2 zur Sichtlinie geneigt ist : θ

$$R = (V_1 + V_2)/\Omega \sin\theta \text{ und } M_2/M_1 = V_1/V_2 \text{ und } \frac{m_2^3}{(m_1+m_2)^2} \sin^3\theta =$$
$$(a_1 \sin\theta)^3/T^2.$$

Beginnen Sie mit : $V_1 = \mho_1 \sin\theta$ and $V_2 = \mho_2 \sin\theta$, wobei $\mho_1 = r_1 \Omega$ and $\mho_2 = r_2 \Omega$. Sei $R = r_1 + r_2$, dann:

$$V_1 + V_2 = (\mho_1 + \mho_2) \sin\theta = R\Omega \sin\theta \rightarrow R = (V_1 + V_2)/\Omega \sin\theta$$

Mit dem Ursprung im Schwerpunkt: $M_1 r_1 + M_2 r_2 = 0$ und $M_1 \mho_1 + M_2 \mho_2 = 0$, also: $|M_1 V_1 / \sin \theta| = |M_2 V_2 / \sin \theta|$
und $\frac{M_2}{M_1} = \frac{V_1}{V_2}$. Um die letzte Relation zu erhalten, erinnern wir uns daran, dass auf der großen Halbachse (für R):

$$T^2 = (m_1 + m_2)^{-1} R^3,$$

daher:

$$T^2 = (m_1 + m_2)^{-1} \left\{ \frac{(V_1 + V_2)}{\Omega \sin \theta} \right\}^3 = (m_1 + m_2)^{-1} \left\{ \frac{\left(1 + \frac{m_1}{m_2}\right) V_1}{\Omega \sin \theta} \right\}^3$$

$$= (m_1 + m_2)^{-1} \left(1 + \frac{m_1}{m_2}\right)^3 a_1^3$$

Daraus erhalten wir:

$$\frac{m_2^3}{(m_1 + m_2)^2} \sin^3 \theta = \frac{(a_1 \sin \theta)^3}{T^2}.$$

Übung 3.21. Doppelstern mit Neutronenstern.
Betrachten Sie einen Doppelstern mit einem Neutronenstern. Die beobachtete Dopplerverschiebung des Neutronensterns hat eine Magnitude $\frac{\Delta \lambda}{\lambda} = 2 \times 10^{-6}$ und eine Periode von 4 Tagen. Wenn die Masse des Neutronensterns kleiner als 3 ist M_Θ, wie groß ist dann die maximale Masse seines Begleiters?

Beispiel 3.22. Bewegung innerhalb eines Rotationsparaboloids.
Ein Teilchen der Masse m muss sich unter der Schwerkraft ohne Reibung im Inneren eines Rotationsparaboloids mit vertikaler Achse bewegen. Finden Sie das eindimensionale Problem, das seiner Bewegung entspricht. Welche Bedingung muss die Anfangsgeschwindigkeit des Teilchens erfüllen, damit es eine Kreisbewegung erzeugt? Bestimmen Sie die Periode kleiner Schwingungen um diese Kreisbewegung.

Nehmen wir Zylinderkoordinaten an: $x = \rho \sin \theta$, $y = \rho \cos \theta$ In diesem Fall haben wir die Koordinaten:
$z = \frac{a}{2} \rho^2$, $\rho^2 = x^2 + y^2$, $y = x^2$, und Potenzial $U = mgz$. Somit lautet die Lagrange-Funktion:

$$L = \frac{1}{2} m(\dot{x}^2 + \dot{y}^2 + \dot{z}^2) - mg \frac{a}{2} \rho^2,$$

Wo

$$\dot{z} = a \rho \dot{\rho}, \quad \dot{x} = \dot{\rho} \sin \theta + \rho \cos \theta \, \dot{\theta}, \quad \dot{y} = \dot{\rho} \cos \theta + \rho \sin \theta \, \dot{\theta}.$$

65

Daher,

$$L = \frac{1}{2}m\left(\dot{\rho}^2 + (a\rho\dot{\rho})^2 + \left(\rho\dot{\theta}\right)^2\right) - mg\frac{a}{2}\rho^2$$

Verwendung der Euler-Lagrange-Gleichung für θ:

$$\frac{d}{dt}\left(\frac{\partial L}{\partial \dot{\theta}}\right) - \frac{\partial L}{\partial \theta} = 0 \quad gives \quad m\rho^2\theta = M_\theta.$$

Daher,

$$L = \frac{1}{2}m(\dot{\rho}^2 + (a\rho\dot{\rho})^2) + \frac{1}{2}m\left(\rho\dot{\theta}\right)^2 - mg\frac{a}{2}\rho^2$$

Mit der Euler-Lagrange-Gleichung ρ erhalten wir:

$$m\ddot{\rho} + \frac{d}{dt}(m(a\rho)^2\dot{\rho}) - m(a\dot{\rho})^2\rho - m\rho\dot{\theta}^2 + mga\rho = 0$$

$$m\ddot{\rho}(1 + a^2\rho^2) + ma^2\rho\dot{\rho}^2 - \frac{M_\theta^2}{m\rho^3} + mga\rho = 0$$

Kreisbewegung $\dot{\rho} = 0$:

$$\left(\frac{M_\theta}{m\rho}\right)^2 = ga\rho^2 \quad and \quad M_o = m\rho v.$$

Daher

$$v = \rho\sqrt{ga} = \sqrt{2gz}$$

Betrachten wir nun kleine Schwingungen für

$$m\ddot{\rho}(1 + a^2\rho^2) + ma^2\rho\dot{\rho}^2 - \frac{M_\theta^2}{m\rho^3} + mga\rho = 0$$

Sei $\rho = \rho_o + \eta$, dann bleiben die Terme der 1. ^{Ordnung} in erhalten η:

$$(1 + a^2\rho_o^2)m\ddot{\eta} - \frac{M_\theta^2}{m\rho_o^3}\left(1 - \frac{3\eta}{\rho_o}\right) + mga(\rho_o + \eta) = 0$$

Daher,

$$\ddot{\eta} + \frac{4ga\eta}{(1 + a^2\rho_o^2)} = 0 \quad \Rightarrow \quad \omega = \sqrt{\frac{4ga}{(1 + a^2\rho_o^2)}} \quad \Rightarrow \quad T$$

$$= \pi\sqrt{\frac{(1 + a^2\rho_o^2)}{ga}}.$$

Übung 3.22. Einfallzeit.
Zwei Teilchen bewegen sich unter dem Einfluss der Gravitationskräfte in Kreisbahnen mit einer Periode T umeinander. Ihre Bewegung wird

plötzlich gestoppt und sie werden losgelassen und können ineinander fallen. Zeigen Sie, dass sie rechtzeitig kollidieren $t/4\sqrt{2}$.

Beispiel 3.23. *Anziehende Zentralkraft.*

(a) Zeigen Sie, dass, wenn ein Teilchen eine Kreisbahn unter dem Einfluss einer anziehenden Zentralkraft beschreibt, die auf einen Punkt auf dem Kreis gerichtet ist, die Kraft mit der umgekehrten fünften Potenz der Entfernung variiert.

(b) Zeigen Sie, dass für die beschriebene Umlaufbahn die Gesamtenergie des Teilchens Null ist.

(c) Bestimmen Sie die Periode der Bewegung.

(d) Berechnen Sie $\dot{x}$, $\dot{y}$, und $v$als Funktion des Winkels um den Kreis und zeigen Sie, dass alle drei Größen unendlich sind, wenn das Teilchen durch den Kraftmittelpunkt geht.

Lösung

(a) Beginnen Sie mit der durch gegebenen Position $r -$ $2a\sin\theta \ for \ \ 0 \le \theta \le 180°$. Und haben Sie Lagrange:

$$L = \frac{1}{2}m(\dot{r}^2 + r^2\dot{\theta}^2) - U(r) \ \ with \ \ \dot{r} = 2a\cos\theta\,\dot{\theta}.$$

Dann,

$$\frac{d}{dt}\left(\frac{\partial L}{\partial\theta}\right) - \frac{\partial L}{\partial\theta} = 0 \Rightarrow M_\theta = mr^2\dot{\theta} = \text{const. of motion}$$

Verwenden Sie $r^2 + r^2\dot{\theta}^2 = 4_a^2\cos^2\theta\,\dot{\theta}^2 + 4_a^2\sin^2\theta\,\dot{\theta}^2 = 4_a^2\dot{\theta}^2$ für die „Einschränkung" von r, um die jeweilige Kraft zu identifizieren. In ähnlicher Weise erhalten wir $E = 2ma^2\dot{\theta}^2 + U(r)$= Integral der Bewegung, also konstant:

$$E = 2ma^2\frac{M_\theta^2}{(mr^2)^2} + U(r) = \frac{2a^2 M_\theta^2}{mr^4} + U(r) = \text{const}$$

Daher,

$$\frac{dE}{dr} = -\frac{8a^2 M_\theta^2}{mr^5} + \frac{dU}{dr} = 0$$

zeigt an, dass die (anziehende) Kraft ist:

$$F(r) = \frac{8a^2 M_\theta^2}{mr^5}.$$

(B) $\quad E = \frac{2a^2 M_\theta^2}{mr^4} - \int_\infty^r -\frac{8a^2 M_\theta^2}{mr^5} = 0$

(C) $T = ?$ $M_\theta = mr^2\dot\theta = m(4a^2)\sin^2\theta\,\dfrac{d\theta}{dt}$

$$dt = m(4a^2)\frac{\sin^2\theta}{M_\theta}\,d\theta$$

$$T = \frac{1}{M_\theta}\int_0^\pi (4a^2)\,m\sin^2\theta\,d\theta = \frac{2\pi m a^2}{M_\theta}$$

Alternative:

$$M_\theta = mr^2\dot\theta = mr\cdot r\,\frac{d\theta}{dt} = m2\frac{dA}{dt} \quad\rightarrow\quad dt = \frac{2m\,dA}{M_\theta} \quad\rightarrow\quad T = \frac{2\pi m a^2}{M_\theta}$$

(D) $x = r\cos\theta = 2a\sin\theta\cos\theta = a\sin 2\theta$ $\dot x = 2a(\cos^2\theta - \sin^2\theta)\dot\theta$

$\qquad y = r\sin\theta = 2a\sin^2\theta$ $\dot y = 4a\sin\theta\cos\theta\,\dot\theta$

Also,

$$\dot x = (2a)(1 - 2\sin^2\theta)\dot\theta = 2a\left(1 - \frac{1}{2}\left(\frac{r}{a}\right)^2\right)\frac{M_\theta}{mr^2}; \qquad \dot y$$

$$= 2r\sqrt{1 - \left(\frac{r}{a}\right)^2}\,\frac{M_\theta}{mr^2}$$

Und

$$v = \sqrt{4a^2\{\cos^4\theta - 2\cos^2\theta\sin^2\theta + \sin^4\theta\} + 16a^2\sin^2\theta\cos^2\theta}\cdot\dot\theta$$
$$= 2a\dot\theta\sqrt{\cos^4\theta + \sin^4\theta}.$$

Übung 3.23. Teilchen im zentralen harmonischen Potential.
Ein Teilchen der Masse m bewegt sich im zentralen harmonischen Potential $V(r) = (1/2)kr^2$ mit einer positiven Federkonstante k. (a) Verwenden Sie das effektive Potential, um zu zeigen, dass alle Bahnen gebunden sind und dass E_{min} größer sein muss $\sqrt{kl^2/m}$. (b) Überprüfen Sie, dass die Bahn eine geschlossene Ellipse mit dem Ursprung im Zentrum ist. Wenn die Beziehung $E/E_{min} = \cosh\xi$ die Größe definiert ξ, zeigen Sie, dass die Bahnparameter für a, b und Exzentrizität. Besprechen Sie den Grenzfall $E \to E_{min}$ und $E \gg E_{min}$. (c) Zeigen Sie, dass die Periode unabhängig von E und l ist.

3.8 Kleine Schwingungen um stabile Gleichgewichte
Bisher haben wir uns mit der grundlegenden Orbitalmechanik befasst und das klassische Orbitalergebnis einer Ellipse erhalten (mit dem Kreis als

Sonderfall). Aber wie stabil ist dieses idealisierte Ergebnis für realistischere Systeme, in denen es gelegentlich zu äußeren Einflüssen kommen kann, die Dinge anstoßen? Wie stabil sind diese Lösungen in der „Realität"? Es stellt sich heraus, dass dies eine Frage ist, die mit kleinen Schwingungen (die in diesem Abschnitt ausführlich beschrieben werden) und der allgemeinen Stabilität (die in Kapitel 6 beschrieben wird, wo die Dynamik im Phasenraum beschrieben wird und in dem dort beschriebenen Formalismus die Kriterien für Stabilität leichter ermittelt werden können) zu tun hat. Beachten Sie, dass die Erweiterung der Klasse von Lösungen, um kleine Störungen zu berücksichtigen, der erste Schritt zu einer allgemeinen mechanischen Lösung ist, aber wie weit kann dies gehen? Die Antwort, die ebenfalls in einem späteren Abschnitt folgt, hängt von der „Grenze des Chaos" ab, die es auf besondere Weise erreicht und zu universellen Konstanten führt, einschließlich C_∞ ihrer möglicherweise besonderen Beziehung zu Alpha (Details in [45]).

Betrachten wir also kleine Schwingungen im Fall der Kreisbahn. Im Potential befinden wir uns in einer Situation, in der wir uns bereits am Potentialminimum befinden (unveränderlich im Laufe der Zeit). Wenn wir diese Konfiguration verschieben, sehen wir, dass wir eine Potentialumgebung erleben, die vom Potential in der Nähe des Gleichgewichts dominiert wird, und da es sich am Minimum befindet (was für das Gleichgewicht in Systemen im Allgemeinen erforderlich ist, sodass diese Diskussion auch auf diese Fälle verallgemeinert werden kann), gibt es keinen Term erster Ordnung, sondern nur den Term zweiter bis nächsthöherer Ordnung:

$$U(r) - U(r_{min}) \cong \frac{1}{2}k(r - r_{min})^2 \dots$$

zuzüglich höherer Bestellbedingungen.

$$(3\text{-}39)$$

Wenn wir uns nun auf die kleine Auslenkung konzentrieren $x = r - r_{min}$ und den konstanten Term weglassen $U(r_{min})$, erhalten wir die klassische Lagrange-Funktion eines Federschwingers bei Variable x:

$$L = \frac{1}{2}m\dot{x}^2 - \frac{1}{2}kx^2$$

$$(3\text{-}40)$$

Wofür die Euler-Lagrange-Gleichungen die Bewegungsgleichung zweiter Ordnung ergeben:

$$m\ddot{x} + kx = 0 \quad \rightarrow \quad \ddot{x} + \omega^2 x = 0, \quad where\ \omega^2 = \frac{k}{m}.$$

$$(3\text{-}41)$$

Da in diesem Zusammenhang üblicherweise von positiven Frequenzen gesprochen wird, ziehen Sie die positive Wurzel: $\omega = \sqrt{k/m}$. Die allgemeine Lösung der Differentialgleichung lautet dann: $x(t) = a\cos(\omega t) + b\sin(\omega t)$. Somit sind bei der klassischen 1-D-Feder zwei unabhängige Schwingungen möglich. Randbedingungen lassen sich oft auf einen unabhängigen Schwingungsfreiheitsgrad reduzieren. Wie beim Problem der Kreisbahn mit kleiner Schwingung, bei dem der Bahndrehimpuls durch die kleine Schwingung verändert wird (typischerweise), wobei die Randbedingung für eine Federschwingung gewählt wird, die sich in eine Wellenausbreitung um die Gleichgewichtskreisbahn in derselben Ausrichtung wie der Systemdrehimpuls überträgt, was einen größeren Nettosystemdrehimpuls ergibt, oder das Gegenteil, mit einem geringeren Nettodrehimpuls. Nehmen wir an, dass dies dann eine Lösung auswählt, bei der nur eine der Schwingungen konsistent ist, und der Einfachheit halber wählen wir $x(t) = a\cos(\omega t)$, dann haben wir:

$$E = \frac{1}{2}m\omega^2 a^2 \propto (amplitude)^2.$$

(3-42)

Die Systemfrequenz ist also nicht von der Amplitude abhängig, aber die Systemenergie ist das Quadrat der Amplitude. Beachten Sie, dass die Bewegungsgleichung für 1-D-Federschwingungen wie folgt umgeschrieben werden kann:

$$\frac{d^2 x}{dt^2} + \omega^2 \frac{d^2 x}{dX^2} = 0,$$

(3-43)

wobei die beiden Lösungsklassen nun in der Form erfasst werden:

$$x(t, X) = a\cos(\omega t - X) + b\cos(\omega t + X).$$

(3-44)

Eng damit verwandt ist die 1-D-Wellengleichung (partiell differenziell) für Schwingungen an Saiten $y(t, X)$:

$$\frac{\partial^2 y}{\partial t^2} - \omega^2 \frac{\partial^2 y}{\partial X^2} = 0,$$

wobei die beiden unabhängigen Lösungsklassen nun in der Form (D'Alembert [7]) zusammengefasst werden:

$$y(t, X) = f(\omega t - X) + g(\omega t + X).$$

Sowohl beim 1D-Oszillator als auch bei der 1D-Saitenschwingung wirken sich die Randbedingungen auf die Bewertung der verfügbaren funktionalen Freiheitsgrade aus.

3.8.1 Angetriebene Systeme

Nachdem wir nun die „natürlichen" Schwingungen des Systems verstanden haben, was passiert, wenn wir wiederholt eine Kraft auf das System ausüben (und dabei immer noch im Bereich kleiner Schwingungen bleiben)? Indem wir im Bereich kleiner Schwingungen bleiben, müssen wir ein ausreichend schwaches Potential haben, und wenn das der Fall ist, können wir es auf die niedrigste Ordnung ausdehnen, indem wir das System aus seinem Gleichgewicht verschieben. Somit $\frac{1}{2}kx^2$ haben wir jetzt zusätzlich zur Federrückstellkraft aus potentieller Energie

$$U_{external}(x,t) \cong U_{ext}(0,t) + x[\partial U_{ext}/\partial x]_{x=0}$$

(3-45)

Wenn wir den Term ohne x-Abhängigkeit weglassen und Kraft schreiben, $F(t) = -[\partial U_{ext}/\partial x]_{x=0}$ erhalten wir die Lagrange-Funktion für den angetriebenen Oszillator:

$$L = \frac{1}{2}m\dot{x}^2 - \frac{1}{2}kx^2 + xF(t).$$

(3-46)

Daraus ergibt sich die Differentialgleichung:

$$\ddot{x} + \omega^2 x = \frac{F(t)}{m},$$

(3-47)

deren allgemeine Lösung auf die übliche Weise inhomogener Differentialgleichungen erhalten werden kann, indem man die Lösungen der homogenen Differentialgleichung aufbaut. Nehmen wir in diesem Fall an, dass dies als allgemeine Lösung geschrieben wird $x(t) = x_{hom}(t) + x_{inhom}(t)$, wobei $x_{hom}(t) = a\cos(\omega t + \alpha)$ wie zuvor mit $\{a, \alpha\}$ durch Randbedingungen bestimmt wird. Um den $x_{inhom}(t)$ Teil zu berechnen, betrachten wir externe Kräfte, die periodische Treiber sind (die Summierung über diese kann dann durch die Vollständigkeit der Fourier-Transformation jede zeitlich variierende externe Kraft modellieren):

$$F(t) = f\cos(\gamma t + \beta).$$

(3-48)

Wenn wir eine Lösung erraten $x_{inhom}(t) = b \cos(\gamma t + \beta)$, stellen wir fest, dass sie für funktioniert $b = f/m(\omega^2 - \gamma^2)$, daher haben wir für unsere Gesamtlösung:

$$x(t) = a \cos(\omega t + \alpha) + \left[\frac{f}{m(\omega^2 - \gamma^2)}\right] \cos(\gamma t + \beta).$$

(3-49)

Beachten Sie, dass diese Lösung aus einem Teil besteht, der mit der Eigenfrequenz des Systems schwingt, und einem Teil, der mit der Antriebsfrequenz der Kraft schwingt. Beachten Sie auch, dass etwas Besonderes passiert, wenn die Antriebsfrequenz mit der Eigenfrequenz des Systems übereinstimmt. Dies ist das Phänomen der Resonanz.

Um zu untersuchen, was bei Resonanz passiert, benötigen wir eine Form für die Berechnung des Grenzwertes $\gamma \to \omega$. Dazu muss der zweite Term in einer Form vorliegen, die sich für die Anwendung der L'Hopital-Regel eignet. Indem wir einfach einen Teil des ersten Terms aufbrechen und seinen Phasenterm nach Bedarf verschieben (alles gültig innerhalb der Näherung erster Ordnung kleiner Schwingungen), können wir einfach umschreiben:

$$x(t) = a' \cos(\omega t + \alpha) + \left[\frac{f}{m(\omega^2 - \gamma^2)}\right] [\cos(\gamma t + \beta) - \cos(\omega t + \beta)],$$

(3-50)

und wir bekommen:

$$\lim_{\gamma \to \omega} x(t) = a' \cos(\omega t + \alpha) + \left[\frac{ft}{2m\omega}\right] [\sin(\omega t + \beta)].$$

(3-51)

Wie man sehen kann, zeigt sich die bekannte Instabilität bei Resonanz im zweiten Term, der mit der Zeit linear wächst (und bald die Annahmen kleiner Schwingungen verletzt). Systeme brechen oft, wenn sie bei Resonanz betrieben werden, weil sie in der Lage sind, ausreichend Antriebsenergie zu absorbieren, um nicht nur die Annahmen kleiner Schwingungen (und die Aufnahmefähigkeit für weitere Antriebsenergieabsorption) zu verletzen, sondern auch eine Systembeschränkung zu verletzen. Hinweis: Auf diese Weise kann ein geparktes Auto von einer kleinen Gruppe von Leuten verschoben werden, die regelmäßig gegen das Auto stoßen („Hüpfen", ohne es „abzuheben"), wenn die Aufhängung bei Resonanz betrieben wird und seitliche Stöße erfolgen, wenn die Aufhängung am höchsten Punkt des Hüpfens ist.

Betrachten wir nun Systeme mit mehr als einem Freiheitsgrad. Im Allgemeinen enthalten die Terme niedriger Ordnung im Potentialausdruck der Verschiebungen Kreuzterme. Trotzdem kann man im Allgemeinen versuchen, Koordinaten in ein Potential niedriger Ordnung ohne Kreuzterme zu entkoppeln (bekannt als „normale Koordinaten"), und das System mit N Freiheitsgraden entkoppelt sich dadurch in N 1-D-Schwingungen, wie bereits untersucht.

Gemäß der Notation von [27] betrachten wir U als eine Funktion mehrerer Koordinaten. Wir sind an Erweiterungen dieses Potentials mit kleinen Abweichungen von seinem Minimum interessiert (da wir Gleichgewicht mit kleinen Schwingungen annehmen). Unter Ausnutzung der Freiheit, die Energieskala zu verschieben, wählen wir das minimale Potential bei Null und haben für Potentiale bis auf quadratische Terme (keine linearen Terme, da beim Minimum):

$$U = \frac{1}{2} \sum_{i,k} K_{ik} x_i x_k,$$

wobei die x die Koordinatenverschiebungen vom Minimum des Potentials sind. Ebenso wird der kinetische Term in verallgemeinerten Koordinaten immer noch quadratisch in den Geschwindigkeiten sein, aber der Koeffizient wird im Allgemeinen eine Koordinatenabhängigkeit aufweisen:

$$T = \frac{1}{2} \sum_{i,k} m(x_i, x_k) \dot{x}_i \dot{x}_k \cong \frac{1}{2} \sum_{i,k} m_{ik} \dot{x}_i \dot{x}_k,$$

wobei die letztere Näherung mit konstanter Trägheitsmatrix m_{ik} erhalten wird, wenn der Term mit der niedrigsten Ordnung in der verallgemeinerten Trägheitsfunktion verwendet wird $\sum_{i,k} m(x_i, x_k)$ (im Einklang mit den Szenarien mit kleiner Verschiebung oder kleiner Schwingung). Die Lagrange-Funktion lautet daher:

$$L = \frac{1}{2} \sum_{i,k} (m_{ik} \dot{x}_i \dot{x}_k - K_{ik} x_i x_k),$$

und die resultierenden Euler-Lagrange-Gleichungen:

$$\sum_{k} (m_{ik} \ddot{x}_k + K_{ik} x_k) = 0.$$

Betrachten Sie als mögliche Lösung Verschiebungen in den verallgemeinerten Koordinaten mit unterschiedlichen Größen, aber gleicher Frequenz: $x_k = A_k \exp i\omega t$. Durch Einsetzen müssen wir nun lösen:

$$\sum_k (-\omega^2 m_{ik} + K_{ik})A_k = 0 \quad \rightarrow \quad det|-\omega^2 m_{ik} + K_{ik}| = 0,$$

Wir setzen also die Determinante gleich Null, was zu einer charakteristischen Gleichung vom Grad „N" (der Anzahl der verallgemeinerten Koordinaten) führt. Die Lösungen $\{\omega_\alpha\}$ sind die charakteristischen Frequenzen des Systems. Dies legt eine allgemeine Lösung für jede verallgemeinerte Koordinatenverschiebung nahe, die aus einer Summe aller charakteristischen Frequenzen besteht (wobei wir der Notation von [27] treu bleiben):

$$x_k = \sum_\alpha \Delta_{k\alpha} \theta_\alpha \ ; \quad \theta_\alpha = \mathrm{Re}[C_\alpha \exp i\omega_\alpha t],$$

(3-52)

wobei C_α beliebige komplexe Konstanten sind und die $\Delta_{k\alpha}$'s die Minorwerte der Determinante sind, die mit jeder der charakteristischen Frequenzen verbunden ist ω_α (vorausgesetzt, alle ω_α sind unterschiedlich). Somit ist die zeitliche Variation jeder Koordinate des Systems eine Überlagerung von N einfachen periodischen Oszillatoren (mit beliebigen Amplituden und Phasen, aber N bestimmten Frequenzen). Der Einfachheit halber nehmen wir weiterhin an, dass alle unterschiedlich sind ω_α und ersetzen einfach $x_k = \sum_\alpha \Delta_{k\alpha} \theta_\alpha$, woraus wir beim Einsetzen in die Lagrange-Funktion N entkoppelte Gleichungen erhalten (z. B. diagonalisieren wir mithilfe der charakteristischen Frequenzen gleichzeitig sowohl kinetische als auch potenzielle Terme, abgesehen von einem Trägheitsfaktor I_α für jeden Frequenzbeitrag):

$$L = \frac{1}{2} \sum_\alpha I_\alpha (\dot{\theta}_\alpha{}^2 - \omega_\alpha{}^2 \theta_\alpha{}^2),$$

(3-53)

Dies erfordert eine Neuskalierung der Koordinaten, um zur Konvention für Normalkoordinaten zu gelangen, dass ihr kinetischer Term einen Koeffizienten von 1/2 hat. Somit $\theta_\alpha \rightarrow \theta_\alpha / \sqrt{I_\alpha}$ wird die überarbeitete Lagrange-Funktion, wenn eine Kraft vorhanden ist, wie folgt:

$$L = \frac{1}{2} \sum_\alpha (\dot{\theta}_\alpha{}^2 - \omega_\alpha{}^2 \theta_\alpha{}^2) + \sum_\alpha \sum_k \frac{F_k(t)}{\sqrt{I_\alpha}} \Delta_{k\alpha} \theta_\alpha.$$

(3-54)

Die Verwendung normaler Koordinaten ermöglicht somit die Reduzierung einer erzwungenen Schwingung in einem System mit mehr als einem Freiheitsgrad auf eine Reihe eindimensionaler erzwungener Schwingungsprobleme.

3.8.2 Beispiele für multimodale und gesperrt-modale kleine Schwingungen

Beispiel 3.24. Am Rand einer zylindrischen Scheibe aufgehängtes Pendel.

Ein einfaches Pendel hängt am Rand einer zylindrischen Scheibe, wie in Abbildung 3.9 dargestellt. Das Pendel hat eine Länge l und eine Masse m. Die Scheibe hat einen Radius $r = l/2$, eine Masse $M = 2m$ und kann sich frei um eine Achse durch ihren Mittelpunkt drehen. Bestimmen Sie die Normalmodi und Frequenzen in der Näherung für kleine Schwingungen.

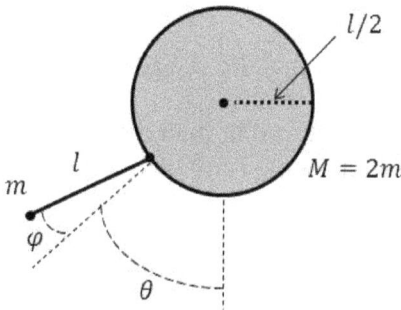

Abbildung 3.9.

Um die Lagrange-Funktion zu erhalten, benötigen wir zunächst das Trägheitsmoment einer festen Scheibe:

$$I = \int_0^r \rho r^2 (2\pi r)\,dr = 2\pi\rho\frac{r^4}{4}, \qquad where\ \rho(\pi r^2) = M,$$

daher,

$$I = \frac{1}{2}Mr^2 = \frac{1}{2}(2m)(\frac{l}{2})^2 = \frac{1}{4}ml^2.$$

Für die Winkelkoordinate der Scheibenrotation gilt θ, mit Winkelfrequenz $\omega = \dot{\theta}$. Betrachten wir nun die Koordinaten des Pendelgewichts:

$$y = \frac{l}{2}cos\theta + lcos(\theta + \varphi) \quad and \quad x = \frac{l}{2}sin\theta + lsin(\theta + \varphi)$$

mit Zeitableitung:

$$\dot{y} = -\left\{\frac{l}{2}sin\theta\dot{\theta} + lsin(\theta + \varphi)(\dot{\theta} + \dot{\varphi})\right\} \quad and \quad \dot{x}$$

$$= \left\{\frac{l}{2}cos\theta\dot{\theta} + lcos(\theta + \varphi)(\dot{\theta} + \dot{\varphi})\right\}.$$

Die kinetischen Terme sind somit:

$$T = \frac{1}{2}I\omega^2 + \frac{1}{2}m(\dot{x}^2 + \dot{y}^2)$$

$$= \frac{1}{2}\left(\frac{1}{4}ml^2\right)\dot{\theta}^2$$

$$+ \frac{1}{2}m\left\{\left(\frac{l}{2}\dot{\theta}\right)^2 + [l(\dot{\theta} + \dot{\varphi})]^2 + l^2\dot{\theta}(\dot{\theta} + \dot{\varphi})cos\varphi\right\}$$

Der mögliche Begriff ist:

$$U = -mgy = -mgl\left(\frac{1}{2}cos\theta + cos(\theta + \varphi)\right).$$

Wenn man dies zusammenfügt, erhält man die Lagrange-Funktion und wechselt zur Kleinwinkelnäherung (und lässt Konstanten weg):

$$L = \frac{1}{8}ml^2\dot{\theta}^2 + \frac{1}{2}m\left\{\left(\frac{l}{2}\dot{\theta}\right)^2 + [l(\dot{\theta} + \dot{\varphi})]^2\right\} + mgl(\frac{1}{2}\left(-\frac{1}{2}\theta^2\right)$$

$$- \frac{1}{2}(\theta - \varphi)^2$$

$$= \frac{5}{4}ml^2\dot{\theta}^2 + \frac{3}{2}ml^2\dot{\theta}\dot{\varphi} + \frac{1}{2}ml^2\dot{\varphi}^2 - \frac{3}{4}mgl\theta^2 - mgl\theta\varphi - \frac{1}{2}mgl\varphi^2$$

Mithilfe der EL-Relation lauten die Bewegungsgleichungen dann:

$$\frac{5}{2}ml^2\ddot{\theta} + \frac{3}{2}ml^2\ddot{\varphi} + \frac{3}{2}mgl\theta + mgl\varphi = 0$$

$$ml^2\ddot{\varphi} + \frac{3}{2}ml^2\ddot{\theta} + mgl\varphi + mgl\theta = 0$$

$$\begin{vmatrix} \left(3\left(\frac{g}{l}\right) - 5\omega^2\right) & \left(2\left(\frac{g}{l}\right) - 3\omega^2\right) \\ \left(2\left(\frac{g}{l}\right) - 3\omega^2\right) & \left(2\left(\frac{g}{l}\right) - 2\omega^2\right) \end{vmatrix} = 0$$

$$\omega^2 = \frac{4\left(\frac{g}{l}\right) \pm \sqrt{\left(4\left(\frac{g}{l}\right)\right)^2 - 4\left(2\left(\frac{g}{l}\right)^2\right)}}{2} = \left(\frac{g}{l}\right)\{2 \pm \sqrt{2}\}$$

und wir können jetzt für schreiben $\omega^2 = \left(\frac{g}{l}\right)(2 + \sqrt{2})$:

$$(v - \omega^2 m)\rho^{(1)} = \begin{pmatrix} \{3 - 5(2+\sqrt{2})\}\left(\frac{g}{l}\right) & \{2 - 3(2+\sqrt{2})\}\left(\frac{g}{l}\right) \\ \{2 - 3(2+\sqrt{2})\}\left(\frac{g}{l}\right) & \{2 - 2(2+\sqrt{2})\}\left(\frac{g}{l}\right) \end{pmatrix} \begin{pmatrix} \theta \\ \varphi \end{pmatrix}$$

$$= 0$$

$$(-7 - 5\sqrt{2})\theta + (-4 - 3\sqrt{2})\theta = 0$$
$$(-4 - 3\sqrt{2})\theta + (-2 - 2\sqrt{2})\theta = 0$$

$$\theta = -\frac{(4 + 3\sqrt{2})\varphi}{(7 + 5\sqrt{2})} \simeq -\frac{4.1}{7}\varphi$$

Daher:

$$\rho^{(1)} \simeq c\begin{pmatrix} 1 \\ -7/4 \end{pmatrix} \quad for \quad \omega^2 = \left(\frac{g}{l}\right)(2 + \sqrt{2})$$

Ebenso für $\omega^2 = \left(\frac{g}{l}\right)(2 - \sqrt{2})$

$$(v - \omega^2 m)\rho^{(2)} = \begin{pmatrix} \{3 - 5(2-\sqrt{2})\}\left(\frac{g}{l}\right) & \{2 - 3(2-\sqrt{2})\}\left(\frac{g}{l}\right) \\ \{2 - 3(2-\sqrt{2})\}\left(\frac{g}{l}\right) & \{2 - 2(2-\sqrt{2})\}\left(\frac{g}{l}\right) \end{pmatrix} \begin{pmatrix} \theta \\ \varphi \end{pmatrix}$$

$$= 0$$

$$\theta = \frac{(-4 - 3\sqrt{2})\varphi}{(-7 - 5\sqrt{2})} \simeq 4\varphi$$

$$\rho^{(2)} \simeq c \begin{pmatrix} 1 \\ 1/4 \end{pmatrix} \; for \;\; \omega^2 = \left(\frac{g}{l}\right)(2 - \sqrt{2})$$

Lassen Sie uns nun die Vektoren normalisieren:

$$M = m \begin{pmatrix} \dfrac{5}{2} & \dfrac{3}{2} \\ \dfrac{3}{2} & 1 \end{pmatrix}$$

$$mc^2 \begin{pmatrix} 1 & \dfrac{-7}{4} \end{pmatrix} \begin{pmatrix} \dfrac{5}{2} & \dfrac{3}{2} \\ \dfrac{3}{2} & 1 \end{pmatrix} \begin{pmatrix} 1 \\ -\dfrac{7}{4} \end{pmatrix} = mc^2 \begin{pmatrix} 1 & \dfrac{-7}{4} \end{pmatrix} \begin{pmatrix} -\dfrac{1}{8} \\ -\dfrac{1}{4} \end{pmatrix}$$

$$= mc^2 \left(-\frac{1}{8} + \frac{7}{16} \right) = mc^2 \begin{pmatrix} \dfrac{5}{16} \end{pmatrix}$$

$$c \simeq \frac{4}{\sqrt{5m}}$$

$$\vec{\rho}^{(1)} = \frac{4}{\sqrt{5m}} \begin{pmatrix} 1 \\ -7/4 \end{pmatrix}$$

Analog erhalten wir für den anderen Modus:

$$c \simeq \frac{4}{\sqrt{53m}}$$

$$\vec{\rho}^{(2)} = \frac{4}{\sqrt{53m}} \begin{pmatrix} 1 \\ 1/4 \end{pmatrix}$$

Somit ergeben die Kombinationen der Normalmodi die Position wie folgt:

$$\vec{x} = \frac{4}{\sqrt{5m}} \begin{pmatrix} 1 \\ -7/4 \end{pmatrix} \left\{ c_1 \cos \left(\sqrt{(2 + \sqrt{2}) \left(\frac{g}{l}\right)} \, t \right) \right.$$

$$\left. + d_1 \sin \left(\sqrt{(2 + \sqrt{2}) \left(\frac{g}{l}\right)} \right) t \right\}$$

$$+ \frac{4}{\sqrt{53m}} \begin{pmatrix} 1 \\ 1/4 \end{pmatrix} \left\{ c_2 \cos \left(\sqrt{(2 - \sqrt{2}) \left(\frac{g}{l}\right)} \, t \right) \right.$$

$$\left. + d_2 \sin \left(\sqrt{(2 - \sqrt{2}) \left(\frac{g}{l}\right)} \right) t \right\}$$

Übung 3.24. Anstelle einer massiven Scheibe nehmen Sie einen Reifen (gleiche Masse). Wiederholen Sie die Analyse.

Beispiel 3.25. Zwei kleine Perlen auf einem runden Draht.
Betrachten wir für das nächste Beispiel zwei kleine Perlen mit der Masse m und der Ladung e, die sich ohne Reibung auf einem kreisförmigen Draht mit Radius a bewegen. Bei t=0 liegen die Perlen einander diametral gegenüber. Wenn Perle 2 anfangs ruht und Perle 1 anfangs Geschwindigkeit hat:

$$v \ll \sqrt{\left(\frac{e^2}{ma}\right)},$$

Finden Sie bei kleinen Schwingungen die Position der Perle 1 zum Zeitpunkt t.

Schreiben wir zunächst die Lagrange-Funktion, wobei die Koordinaten einfach die Winkelposition der Perlen sind:

$$L = \frac{1}{2}m\left(a^2\dot{\theta}_1^{\,2} + a^2\dot{\theta}_2^{\,2}\right) - U(r).$$

Das Potenzial ist auf die Coulomb-Kraft zurückzuführen.

$$F = \frac{-e^2}{r^2} \implies U = \frac{e^2}{r}.$$

Berechnen wir nun den Abstand r zwischen den Ladungen. Beginnen wir mit der Definition des Winkelabstands zwischen den Perlen: $\alpha = \theta_2 - \theta_1$ und berücksichtigen wir die Ausrichtung der Achsen, so dass sich Perle eins am unteren Ende des Drahtes und am Ursprung befindet und Perle zwei

$$x = a\sin\alpha \quad and \quad y = a(1 - \cos\alpha) \quad and \quad r = a\sqrt{2(1 - \cos\alpha)}$$
$$= 2a\sin\frac{\alpha}{2}.$$

Wir können die Lagrange-Funktion nun wie folgt schreiben:

$$L = \frac{1}{2}ma^2\left(\dot{\theta}_1^{\,2} + \dot{\theta}_2^{\,2}\right) - \frac{e^2}{2a\sin\frac{\alpha}{2}}$$
$$= \frac{1}{2}ma^2\left(\dot{\alpha}^2 + 2\dot{\theta}_1\dot{\alpha} + 2\dot{\theta}_1^{\,2}\right) - \frac{e^2}{2a\sin\frac{\alpha}{2}}$$

Für kleine Schwingungen wollen wir $\alpha = \pi + \eta$, wobei η klein ist (Null beim Mindestpotential), und da wir haben, $\sin\left(\frac{\pi}{2} + \frac{\eta}{2}\right) = \cos\left(\frac{\eta}{2}\right)$ erhalten wir:

$$L = \frac{1}{2}ma^2\left(\dot{\eta}^2 + 2\dot{\theta}_1\dot{\eta} + 2\dot{\theta}_1{}^2\right) - \frac{e^2}{2a\sin\frac{\eta}{2}}$$

Aus der EL-Relation ergeben sich dann die Bewegungsgleichungen $\frac{d}{dt}\left(\frac{\partial L}{\partial \dot{q}}\right) - \frac{\partial L}{\partial q} = 0$:

$$\frac{1}{2}ma^2(2\ddot{\eta} + 4\ddot{\theta}_1) = 0 \Rightarrow \ddot{\theta}_1 = -\frac{1}{2}\ddot{\eta}$$

$$\frac{1}{2}ma^2(2\ddot{\eta} + 2\ddot{\theta}_1) + \frac{e^2}{2a}\left(\frac{-\left(-\sin\left(\frac{\eta}{2}\right)\frac{1}{2}\right)}{\cos^2\left(\frac{\eta}{2}\right)}\right) = 0$$

Und approximierend für kleine η:

$$\ddot{\eta} + \frac{e^2}{2ma^3}\left(\frac{\eta}{2}\right) = 0,$$

und die Frequenz kleiner Schwingungen des Systems beträgt:

$$\omega^2 = \frac{e^2}{4ma^3}.$$

Zum Zeitpunkt t=0 haben wir $\alpha = \pi \Rightarrow \eta = 0$. Schreiben wir die allgemeine Lösung für die gegebene Schwingungsfrequenz:
$$\eta = B\sin(\omega t).$$

Nun, bei $t = 0$ haben wir $v_2 = v$, $v_1 = 0$, also:

$$v_2 = a\dot{\theta}_2 = v, \quad \text{and} \quad \dot{\eta} = \dot{\alpha} = \dot{\theta}_2 - \dot{\theta}_1 = \dot{\theta}_2 = \frac{v}{a} \quad \text{at } t = 0$$

$$\dot{\eta} = B\omega\cos(\omega t)\Big|_{t=0} = \left(\frac{v}{a}\right) \;\rightarrow\; B = \frac{v}{a\omega}$$

Somit ist, $\eta = \frac{v}{a\omega}\sin(\omega t)$ und wir können schreiben

$$\ddot{\theta}_1 = -\frac{1}{2}\ddot{\eta} \;\rightarrow\; \frac{d}{dt}\left(\dot{\theta}_1 + \frac{1}{2}\dot{\eta}\right) = 0 \;\rightarrow\; \dot{\theta}_1 + \frac{1}{2}\dot{\eta} = \frac{v}{2a}$$

Und

$$\dot{\theta}_1 = \frac{v}{2a} - \frac{1}{2}\dot{\eta} \;\rightarrow\; \theta_1 = \frac{v}{2a}t - \frac{v}{2a\omega}\sin(\omega t) + \theta_0$$

wobei θ_0 der Anfangswinkel für ist θ_1. Somit gilt:

$$\theta_1 = \frac{v}{2a}\left\{t - \frac{\sin(\omega t)}{\omega}\right\} + \theta_0, \quad \omega = \sqrt{\frac{e^2}{4ma^3}}$$

80

Übung 3.25. Lassen Sie die beiden Perlen in einem Abstand von 175 Grad ruhen und lassen Sie sie los. Ermitteln Sie bei kleinen Schwingungen die Positionen der Perlen zum Zeitpunkt t.

Beispiel 3.26. Pendel im rollenden Reifen.
Betrachten wir nun einen dünnen zylindrischen Reifen mit Radius R und Masse M, der ohne zu rutschen auf einer rauen horizontalen Oberfläche rollt (Abb. 3.10). Ein physikalisches Pendel mit der Masse m ist auf der Achse des Zylinders befestigt. Dies geschieht durch eine Anordnung von Speichen mit vernachlässigbarer Masse, die am Ursprung zusammenlaufen und eine Pendelhalterung bilden, die sich frei um die Zylinderachse drehen kann. Der Schwerpunkt des Pendels befindet sich in einem Abstand h von der Zylinderachse und sein Trägheitsradius beträgt k. Für kleine Schwingungen um die Gleichgewichtsposition erhalten Sie die Schwingungsdauer in Abhängigkeit von den oben genannten Variablen.

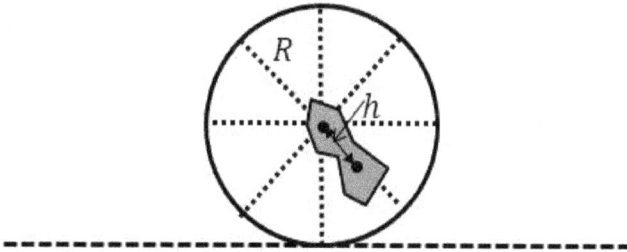

Abbildung 3.10.

Die kinetische Energie des Reifens beträgt:

$$T_h = \frac{1}{2}I_h\omega_h^2 + \frac{1}{2}Mv_h^2, \quad where \quad I_h = MR^2 \quad and \quad \omega_h = \dot{\theta}, \quad v_h = R\dot{\theta}$$

Die kinetische Energie des Pendels beträgt:

$$T_p = \frac{1}{2}I_{p(cm)}\omega_p^2 + \frac{1}{2}mv_p^2$$

Das Trägheitsmoment des Pendels ergibt sich aus dem Satz der parallelen Achsen:

$$I = I_{cm} + mh^2 \quad \rightarrow \quad I_{p(cm)} = mk^2 - mh^2$$

Schreiben der Position des Pendels in kartesischen Koordinaten:

81

$$x = h\sin\varphi \quad \text{and} \quad y = -h\cos\varphi,$$

mit Zeitableitungen:

$$\dot{x} = h\cos\varphi\,\dot{\varphi} \quad \text{and} \quad \dot{y} = h\sin\varphi\,\dot{\varphi}.$$

Für die Geschwindigkeiten können wir dann schreiben:

$$\omega_p = \dot{\varphi} \quad \text{and} \quad v_T = |\vec{v}_h + \vec{v}_p| = \sqrt{(v_h + h\dot{\varphi}\cos\varphi)^2 + (h\dot{\varphi}\sin\varphi)^2}$$

Die Gesamtgeschwindigkeit des Pendelmittelpunktes beträgt also

$$v_T{}^2 = v_h{}^2 + (h\dot{\varphi})^2 + 2v_h(h\dot{\varphi})\cos\varphi$$

und die potentielle Energie des Pendels ist:

$$U = -mgh\cos\varphi.$$

Wir können jetzt die Lagrange-Funktion schreiben:

$$L = \frac{1}{2}MR^2\dot{\theta}^2 + \frac{1}{2}M(R\dot{\theta})^2 + \frac{1}{2}(mk^2 - mh^2)\dot{\varphi}^2$$

$$+ \frac{1}{2}m\{v_h{}^2 - (h\dot{\varphi})^2 + 2v_h(h\dot{\varphi})\cos\varphi\} + mgh\cos\varphi$$

und jetzt Wechsel zum Formalismus kleiner Schwingungen (unter Weglassen der Terme 3. ^{Ordnung} und höher):

$$L = MR^2\dot{\theta}^2 + \frac{1}{2}(mk^2 - mh^2)\dot{\varphi}^2 + \frac{1}{2}m\{(R\dot{\theta})^2 + (h\dot{\varphi})^2 + 2(R\dot{\theta})(h\dot{\varphi})\}$$

$$- \frac{1}{2}mgh\varphi^2$$

$$= \left(MR^2 + \frac{1}{2}mR^2\right)\dot{\theta}^2 + \frac{1}{2}mk^2\dot{\varphi}^2 + mRh\dot{\theta}\dot{\varphi} - \frac{1}{2}mgh\varphi^2$$

Wir können nun die Bewegungsgleichungen mithilfe der EL-Gleichungen erhalten:

$$\theta \text{ equation:} \quad 2\left(MR^2 + \frac{1}{2}mR^2\right)\ddot{\theta} + mRh\ddot{\varphi} = 0$$

$$\Rightarrow \quad \frac{d}{dt}\{(2M + m)R^2\dot{\theta} + mhR\dot{\varphi}\} = 0$$

Somit erhalten wir $\ddot{\theta} = -\frac{mRh\ddot{\varphi}}{(2M+m)R^2}$, das wir in der anderen Gleichung verwenden:

$$\varphi \text{ equation:} \quad mk^2\ddot{\varphi} + mhR\ddot{\theta} + mgh\varphi = 0$$

Umschreiben nach Ersetzung:

$$\left\{mk^2 - \frac{m^2h^2}{(2M + m)}\right\}\ddot{\varphi} + mgh\varphi = 0$$

$$\omega^2 = \frac{mgh}{mk^2 - \frac{m^2h^2}{(2M+m)}} \quad \rightarrow \quad \omega = \sqrt{\frac{g}{h}\left\{\left(\frac{k}{h}\right)^2 - \frac{m}{(2M+m)}\right\}^{-1}}$$

Und wenn $M \rightarrow \infty$oder Reifen vernachlässigbar wird und die Frequenz

$\omega = \sqrt{\frac{gh}{k^2}}$wie erwartet wird, erhalten wir für die Periode:

$$T = \frac{2\pi}{\omega} = 2\pi\sqrt{\frac{k^2}{gh}}\sqrt{1 - \left(\frac{h}{k}\right)^2 \frac{m}{(2M+m)}}.$$

Beachten Sie, dass in der Lösung keine R-Abhängigkeit vorliegt.

Übung 3.26. Ersetzen Sie den Reifen durch eine massive Scheibe. (Ignorieren Sie die Auswirkungen der Dicke.)

Beispiel 3.27. Ein Teilchen in einem Potenzial $V(\vec{r}) = V_0 \log r$.
Ein Teilchen der Masse m bewegt sich in einem Potential $V(\vec{r}) = V_0 \log r$. Sei Ωdie Frequenz einer Kreisbahn bei r=R und sei ωdie Frequenz kleiner radialer Schwingungen um diese Kreisbahn. Berechnen Sie ω/Ω.

Beginnen wir mit der Lagrange-Funktion in Polarkoordinaten:

$$L = \frac{1}{2}m\left(\dot{r}^2 + r^2\dot{\theta}^2\right) - V(\vec{r}) = \frac{1}{2}m\left(\dot{r}^2 + r^2\dot{\theta}^2\right) - V_0 \log r$$

Aus den EL-Gleichungen für die θKoordinate erhalten wir:

$$\frac{d}{dt}\left(mr^2\dot{\theta}\right) = 0 \rightarrow \quad mr^2\dot{\theta} = l.$$

Für die r-Koordinate erhalten wir:

$$m\ddot{r} - mr\dot{\theta}^2 + \frac{V_0}{r} = 0 \rightarrow \quad \ddot{r} - \frac{l^2}{m^2r^3} + \frac{V_0}{m}\frac{1}{r} = 0$$

Für Kreisbahnen $r = R$erhalten wir $R^2 = \frac{l^2}{mv_0}$, oder:

$$R = \frac{l}{\sqrt{mv_0}}.$$

Die Periode der Kreisbahn ergibt sich durch Integration $mr^2\dot{\theta} = l$über $mr^2(\frac{2\pi}{T}) = l$einen Zyklus. Die Periode ist also $T = mr^2(\frac{2\pi}{l})$. Wenn man die Periode mit der Frequenz in Beziehung setzt, erhält man:

$$\Omega = \frac{l}{mR^2} = \frac{v_0}{l}$$

Betrachten wir nun kleine radiale Schwingungen:

$$r = R + \eta \rightarrow \ddot{\eta} - \frac{l^2}{m^2(R+\eta)^3} + \frac{v_0}{m}\frac{1}{(R+\eta)} = 0$$

was sich für kleine ηZahlen wie folgt vereinfacht:

$$\ddot{\eta} + \eta\left(\frac{v_0^2}{l^2}\right)2 = 0 \implies \omega = \frac{v_0}{l}\sqrt{2}.$$

Das Frequenzverhältnis beträgt somit:

$$\frac{\omega}{\Omega} = \sqrt{2}.$$

Übung 3.27. Versuchen Sie es wie in Übung 3.27, aber mit$V(\vec{r}) = -V_0/r$

Beispiel 3.28. Masseloser Reifen mit Pendel.
Ein masseloser Reifen mit Radius 2l rollt ohne zu rutschen auf einem flachen Boden (Abbildung 3.11). An der Schleife ist ein Stab mit Länge 2l und Masse m befestigt, der in der Ebene des Reifens frei schwingen kann. Bestimmen Sie die Frequenz des Schwingungsmodus für kleine Schwingungen um die gezeigte Gleichgewichtsposition.

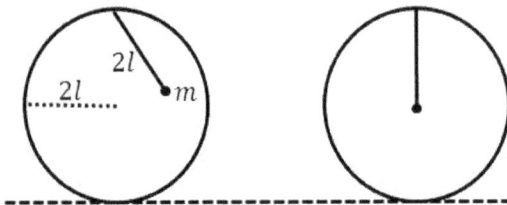

Abbildung 3.11.

Verwenden wir den Winkel, θum die Verschiebung von der Gleichgewichtsposition für den Stützpunkt anzugeben, $\omega_1 = \dot{\theta}$und die Anti-Rutsch-Bedingung setzt dies dann mit der horizontalen Geschwindigkeit des Reifens in Beziehung: $v_h = 2l\omega_1\dot{\theta}$.

Das Trägheitsmoment der Stange beträgt:

$$I = \frac{1}{3}mR^2 = \frac{1}{3}(m)(2l)^2 = \frac{4}{3}ml^2$$

Lassen Sie uns nun die Position des Stabstützpunkts in kartesischen Koordinaten ausdrücken:
$$x_s = (2l)sin\theta \quad and \quad y_s = 2l + (2l)cos\theta,$$
für die die Koordinaten-Zeitableitungen lauten:
$$\dot{x}_s = 2lcos\theta\dot{\theta} \quad and \quad \dot{y}_s = -2lsin\theta\dot{\theta}.$$

Drücken wir nun die Lage des Stabschwerpunktes, bezogen auf den Auflagepunkt, durch den Winkel aus φ:
$$x = (l)sin\varphi \quad and \quad y = -(l)cos\varphi,$$
für die die Koordinaten-Zeitableitungen lauten:
$$\dot{x} = lcos\theta\dot{\varphi} \quad and \quad \dot{y} = -lsin\varphi\dot{\varphi}.$$

Wir können nun die kinetische Energie schreiben:
$$v = |\vec{v_s} + \vec{v_{cm}}| = \sqrt{((v_s)_x + \dot{x})^2 + \left((v_s)_y + \dot{y}\right)^2}$$
nach Auswechslungen:
$$v^2 = (v_h + (2l)\omega_1 cos\theta)^2 + 2(v_h + (2l)\omega_1 cos\theta)\dot{x} + \dot{x}^2$$
$$+ (-(2l)\omega_1 sin\theta)^2 - 2\left((2l)\omega_1 sin\theta\right)\dot{y} + \dot{y}^2$$
$$v^2 = 2[(2l)\omega_1]^2 + 2[(2l)\omega_1]cos\theta + 2(2l)\omega_1(1 + cos\theta)\dot{x}$$
$$- 2(2l)\omega_1 sin\theta\dot{y} + (l\dot{\varphi})^2$$

Daher,
$$T = \frac{1}{2}I\omega^2 + \frac{1}{2}mV^2$$
$$T = \frac{1}{2}\left(\frac{4}{3}ml^2\right)\dot{\varphi}^2$$
$$+ \frac{1}{2}m\left\{2\left(2l\dot{\theta}\right)^2(1 + cos\theta) + 2\left(2l\dot{\theta}\right)(1 + cos\theta)\dot{x}\right.$$
$$\left. - 2\left(2l\dot{\theta}\right)sin\theta\dot{y} + (l\dot{\varphi})^2\right\}$$

Die potentielle Energie ist gegeben durch:
$$U = -mgy_{cm} = -mg(y_s + y) = -mg\{2l + 2lcos\theta - lcos\varphi\}$$
Wenn man dies zusammenfügt, erhält man die Lagrange-Funktion und nimmt dabei kleine Winkel an:
$$L = T - U = \frac{2}{3}ml^2\dot{\varphi}^2 + 2m\left(2l\dot{\theta}\right)^2 + 2m\left(2l\dot{\theta}\right)(l\dot{\varphi}) + (l\dot{\varphi})^2 - mgl\theta^2$$
$$+ mgl\left(\frac{\varphi^2}{2}\right)$$
Wir können nun die Bewegungsgleichungen berechnen:
$$\theta: \quad 4m(2l)^2\ddot{\theta} + m(2l)^2\ddot{\varphi} + 2mgl\theta = 0$$

$$\varphi: \qquad \frac{1}{3}m(2l)^2\ddot{\varphi} + m(2l)^2\ddot{\theta} - mgl\varphi = 0$$

Nach der Vereinfachung:

$$\theta: \qquad 4\ddot{\theta} + \ddot{\varphi} + \frac{g}{2l}\theta = 0$$

$$\emptyset: \qquad \frac{1}{3}\ddot{\varphi} + \ddot{\theta} - \frac{g}{4l}\varphi = 0$$

Lösen, um die Normalmodusfrequenzen zu erhalten:

$$\begin{vmatrix} \dfrac{g}{2l} & -\omega^2 \\ -\omega^2 & \dfrac{g}{4l} - \dfrac{1}{3}\omega^2 \end{vmatrix} = 0 \;\rightarrow\; \omega^2 = \left(\frac{g}{2l}\right)\left\{\frac{-5 \pm \sqrt{25+6}}{2}\right\}$$

und für den Schwingungsmodus ziehen wir die $\omega^2 > 0$ Wurzel:

$${\omega^2}_{osc} = \left(\frac{g}{2l}\right)\left(\frac{\sqrt{31}-5}{2}\right).$$

Übung 3.28. Versuchen Sie es wie in Übung 3.28, aber mit einem Reifen der Masse M.

Beispiel 3.29. Kugel- und Federproblem.
Betrachten Sie drei Kugeln B, C, D, die durch zwei Federn in einer Linie BCD verbunden sind. Betrachten Sie alle Bewegungen als entlang der x-Achse. Betrachten Sie eine Kugel A, die von links auf Kollisionskurs mit Kugel B kommt. Nehmen Sie alle vier Kugelmassen als m an. Nehmen Sie die beiden Federkonstanten als k an. Die anfängliche Gruppe der drei Kugeln ist im Ruhezustand, während die sich nähernde Kugel A die Geschwindigkeit v hat. Lassen Sie die Kollision zum Zeitpunkt = 0 erfolgen und nehmen Sie an, dass die Kollisionszeit im Vergleich zu kurz ist $\sqrt{(m/k)}$. Bestimmen Sie die Position von Kugel D als Funktion der Zeit.

Die Lagrange-Funktion für das BCD-System lautet einfach:

$$L = \frac{1}{2}m\left(\dot{x}_B{}^2 + \dot{x}_C{}^2 + \dot{x}_D{}^2\right)$$

$$- \frac{1}{2}k\left([x_C - x_B]^2 + [x_D - x_C]^2\right)$$

$$\tilde{v} = k \begin{vmatrix} 1 & -1 & 0 \\ -1 & 2 & -1 \\ 0 & -1 & 1 \end{vmatrix} \text{ and } \tilde{m} = m \begin{vmatrix} 1 & 0 & 0 \\ 0 & 1 & 0 \\ 0 & 0 & 1 \end{vmatrix} \text{ and } |\tilde{v} - \omega^2 \tilde{m}| = 0$$

Geben Sie dann die Determinante an:

$$\begin{vmatrix} k - \omega^2 m & -k & 0 \\ -k & 2k - \omega^2 m & -k \\ 0 & -k & k - \omega^2 m \end{vmatrix} = 0$$

daher

$$m\omega^2 (k - \omega^2 m)(3k - \omega^2 m) = 0$$

Und die Frequenzen sind: $\omega = 0$; $\omega = \sqrt{k/m}$; und $\omega = \sqrt{3k/m}$, wobei $\omega = 0$der Übersetzung entspricht. Für den Modus$\omega_1 = 0$:

$$(\tilde{v} - \omega^2 \tilde{m})\rho^{(1)} = \begin{pmatrix} 1 & -1 & 0 \\ -1 & 2 & -1 \\ 0 & -1 & 1 \end{pmatrix} \begin{pmatrix} x_B \\ x_C \\ x_D \end{pmatrix} = 0 \quad \rightarrow \quad \rho^{(1)} = c \begin{pmatrix} 1 \\ 1 \\ 1 \end{pmatrix}$$

Nun zur Normalisierung:

$$\rho^{(1)} m \rho^{(1)} = mc^2 (1 \quad 1 \quad 1) \begin{pmatrix} 1 & \square & \square \\ \square & 1 & \square \\ \square & \square & 1 \end{pmatrix} \begin{pmatrix} 1 \\ 1 \\ 1 \end{pmatrix} = c^2(3)m = 1$$

Daher

$$\rho^{(1)} = \frac{1}{\sqrt{3m}} \begin{pmatrix} 1 \\ 1 \\ 1 \end{pmatrix}$$

Für den Modus$\omega_2 = \sqrt{\frac{k}{m}}$:

$$\begin{pmatrix} 0 & -k & 0 \\ -k & k & -k \\ 0 & -k & 0 \end{pmatrix} \begin{pmatrix} x_B \\ x_C \\ x_D \end{pmatrix} = 0 \quad \rightarrow \quad \rho^{(2)} = c \begin{pmatrix} 1 \\ 0 \\ -1 \end{pmatrix} \quad \rightarrow \quad \rho^{(2)}$$

$$= \frac{1}{\sqrt{2m}} \begin{pmatrix} 1 \\ 0 \\ -1 \end{pmatrix}$$

Und für den Modus$\omega_3 = \sqrt{\frac{3k}{m}}$:

$$\begin{pmatrix} -2k & -k & 0 \\ -k & k & -k \\ 0 & -k & -2k \end{pmatrix} \begin{pmatrix} x_B \\ x_C \\ x_D \end{pmatrix} = 0 \quad \rightarrow \quad \rho^{(3)} = c \begin{pmatrix} 1 \\ -2 \\ 1 \end{pmatrix} \quad \rightarrow \quad \rho^{(2)}$$

$$= \frac{1}{\sqrt{6m}} \begin{pmatrix} 1 \\ -2 \\ 1 \end{pmatrix}$$

Die allgemeine Form der Lösung mit diesen drei Modi ist:

$$\vec{x}(t) = \vec{\rho}^{(1)}(c_1 + d_1 t) + \vec{\rho}^{(2)}(c_2 \cos \omega_2 t + d_2 \sin \omega_2 t)$$
$$+ \vec{\rho}^{(3)}(c_3 \cos \omega_3 t + d_3 \sin \omega_3 t)$$

$$\vec{x}(0) = \begin{pmatrix} 0 \\ 0 \\ 0 \end{pmatrix} \implies c_1 = 0, c_2 = 0, c_3 = 0$$

Für die Geschwindigkeiten beginnen wir mit

$$\dot{\vec{x}}(0) = \begin{pmatrix} v \\ 0 \\ 0 \end{pmatrix} = \vec{v}$$

Dann,

$$\dot{\vec{x}}(0)\tilde{m}\rho^{(1)} = d_1 = (v\ 0\ 0)\frac{m}{\sqrt{3m}}\begin{pmatrix} 1 \\ 1 \\ 1 \end{pmatrix} = \frac{mv}{\sqrt{3m}} \rightarrow d_1 = \frac{mv}{\sqrt{3m}}$$

$$\dot{\vec{x}}(0)\tilde{m}\rho^{(2)} = \omega_2 d_2 = (v\ 0\ 0)\frac{m}{\sqrt{2m}}\begin{pmatrix} 1 \\ 0 \\ -1 \end{pmatrix} = \frac{mv}{\sqrt{2m}} \rightarrow d_2 = \frac{mv}{\sqrt{2k}}$$

$$\dot{\vec{x}}(0)\tilde{m}\rho^{(3)} = \omega_3 d_3 = (v\ 0\ 0)\frac{m}{\sqrt{6m}}\begin{pmatrix} 1 \\ -2 \\ 1 \end{pmatrix} = \frac{mv}{\sqrt{6m}} \rightarrow d_3 = \frac{mv}{3\sqrt{2k}}$$

Daher,

$$\vec{x}(t) = \frac{v}{3}\begin{pmatrix} 1 \\ 1 \\ 1 \end{pmatrix}t + \frac{v}{2\omega_2}\begin{pmatrix} 1 \\ 0 \\ -1 \end{pmatrix}sin\omega_2 t + \frac{v}{6\omega_2}\begin{pmatrix} 1 \\ -2 \\ 1 \end{pmatrix}sin\omega_3 t$$

Speziell für Ball D:

$$x_D(t) = \frac{v}{3}t - \frac{v}{2\omega_2}sin\omega_2 t + \frac{v}{6\omega_2}sin\omega_3 t.$$

Übung 3.29. Versuchen Sie es wie in Übung 3.29, aber mit der Masse von Ball C von 2 m und nicht von m.

Beispiel 3.30. Stangen mit Torsionsfedern.

Zwei gleichförmige dünne Stäbe mit der Masse m und der Länge l sind durch eine Torsionsfeder verbunden. Das andere Ende eines der Stäbe ist durch eine Torsionsfeder mit einem festen Punkt verbunden. Die Torsionsfedern haben ein Drehmoment von k θ. Das freie Ende des äußeren Stabs wird durch eine Kraft F gedrückt. (a) Wie lauten die Euler-Lagrange-Gleichungen? (b) Wie hoch sind die Frequenzen in der Näherung für kleine Schwingungen?

Lösung

(a) Die potentielle Energie der Torsionsfedern beträgt:

$$U = \frac{1}{2}k\left[\theta_1{}^2 + (\theta_2 - \theta_1)^2\right]$$

Beachten Sie, dass das Trägheitsmoment für die beiden Stäbe unterschiedlich behandelt werden muss, da ein Stab ein festes Ende hat

88

und somit Rotationen um diesen festen Punkt erfährt, für die das relevante Trägheitsmoment ist

$$I_1 = \frac{1}{3}ml^2,$$

während der andere Stab nicht fixiert ist, betrachten wir seine Bewegung in seinem Schwerpunktsystem, wobei sich das relevante Trägheitsmoment auf den Mittelpunkt bezieht:

$$I_2 = \frac{1}{12}ml^2.$$

Wir können jetzt die Lagrange-Funktion schreiben:

$$L = \frac{1}{2}I_1\omega_1{}^2 + \frac{1}{2}I_2\omega_2{}^2 + \frac{1}{2}M_2v_2{}^2 - U.$$

Bestimmen Sie nun die Schwerpunktsgeschwindigkeit des Stabs mit freien Enden:

$$x = l\left(sin\theta_1 + \frac{1}{2}sin\theta_2\right) \quad and \quad y = l\left(cos\theta_1 + \frac{1}{2}cos\theta_2\right),$$

und die Geschwindigkeiten sind:

$$\dot{x} = l\left(cos\theta_1\dot{\theta}_1 + \frac{1}{2}cos\theta_2\dot{\theta}_2\right) \quad and \quad \dot{y} = -l\left(sin\theta_1\dot{\theta}_1 + \frac{1}{2}sin\theta_2\dot{\theta}_2\right)$$

Die Geschwindigkeiten betragen also:

$$v_2{}^2 = (l\dot{\theta}_1)^2 + \left(\frac{l}{2}\dot{\theta}_2\right)^2 + l^2\dot{\theta}_1\dot{\theta}_2\{cos\theta_1 cos\theta_2 + sin\theta_1 sin\theta_2\}$$

und je nach Winkelwahl:

$$\omega_1 = \dot{\theta}_1 \quad and \quad \omega_2 = -\dot{\theta}_2$$

Der Lagrange-Operator lautet also:

$$L = \frac{1}{2}\left(\frac{1}{3}ml^2\right)\dot{\theta}_1{}^2 + \frac{1}{2}\left(\frac{1}{12}ml^2\right)\dot{\theta}_2{}^2$$
$$+ \frac{1}{2}m\left\{(l\dot{\theta}_1)^2 + (\frac{l}{2}\dot{\theta}_2)^2 + l^2\dot{\theta}_1\dot{\theta}_2\cos(\theta_2 - \theta_1))\right\} - U$$

Die Bewegungsgleichungen lauten:

$$\theta_1: \left(ml^2 + \frac{ml^2}{3}\right)\ddot{\theta}_1 + \frac{d}{dt}\left\{\frac{1}{2}ml^2\dot{\theta}_2 cos(\theta_2 - \theta_1)\right\}$$
$$- \frac{1}{2}ml^2\dot{\theta}_1\dot{\theta}_2 \sin(\theta_2 - \theta_1)) + \{k\theta_1 + k(\theta_2 - \theta_1)(-1)\}$$
$$= F_1$$

$$\frac{4ml^2}{3}\ddot{\theta}_1 + \frac{ml^2}{2}\left\{\ddot{\theta}_2 cos(\theta_2 - \theta_1)\right.$$
$$\left. - \left(\dot{\theta}_2\right)^2 sin(\theta_2 - \theta_1)\right\} + k\{2\theta_1 - \theta_2\} = F_1$$

Und

89

$$\theta_2: \quad \frac{ml^2}{3}\ddot{\theta}_2 + \frac{ml^2}{2}\left\{\ddot{\theta}_1\cos(\theta_2 - \theta_1) + (\dot{\theta}_1)^2\sin(\theta_2 - \theta_1)\right\} + k(\theta_2 - \theta_1)$$
$$= F_2$$

Wo

$$F_{\theta_2} = F_y\frac{\partial y}{\partial \theta_1} = (-F)(-l\sin\theta_2) = Fl\sin\theta_2 \quad and \quad F_{\theta_1} = (-F)\frac{\partial y}{\partial \theta_1}$$
$$= Fl\sin\theta_1$$

Daher,

$$\theta_1: \frac{4}{3}ml^2\ddot{\theta}_1 + \frac{ml^2}{2}\left\{\ddot{\theta}_2\cos(\theta_2 - \theta_1) - \dot{\theta}_2^{\ 2}\sin(\theta_2 - \theta_1)\right\} + k\{2\theta_1 - \theta_2\}$$
$$= Fl\sin\theta_1$$

Und

$$\theta_2: \frac{1}{3}ml^2\ddot{\theta}_2 + \frac{ml^2}{2}\left\{\ddot{\theta}_1\cos(\theta_2 - \theta_1) - \dot{\theta}_1^{\ 2}\sin(\theta_2 - \theta_1)\right\} + k\{\theta_2 - \theta_1\}$$
$$= Fl\sin\theta_2$$

(b) Nun wechseln wir zu kleinen Schwingungen:

$$\frac{4}{3}ml^2\ddot{\theta}_1 + \frac{ml^2}{2}\{\ddot{\theta}_2\} + k\{2\theta_2 - \theta_1\} - Fl\theta_1 = 0$$

Und

$$\frac{1}{3}ml^2\ddot{\theta}_2 + \frac{ml^2}{2}\{\ddot{\theta}_1\} + k\{\theta_2 - \theta_1\} - Fl\theta_2 = 0$$

Nun erhält man die Normalmodusfrequenzen durch Auswertung der Determinante:

$$\begin{vmatrix} -[2k + Fl] - \frac{4}{3}ml^2\omega^2 & -k - \frac{1}{2}ml^2\omega^2 \\ -k - \frac{1}{2}ml^2\omega^2 & -[-k + Fl] - \frac{1}{3}ml^2\omega^2 \end{vmatrix} = 0$$

$$\left([-2k + Fl] + \frac{4}{3}ml^2\omega^2\right)\left([-k + Fl] + \frac{1}{3}ml^2\omega^2\right) - \left(-k - \frac{1}{2}ml^2\omega^2\right)$$
$$= 0$$

Wann $Fl \gg k$:

$$\left(Fl + \frac{4}{3}ml^2\omega^2\right)\left(Fl + \frac{1}{3}ml^2\omega^2\right) \cong 0 \quad \rightarrow \quad \omega_1^2 = -\frac{3F}{4ml} \quad and \quad \omega_2^2$$
$$= -\frac{3F}{ml}$$

Wann $Fl \ll k$:

$$\left(-2k + \frac{4}{3}ml^2\omega^2\right)\left(-k + \frac{1}{3}ml^2\omega^2\right) - (k + \frac{1}{2}ml^2\omega^2)^2 = 0$$

wobei die Frequenzen sind:

$$\omega^2 = \frac{3kml^2 \pm \sqrt{9 - \frac{28}{36}(kml^2)}}{2 * \frac{7}{36}(ml^2)^2} \quad (both\ positive).$$

Übung 3.30. Versuchen Sie es wie in Übung 3.30, aber mit dem jetzt freien festen Ende.

3.8.3 Dämpfung

Nachdem wir nun freie und erzwungene Schwingungen behandelt haben, ist der nächste wichtige phänomenologische Effekt die Dämpfung (Reibung), und dies gibt uns schließlich einen Term erster Ordnung für die Zeitableitung in den Bewegungsgleichungen, d. h. wir haben jetzt eine entgegengesetzte Reibungskraft linear zur Geschwindigkeit ($F = -\alpha\dot{x}$):

$$m\ddot{x} + kx = -\alpha\dot{x} \quad \rightarrow \quad \ddot{x} + 2\lambda\dot{x} + \omega^2 x = 0, where\ \omega^2 = \frac{k}{m}\ and\ 2\lambda = \frac{\alpha}{m}.$$

Versuchen Sie zur Lösung die Form $x = \exp(rt)$, die die Wurzeln der charakteristischen Gleichung hat: $r_{1,2} = -\lambda \pm \sqrt{\lambda^2 - \omega^2}$. Somit $x(t) = c_1 \exp(r_1 t) + c_2 \exp(r_2 t)$ haben wir in der allgemeinen Lösung die folgenden Fälle:

Fall $< \omega$: exponentiell gedämpfte Schwingungen
$$x(t) = a \exp(-\lambda t) \cos(\omega' t + \alpha), \quad \omega' = \sqrt{\omega^2 - \lambda^2}.$$
Beachten Sie, dass die Frequenz abnimmt, da die Reibung die Bewegung verzögert.

Fall $= \omega$: exponentiell gedämpft, keine Schwingung
$$x(t) = (c_1 + c_2 t) \exp(-\lambda t).$$
Fall $> \omega$: Aperiodische Dämpfung
$$x(t) = c_1 \exp(r_1 t) + c_2 \exp(r_2 t), with\ r_{1,2}\ roots\ real\ and\ negative.$$

3.8.4 Erste Begegnung mit der dissipativen Funktion

Betrachten wir die Reibung im mehrdimensionalen Fall mit N>1 Freiheitsgraden $F_i = -\sum_k \alpha_{ik}\dot{x}_k$. Um Rotationsinstabilität oder andere Pathologien der statistischen Mechanik zu vermeiden, müssen wir

α_{ik} symmetrisch sein, daher können wir eine Dissipationsfunktion einführen $\mathcal{F}$:

$$\mathcal{F} = \frac{1}{2}\sum_{i,k} \alpha_{ik}\dot{x}_i\dot{x}_k, \qquad F_i = -\frac{\partial \mathcal{F}}{\partial x_i}$$

(3-55)

Betrachten wir die Energiedissipationsrate im System:

$$\frac{dE}{dt} = \frac{d}{dt}\left(\sum_i \dot{x}_i \frac{\partial L}{\partial \dot{x}_i} - L\right) = -\sum_i \dot{x}_i \frac{\partial \mathcal{F}}{\partial \dot{x}_i} = -2\mathcal{F}.$$

(3-56)

Somit $\mathcal{F}$ ist es, wie der Name schon sagt, proportional zur Energiedissipationsrate.

3.8.5 Erzwungene Schwingungen unter Reibung
In diesem Abschnitt kombinieren wir Reibungskraft und Antriebskraft. Die allgemeine Form der Differentialgleichung, die erzwungene Schwingungen mit Dämpfung beschreibt (komplexe Form), lautet:

$$\ddot{x} + 2\lambda\dot{x} + \omega^2 x = \left(\frac{F}{m}\right)\exp i\gamma t.$$

(3-57)

Versuchen Sie $x(t) = B\exp(i\gamma t)$ es mit der speziellen Lösung. Dann erhalten wir aus der charakteristischen Gleichung:

$$B = \frac{F}{m(\omega^2 - \gamma^2 + 2i\lambda\gamma)} = b\exp(i\delta),$$

(3-58)

Wo

$$b = \frac{F}{m\sqrt{(\omega^2 - \gamma^2)^2 + (2\lambda\gamma)^2}}, \qquad \tan\delta = \frac{(2\lambda\gamma)}{(\omega^2 - \gamma^2)}.$$

(3-59)

Wenn wir die spezielle Lösung zur allgemeinen Lösung der homogenen Gleichung hinzufügen (und $\omega > \lambda$ im Folgenden die Bestimmtheit voraussetzen) und den Realteil als unsere Lösung nehmen, erhalten wir:

$$x(t) = a\exp(-\lambda t)\cos(\omega t + \alpha) + b\cos(\gamma t + \delta),$$

(3-60)

und nach ausreichender Zeit gibt es genau das $x(t) \cong b\cos(\gamma t + \delta)$.

in der Nähe der Resonanz $\gamma = \omega + \epsilon$ auch an, dass $\lambda \ll \omega$, dann

$$b = \frac{F}{2m\omega\sqrt{\epsilon^2 + \lambda^2}}, \qquad \tan\delta = \frac{\lambda}{\epsilon}.$$

$$(3\text{-}61)$$

Die Phasendifferenz δ zwischen der Schwingung und der äußeren Kraft ist immer negativ. Fernab der Resonanz $\gamma < \omega$: $\delta \to 0$; und $\gamma > \omega$: $\delta \to -\pi$. während des Durchlaufens der Resonanz $\gamma = \omega$: $\delta \to -\frac{1}{2}\pi$. Ohne Reibung ändert sich die Phase der erzwungenen Schwingung diskontinuierlich um π; $\gamma = \omega$ bei zusätzlicher Reibung wird die Diskontinuität geglättet.

Sobald eine stationäre Bewegung erreicht ist, $x(t) \cong b\cos(\gamma t + \delta)$ entspricht die von der äußeren Kraft absorbierte Energie der durch Reibung dissipierten Energie. Wir haben die Dissipationsrate aufgrund von Reibung zuvor als $-2\mathcal{F}$, wobei $\mathcal{F} = \frac{1}{2}\alpha\dot{x}^2 = \lambda m b^2 \gamma^2 \sin^2(\gamma t + \delta)$, mit zeitlichem Durchschnitt: $2\bar{\mathcal{F}} = \lambda m b^2 \gamma^2$. Somit beträgt die pro Zeiteinheit absorbierte Energie $\lambda m b^2 \gamma^2$. Wenn wir nun das Integral der bei allen Antriebsfrequenzen absorbierten Energie haben möchten, wird die Absorption von den Frequenzen in der Nähe der Resonanz dominiert, für die das Integral ungefähr wie folgt lautet $\pi F^2 / 4m$.

Beachten Sie, dass wir in dieser Analyse die Feder oder das Pendel mit nur einer linearen Rückstellkraft betrachten. Für das Pendel in der Kleinwinkelnäherung ist dies jedoch der Fall, wobei die Kraft aufgrund des Schwerkraftterms ist $-mg\sin(\theta) \cong -mg\theta$. Wenn wir später ohne diese Näherung zum gedämpft angetriebenen Oszillator zurückkehren, werden wir sehen, dass chaotische Bewegung unter den möglichen hervorgerufenen Bewegungen allgegenwärtig ist.

Bevor wir das Thema Dissipation verlassen und einen Blick auf die Phasendiagrammdarstellung werfen, die im als nächstes besprochenen Hamilton-Ansatz verwendet wird, betrachten wir das System:

$$m\ddot{x} + \gamma\dot{x} + \frac{dU}{dx} = 0,$$

$$(3\text{-}62)$$

wenn das Potenzial ein doppelter Brunnen ist. Abbildung 3.12 zeigt eine Skizze des Potenzials, des Systemphasendiagramms, wenn $\gamma = 0$ (keine Dissipation) und des Systemphasendiagramms, wenn $\gamma \neq 0$. Für das System mit Dissipation sehen wir, dass es eine abnehmende Spirale gibt, die einen Brunnen auswählt, an dem sie sich lokalisieren kann, wenn die Energie auf das Niveau der Separatrix abfließt.

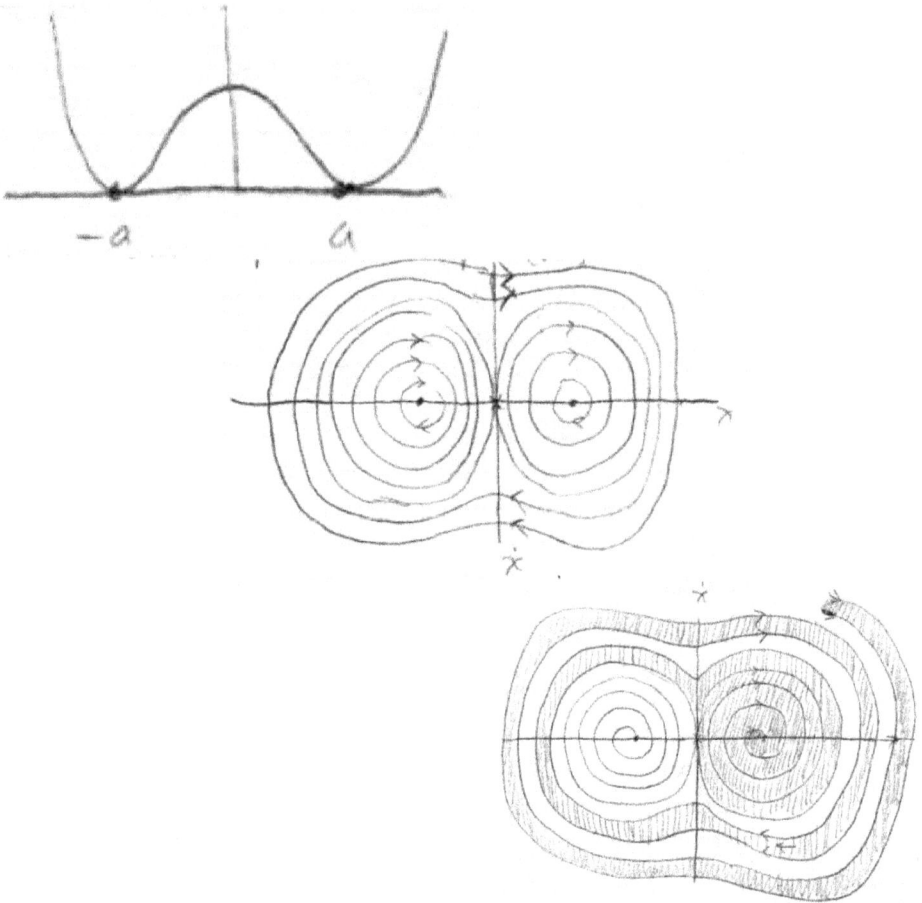

Abbildung 3.12. Links: Skizze eines Doppelmuldenpotentials; Mitte: Skizze eines Phasendiagramms ohne Dissipation; Phasendiagramm mit Dissipation (und eventueller Einschwingzeit in die rechte Mulde).

3.8.6 Parametrische Resonanz

Anstelle einer externen Kraft betrachten wir nun Modulationen der Systemparameter selbst (das System ist nicht geschlossen). Für eine externe Kraft, die das System in Resonanz treibt, haben wir ein lineares Wachstum der Systemverschiebung vom Gleichgewichtszustand über die Zeit festgestellt. Bei parametrischer Resonanz werden wir sehen, dass dieses Wachstum bei Resonanz *exponentiell ist* , wobei das Wachstum multiplikativ ist, aber das bedeutet auch, dass dieses Resonanzwachstumsphänomen nicht auftritt, wenn die Verschiebung (oder das System) zu Beginn im Gleichgewicht ist (weil das Wachstum mit Null multipliziert wird). Ein Beispiel, das man im Hinterkopf behalten sollte, ist die bekannte Schaukel. Einmal in Bewegung gesetzt (mit einem Start ungleich Null), wird die Schaukelbewegung durch das entsprechende (resonanzangepasste) Timing der Schaukelbewegung mit dem Schaukelzyklus aufrechterhalten, eine parametrische Resonanz. Um das Phänomen zu erfassen, betrachten wir ein 1-D-Federsystem mit Masse und Federkonstante k:

$$\frac{d}{dt}(m\dot{x}) + kx = 0.$$

(3-63)

Skalieren wir die Zeit neu, um die angenommene zeitabhängige m(t)-Abtrennung zu ermöglichen:

$$d\tau = \frac{dt}{m(t)} \rightarrow \frac{d^2x}{d\tau^2} + mkx = 0.$$

Daher können wir ohne Einschränkung der Allgemeinheit (wlog) das Problem in der Form betrachten

$$\frac{d^2x}{dt^2} + \omega^2(t)x = 0,$$

(3-64)

zu der wir von Anfang an hätten gelangen können, wenn wir m = konstant gelassen hätten, aber eine Form mit einer zeitabhängigen Systemfrequenz erreicht hätten $\omega(t)$.

Betrachten Sie den Fall, in dem $\omega(t)$ periodisch mit Frequenz γ und Periode ist $T = 2\pi/\gamma$. Wenn $\omega(t) = \omega(t + T)$, dann ist die Gesamtlösung invariant zu $t \rightarrow t + T$. Dies wiederum bedeutet, dass die beiden unabhängigen Lösungen für Verschiebungen $x_1(t)$ und $x_2(t)$ ebenfalls invariant zu sein müssen $t \rightarrow t + T$, wie durch Einsetzen in die obige Differentialgleichung zweiter Ordnung ersichtlich ist, abgesehen von einem nicht zeitabhängigen konstanten Faktor, daher müssen die allgemeinen Lösungen Folgendes erfüllen:

$$x_1(t + T) = c_1 x_1(t) \ and \ x_2(t + T) = c_2 x_2(t).$$

Die allgemeinste Lösung ist dann:

$$x_1(t) = (c_1)^{t/T} P_1(t; T) \ and \ x_2(t) = (c_2)^{t/T} P_2(t; T),$$

(3-65)

wobei $P_1(t; T)$und $P_2(t; T)$rein periodische Funktionen mit Periode T sind. Es stellt sich jedoch heraus, dass die Konstanten $c_1$und c_2(die potenziert werden) in den Lösungen eine Beziehung haben, die eine von ihnen immer dazu zwingt, die Umkehrung der anderen zu sein, sodass es immer einen exponentiellen Wachstumsterm geben wird. Bedenken Sie:

$$x_2(\ddot{x}_1 + \omega^2(t)x_1) = 0 \; and \; x_1(\ddot{x}_2 + \omega^2(t)x_2) = 0 \rightarrow \frac{d}{dt}(\dot{x}_1 x_2 - x_1 \dot{x}_2)$$
$$= 0$$

Wenn $\dot{x}_1 x_2 - x_1 \dot{x}_2 = constant$, dann muss mit $t \rightarrow t + T$dem zusätzlichen Gesamtfaktor von , $c_1 c_2$der ergibt, eins sein, d. h., eins $c$ist das Gegenteil des anderen. Dies wird als parametrische Resonanz bezeichnet, aber beachten Sie, dass es bei jeder parametrischen Antriebsfrequenz auftritt – praktisch gesehen ist der zugängliche Bereich für diese Art von Resonanz eingeschränkter, wie die folgende Ableitung zeigt. (Hinweis: Die Randbedingungen könnten so sein, dass die rein periodischen Funktionen einfach Null sind, ein Sonderfall, bei dem kein exponentielles Wachstum auftritt, weil es von Anfang an Null ist.)

Da parametrische Resonanz ein allgemeines Phänomen bei der Modulation eines Systemparameters ist, stellt sich die Frage, ob es eine optimale Frequenz dafür gibt. Die Antwort lautet ja, und sie ist einfach die doppelte natürliche Resonanzfrequenz des Systems. In realen Anwendungen mit Luftwiderstand kann diese optimierte Antriebsfrequenz oft immer noch bei parametrischer (exponentieller Wachstums-)Resonanz arbeiten. Um die spezielle Resonanz im luftwiderstandsfreien Fall darzustellen, beginnen wir mit der Aufteilung des Frequenzparameters in den zeitunabhängigen Resonanzterm $\omega_0{}^2$und den zeitabhängigen Offsetmultiplikatorterm:

$$\omega^2(t) = \omega_0{}^2(1 + h\cos(\gamma t)),$$

(3-66)

wobei $h \ll 1$, und wir wählen $\gamma = 2\omega_0 + \epsilon$, wobei $\epsilon \ll \omega_0$. Versuchen wir eine Lösung der Form ohne parametrische Modulation und berücksichtigen wir diese Modulation dann durch einen Offset der Eigenfrequenz, der mit der parametrischen Treiberfrequenz übereinstimmt:

$$x(t) = x_1(t) + x_2(t) = a(t)\cos\left(\left[\omega_0 + \frac{1}{2}\epsilon\right]t\right) + b(t)\sin\left(\left[\omega_0 + \frac{1}{2}\epsilon\right]t\right)$$

Ersetzen Sie die obige Lösung und erweitern Sie sie auf die erste Ordnung in h und die erste Ordnung in ϵ, wobei a(t) und b(t) im Vergleich zu langsam variieren ω_0, und nehmen Sie an $\dot{a}{\sim}\epsilon a$ und $\dot{b}{\sim}\epsilon b$(später im Ergebnis überprüft), betrachten Sie zuerst die trigonometrischen Kreuzterme:

$$\cos\left(\left[\omega_0 + \frac{1}{2}\epsilon\right]t\right)\cos([2\omega_0 + \epsilon]t)$$
$$= \frac{1}{2}\cos\left(3\left[\omega_0 + \frac{1}{2}\epsilon\right]t\right) + \frac{1}{2}\cos\left(\left[\omega_0 + \frac{1}{2}\epsilon\right]t\right).$$

Beachten Sie die höhere Mehrfachfrequenz im ersten Term, die sich ergibt. Höhere Mehrfachfrequenzterme tragen eine höhere Ordnung der Kleinheit in Bezug auf h bei und können daher wie höhere Ordnung h in der Analyse erster Ordnung weggelassen werden. Die resultierende Gleichung lautet:

$$-(2\dot{a} + b\epsilon + \frac{1}{2}h\omega_0 b)\omega_0\sin\left(\left[\omega_0 + \frac{1}{2}\epsilon\right]t\right) + (2\dot{b} - a\epsilon + \frac{1}{2}h\omega_0 a)\omega_0\cos\left(\left[\omega_0 + \frac{1}{2}\epsilon\right]t\right) = 0$$

Die Koeffizienten der trigonometrischen Terme müssen unabhängig voneinander Null sein. Versuchen wir es mit $a(t){\sim}\exp(st)$ und $b(t){\sim}\exp(st)$, was zu den charakteristischen Gleichungen führt:

$$sa + \frac{1}{2}\left(\epsilon + \frac{1}{2}h\omega_0\right)b = 0 \; and \; \frac{1}{2}\left(\epsilon - \frac{1}{2}h\omega_0\right)a - sb = 0 \rightarrow s^2$$
$$= \frac{1}{4}\left[\left(\frac{1}{2}h\omega_0\right)^2 - \epsilon^2\right].$$

Beachten Sie, dass der Lösungsbereich für exponentielles Wachstum bei s reell ist. Daher gilt die Einschränkung:

$$-\frac{1}{2}h\omega_0 < \epsilon < \frac{1}{2}h\omega_0.$$

3.8.7 Anharmonische Schwingungen
Betrachten wir nun eine Lagrange-Funktion mit Termen dritter Ordnung, aber mit dem Plan, mit Erweiterungen in der Störungsgröße zu arbeiten. Tatsächlich lösen wir Differentialgleichungen mit der klassischen Methode der sukzessiven Näherung. Bei diesem Ansatz wird der anharmonische Oszillator in eine Abfolge von Problemen mit angetriebenen harmonischen Oszillatoren umgewandelt. Beginnen wir mit einer allgemeinen Lagrange-Funktion dritter Ordnung:

$$L = \frac{1}{2}\sum_{\alpha}(\dot{\theta}_\alpha{}^2 - \omega_\alpha{}^2\theta_\alpha{}^2) + \sum_{\alpha,\beta,\gamma} C_{\alpha\beta\gamma}\dot{\theta}_\alpha\dot{\theta}_\beta\theta_\gamma - \sum_{\alpha,\beta,\gamma} D_{\alpha\beta\gamma}\theta_\alpha\theta_\beta\theta_\gamma$$

(3-67)

was zu einer EL-Gleichung zweiter Ordnung der Form führt:

$$\ddot{\theta}_\alpha + \omega_\alpha{}^2\theta_\alpha = f_\alpha(\theta_\alpha, \dot{\theta}_\alpha, \ddot{\theta}_\alpha).$$

(3-68)

Dies wird dann mit der Methode der sukzessiven Näherung, einer Störungsanalyse, gelöst:

$$\theta_\alpha = \theta_\alpha^{(1)} + \theta_\alpha^{(2)}, where\ \theta_\alpha^{(2)} \ll \theta_\alpha^{(1)}, and\theta_\alpha^{(1)} + \omega_\alpha{}^2\theta_\alpha^{(1)} = 0.$$

Damit bleibt die Störung in Bezug auf die effektive Kraft bestehen, aber in der Störungsanalyse können wir die verallgemeinerte Koordinatenabhängigkeit der verallgemeinerten Kraft mit der vorherigen Näherungsstufe approximieren, hier:

$$\ddot{\theta}_\alpha^{(2)} + \omega_\alpha{}^2\theta_\alpha^{(2)} = f_\alpha\left(\theta_\alpha^{(1)}, \dot{\theta}_\alpha^{(1)}, \ddot{\theta}_\alpha^{(1)}\right).$$

(3-69)

Bei der zweiten Näherung wird die Eigenfrequenz des Systems durch verschiedene Kombinationsfrequenzen wie $\omega_\alpha \pm \omega_\beta$, einschließlich $2\omega_\alpha$ und , modifiziert $\omega_\alpha = 0$. Dieser Prozess kann wiederholt werden, wobei höhere Näherungsstufen erreicht werden, aber die Grundfrequenzen ω_α in höheren Näherungen sind nicht gleich ihren ungestörten Stufen. Um dies zu korrigieren, werden Änderungen vorgenommen, sodass die periodischen Faktoren in der Lösung die exakten Frequenzen enthalten. Um genauer zu sein, betrachten wir das Beispiel des folgenden 1-D-anharmonischen Oszillators [27]:

$$L = \frac{1}{2}m\dot{x}^2 - \frac{1}{2}m\omega_0^2 x^2 + xF(t),$$

$$where\ F(t) = -\frac{1}{3}max^2 - \frac{1}{4}m\beta x^3$$

(3-70)

wofür wir erhalten:

$$\ddot{x} + \omega_0^2 x = -\alpha x^2 - \beta x^3.$$

(3-71)

Mit der oben beschriebenen Methode der sukzessiven Näherung (weitere Einzelheiten hierzu finden Sie in Anhang A) erhalten wir:

$$x = x^{(1)} + x^{(2)} + x^{(3)} + \cdots,$$

(3-72)

wobei wir mit der Lösung der homogenen Gleichung beginnen, d. h .
wobei $x^{(1)} = a \cos \omega t$ mit dem genauen Wert von ω wobei:

$$\omega = \omega_0 + \omega^{(1)} + \omega^{(2)} + \omega^{(3)} + \cdots,$$

(3-73)

und wir bekommen:

$$\frac{\omega_0^2}{\omega_{\ddots}^2}\ddot{x} + \omega_0^2 x = -\alpha x^2 - \beta x^3 - \left(1 - \frac{\omega_0^2}{\omega_{\ddots}^2}\right)\ddot{x}.$$

(3-74)

Um zur nächsten Näherungsebene zu gelangen, betrachten wir $x = x^{(1)} + x^{(2)}$ und $\omega = \omega_0 + \omega^{(1)}$ und lassen Terme über der zweiten Kleinheitsordnung weg:

$$\ddot{x}^{(2)} + \omega_0^2 x^{(2)} = -\alpha a^2 \cos^2 \omega t + 2\omega_0 \omega^{(1)} a \cos \omega t$$

(3-75)

Wählen Sie nun die Möglichkeit $\omega^{(1)} = 0$, zu einer einfachen Lösung zu gelangen (wir wählen die ω Modifikationen bei sukzessiven Näherungen für eine ähnliche Entkopplung oder Vereinfachung):

$$x^{(2)} = -\frac{\alpha a^2}{2\omega_0^2} + \frac{\alpha a^2}{6\omega_0^2}\cos 2\omega t$$

(3-76)

und $\omega = \omega_0 + \omega^{(2)}$ zur nächsten Näherungsebene gehen $x = x^{(1)} + x^{(2)} + x^{(3)}$, erhalten wir:

$$\ddot{x}^{(3)} + \omega_0^2 x^{(3)} = -2\alpha x^{(1)} x^{(2)} - \beta\left(x^{(1)}\right)^3 + 2\omega_0 \omega^{(2)} x^{(1)}$$

(3-77)

$$\ddot{x}^{(3)} + \omega_0^2 x^{(3)} = a^3 \left[\frac{\beta}{4} - \frac{\alpha^2}{6\omega_0^2}\right]\cos 3\omega t$$
$$+ a\left[2\omega_0 \omega^{(2)} + \frac{5a^2\alpha^2}{6\omega_0^2} - \frac{3}{4}a^2\beta\right]\cos \omega t$$

(3-78)

wobei wir wieder $\omega^{(2)}$ so wählen, dass der Term auf der rechten Seite für eine einfache Lösung Null ist:

$$\omega^{(2)} = -\frac{5a^2\alpha^2}{12\omega_0^3} + \frac{3\beta a^2}{8\omega_0}$$

(3-79)

Und,

$$x^{(3)} = \frac{a^3}{16\omega_0^2}\left[\frac{\alpha^2}{3\omega_0^2} - \frac{\beta}{2}\right]\cos 3\omega t.$$

Parametrische Resonanz tritt vor allem bei Untersuchungen von Systemen auf, die kleinen Schwingungen ausgesetzt sind und zeitliche Schwankungen der Systemparameter beinhalten – wie etwa den Stützpunkt eines Pendels (wird im nächsten Abschnitt beschrieben). Erzwungene Schwingungen, mit oder ohne Dämpfung, haben eine dispersionsartige Frequenzabhängigkeit von der Energieaufnahme des Antriebs. Es gibt Resonanz bei der Eigenfrequenz des Systems. Bei Bewegungen, die stark angeregt wurden, gelangen wir in den nichtlinearen Bereich der kinetischen und potentiellen Energieterme im Lagrange-Raum. Anharmonische oder nichtlineare Schwingungen (wie im vorherigen Abschnitt) vermischen sich aufgrund der Nichtlinearitäten, was zu Kombinationsfrequenzen führt, die selbst resonant erscheinen können. In dieser Hinsicht muss die Methode der sukzessiven Näherungen sorgfältig verwendet werden, und zwar auf eine Weise, die mit der Vermeidung selbstresonanter Terme durch die Mischung vereinbar ist.

3.8.8 Bewegung in schnell oszillierendem Feld (auch Zwei-Zeit-Analyse genannt)

Betrachten Sie eine Bewegung in einem Potential U mit Periode T, bei der eine schnell oszillierende Kraft angewendet wird.

$$m\ddot{x} = -\frac{dU}{dx} + f, \quad f = f_1 \cos \omega t + f_2 \sin \omega t, \quad \omega \gg \frac{1}{T}$$

(3-81)

Wir nehmen das nicht an, $f \ll U$ oder sogar $f < U$, sondern wir nehmen ein Ergebnis mit kleinen Schwingungen zusätzlich zu dem glatten Pfad an, den das Teilchen zurücklegen würde, wenn es nur unter dem Potenzial stünde U:

$$x(t) = X(t) + \varepsilon(t), \qquad \overline{\varepsilon(t)} = 0.$$

(3-82)

Dies wird manchmal als Two-Timing-Analyse bezeichnet [30]. Wenn wir einsetzen, erhalten wir dann die erste Ordnung in Taylor-Erweiterungen:

$$m\ddot{X} + m\ddot{\varepsilon} = -\frac{dU}{dx} - \varepsilon \frac{d^2U}{dx^2} + f(X,t) + \varepsilon \frac{\partial f}{\partial X}.$$

(3-83)

Jetzt sind alle Terme erster Ordnung in ε im Vergleich zu den anderen Termen vernachlässigbar, mit Ausnahme des $\ddot{\varepsilon}$ Termes, da die Frequenzfaktoren als sehr groß angenommen werden (da schnell oszillierend). Wenn wir die glatte Trajektorie ($X(t)$ Trajektorie mit $f = 0$) und den schnell oszillierenden Teil aufteilen, erhalten wir für letzteren:

$$m\ddot{\varepsilon} = f(X, t) \rightarrow \varepsilon = -\frac{f}{m\omega^2}$$

$$(3\text{-}84)$$

Betrachten wir nun den zeitlichen Durchschnitt der Gleichung erster Ordnung. Alle eigenständigen Potenzen erster Ordnung von ε und f ergeben Null:

$$m\ddot{X} = -\frac{dU}{dx} + \overline{\varepsilon\frac{\partial f}{\partial X}} = -\frac{dU}{dx} - \frac{1}{m\omega^2}\overline{f\frac{\partial f}{\partial X}} = -\frac{dU_{eff}}{dx},$$

Wo,

$$U_{eff} = U + \frac{\overline{f^2}}{2m\omega^2}, \quad U_{eff} = U + \frac{(f_1^2 + f_2^2)}{4m\omega^2} = U + \frac{1}{2}m\overline{\dot{\varepsilon}^2}$$

$$(3\text{-}85)$$

Um zu sehen, wie sich dies in der Praxis auswirkt, betrachten wir das Pendel, dessen Auflagepunkt schnellen *horizontalen Schwingungen unterliegt* :

$x = l\sin\varphi + a\cos\gamma t$ Und $\dot{x} = l\dot{\varphi}\cos\varphi - a\gamma\sin\gamma t$

$y = l\cos\varphi$ Und $\dot{y} = -l\dot{\varphi}\sin\varphi$

$U = -mgl\cos\varphi$

$$L = T - U = \frac{1}{2}m(l\dot{\varphi})^2 - ml\dot{\varphi}a\gamma\cos\varphi\sin\gamma t + mgl\cos\varphi$$

Nutzen Sie die Freiheit, eine Gesamtzeitableitung hinzuzufügen, $\frac{d}{dt}(mla\gamma\sin\varphi\sin\gamma t)$ um Folgendes zu erhalten:

$$L = T - U = \frac{1}{2}m(l\dot{\varphi})^2 + mla\gamma^2\sin\varphi\cos\gamma t + mgl\cos\varphi$$

Mit der Euler-Lagrange-Gleichung erhalten wir dann:

$$ml^2\ddot{\varphi} = mla\gamma^2\cos\varphi\cos\gamma t - mgl\sin\varphi = -\frac{dU}{dx} + f_\varphi,$$

Wo,

$$f_\varphi = mla\gamma^2\cos\varphi\cos\gamma t$$

Unter Verwendung der Beziehung aus der vorherigen Diskussion:

$$U_{eff} = U + \frac{\overline{f_\varphi^2}}{2m\gamma^2} = mgl\left[-\cos\varphi + \frac{a^2\gamma^2}{4gl}\cos^2\varphi\right].$$

101

Wenn wir für lösen, $\frac{dU_{eff}}{d\varphi} = 0$ erhalten wir Lösungen bei $\sin\varphi = 0$ und $\cos\varphi = 2gl/a^2\gamma^2$, wobei die Existenz der letzteren Lösung erfordert $2gl < a^2\gamma^2$.

In ähnlicher Weise könnten wir das Pendel betrachten, dessen Stützpunkt schnellen *vertikalen Schwingungen ausgesetzt ist* :

$x = l\sin\varphi$ Und $\dot{x} = l\dot{\varphi}\cos\varphi$
$y = l\cos\varphi + a\cos\gamma t$ Und $\dot{y} = -l\dot{\varphi}\sin\varphi - a\gamma\sin\gamma t$
$U = -mgl\cos\varphi + mga\cos\gamma t$

$$L = T - U = \frac{1}{2}m(l\dot{\varphi})^2 + ml\dot{\varphi}a\gamma\sin\varphi\sin\gamma t + \frac{1}{2}ma^2\gamma^2\sin^2\gamma t$$
$$+ mgl\cos\varphi - mga\cos\gamma t$$

Wenn wir reine zeitabhängige Funktionen weglassen und die Freiheit nutzen, eine Gesamtzeitableitung hinzuzufügen, $\frac{d}{dt}(mla\gamma\cos\varphi\sin\gamma t)$ erhalten wir:

$$L = T - U = \frac{1}{2}m(l\dot{\varphi})^2 + mla\gamma^2\cos\varphi\cos\gamma t + mgl\cos\varphi$$

Mit der Euler-Lagrange-Gleichung erhalten wir dann:

$$ml^2\ddot{\varphi} = -mla\gamma^2\sin\varphi\cos\gamma t - mgl\sin\varphi = -\frac{dU}{dx} + f_\varphi,$$

Wo,

$$f_\varphi = -mla\gamma^2\sin\varphi\cos\gamma t$$

Verwenden wir noch einmal die Beziehung aus der vorherigen Diskussion:

$$U_{eff} = U + \frac{\overline{f_\varphi{}^2}}{2m\gamma^2} = mgl\left[-\cos\varphi + \frac{a^2\gamma^2}{4gl}\sin^2\varphi\right].$$

Wenn wir für lösen, $\frac{dU_{eff}}{d\varphi} = 0$ erhalten wir Lösungen bei $\varphi = 0$ und $\varphi = \pi$, wobei die Existenz der letzteren Lösung erfordert $2gl < a^2\gamma^2$.

Kapitel 4. Klassische Messung

4.1 Erfassung kleiner Messwerte in zeitintegrierbaren Systemen

Die Messungen mit der höchsten Empfindlichkeit finden dort statt, wo das Messereignis wiederholt wird, häufig in Anordnungen, bei denen ein Schlüsselwert über die Zeit summiert wird. Daher ist es naheliegend, zeitintegrierbare Systeme als Schlüsselkomponente eines empfindlichen Detektors zu betrachten. Ein Oszillator ist ein Beispiel für ein solches System, für das im Folgenden eine kurze Zusammenfassung gegeben wird. Danach nehmen wir eine letzte Verallgemeinerung vor, nämlich die Hinzufügung von Rauschschwankungen (die aufgrund thermischer Rauschquellen grundsätzlich vorhanden sind), um eine Beschreibung der tatsächlichen experimentellen Grenzen zu erhalten. Zunächst werden wir, aufbauend auf den in Kapitel 3 gezeigten Ergebnissen der klassischen Mechanik, den gedämpft angetriebenen Oszillator mit Rauschen entwickeln und sehen, welche minimale nachweisbare Kraft auf den Oszillator (die Masse) möglich ist. Dies beschreibt eine „Kontakt"-Methode zur Krafterkennung.

Direktkontaktmethoden zur tatsächlichen Erkennung basieren typischerweise auf Dehnungsmessstreifen oder piezoelektrischen Elementen, die direkt in elektrische (Resonanz-)Schaltkreise eingekoppelt werden können (beachten Sie die Umwandlung des Signals in eine elektronische Form, die die Norm sein wird). Indirektkontaktmethoden auf Basis von Kapazitätsmessern eignen sich am besten für diese Kategorie, bei der die Messung einer Verschiebung die Kapazität direkt verändert (über den Plattenabstand, der direkt mit der Verschiebung zusammenhängt). Die Ruhekapazität wird in einem Schaltkreis gewählt, der in Resonanz arbeitet (oder auf dem steilen Teil der Resonanzkurve) [51], sodass Schaltkreisfrequenzverschiebungen durch ein Messgerät des Sekundärschaltkreises (indirekter Kontakt) am deutlichsten erkennbar sind. Beispiele für die Kapazitätsmesser gehen in Schaltkreisbeschreibungen ein, die zwar unkompliziert sind [52], aber außerhalb des Rahmens dieser Beschreibung liegen und daher nicht weiter diskutiert werden.

Optische berührungslose Methoden bieten die höchste Empfindlichkeit und werden kurz nach den ausführlicheren Ergebnissen für die Kontaktmethoden besprochen (da die Präsentation eines Oszillator-Direktkontaktdetektors viele der Schlüsselkonzepte und limitierenden Faktoren veranschaulicht). Beachten Sie, dass die extremste „berührungslose" Detektion die Quanten-Nichtzerstörung ist, aber darauf wird nicht eingegangen. Notizen aus dem LIGO-Projekt wurden ca. 1988 aus Prof. Drevers Kurs Ph118 entnommen (im Anhang B, der ~1988, zeigt die LIGO-Kontaktliste weniger als 30 Projektbeteiligte, einschließlich mir selbst, damals Doktorand, gibt es heute weltweit über 3000 Mitwirkende an diesem Projekt).

4.1.1 Zusammenfassung des gedämpften angetriebenen Oszillators

Für den gedämpften angetriebenen Oszillator gilt die gewöhnliche Differentialgleichung:

$$\ddot{x} + 2\lambda\dot{x} + \omega^2 x = \left(\frac{F}{m}\right)\exp i\gamma t,$$

(4-1)

mit Lösung:

$$x(t) = a\exp(-\lambda t)\cos(\omega t + \alpha) + b\cos(\gamma t + \delta) \cong b\cos(\gamma t + \delta),$$

(4-2)

Wo

$$b = \frac{F}{m\sqrt{(\omega^2 - \gamma^2)^2 + (2\lambda\gamma)^2}} \quad \tan\delta = \frac{(2\lambda\gamma)}{(\omega^2 - \gamma^2)}.$$

(4-3)

Sobald eine stationäre Bewegung erreicht ist, $x(t) \cong b\cos(\gamma t + \delta)$entspricht die von der äußeren Kraft absorbierte Energie der durch Reibung dissipierten Energie. Wir haben die Dissipationsrate aufgrund von Reibung zuvor als $-2\mathcal{F}$, wobei $\mathcal{F} = \frac{1}{2}\alpha\dot{x}^2 = \lambda m b^2 \gamma^2 \sin^2(\gamma t + \delta)$, mit zeitlichem Durchschnitt: $2\bar{\mathcal{F}} = \lambda m b^2 \gamma^2$. Somit beträgt die pro Zeiteinheit absorbierte Energie $\lambda m b^2 \gamma^2$. Wenn wir nun das Integral der bei allen Antriebsfrequenzen absorbierten Energie haben möchten, wird die Absorption von den Frequenzen in der Nähe der Resonanz dominiert, für die das Integral ungefähr wie folgt lautet $\pi F^2/4m$.

4.1.2 Gedämpft angetriebener Oszillator mit Rauschschwankungen

Betrachten wir nun den gedämpften angetriebenen Oszillator mit Rauschschwankungen und bestimmen wir die minimal erkennbare Kraft, die das System liefern kann. Dies ist das Szenario mit realistischen Rauschschwankungen, das eine genaue Grenze für die

Messempfindlichkeit liefert. Beginnen wir mit der neuen gewöhnlichen Differentialgleichung mit hinzugefügtem Rauschschwankungsterm F_{fl}:

$$\ddot{x} + 2\lambda\dot{x} + \omega^2 x = F(t) + F_{fl},$$

(4-4)

wobei das stationäre Ergebnis von vorher, ohne Fluktuationsrauschkräfte, war $x(t) \cong b\cos(\gamma t + \delta)$. Gibt es immer noch einen stationären Zustand, aber mit einer etwas allgemeineren Form? Bedenken Sie zunächst, dass die Amplitudenbeziehungszeit gegeben ist durch $\tau_m = 1/\lambda$ und wir gehen davon aus, dass die Absicht darin besteht, genaue Messungen durchzuführen, also streben wir eine minimale Dämpfung an, also eine maximale Relaxationszeit τ_m, also effektiv einen stationären Zustand im Vergleich zum Zeitpunkt der Messung und dem Zeitpunkt des $F(t)$Effekts, der erkannt werden soll. Wir erhalten daher die stationäre Form mit möglicher Zeitabhängigkeit der Konstanten als Schätzung. Wenn wir die Schätzung ausprobieren und validieren, erweist sich dies als richtig [53] und [54]. Wenn wir nun zur Notation von Braginsky [51] wechseln, fassen wir die Herleitung von Braginsky zusammen, die im Anhang von [51] mit dem Titel „Statistische Kriterien zur Bestimmung der Anregung eines Oszillators durch eine äußere Kraft" gezeigt wird:

$$x(\tau) \cong A(\tau)\sin\big(\omega_0\tau + \varphi(\tau)\big) \qquad \overline{A(\tau)} \gg \frac{1}{\omega_0}\frac{dA(\tau)}{d\tau}.$$

(4-5)

Unsere Behauptung eines Detektionsereignisses wird eine probabilistische sein, insbesondere wenn ein stochastischer Prozess (Rauschfluktuationen) hinzugefügt wird. Wir möchten die Wahrscheinlichkeit berücksichtigen, dass ein Kraftereignis $F(t)$ zu einem Zeitpunkt auftritt $\hat{t}$, der in den Zeitrahmen der Messung fällt. Die Detektierbarkeit eines solchen Ereignisses erfordert, es von falschen Signalen aus dem Fluktuationsrauschen zu unterscheiden F_{fl}. Die Art der Detektierbarkeit muss wiederum für beide untersucht werden. In beiden Fällen suchen wir nach einer Änderung der Schwingungsamplitude entsprechend der Differenz $A(\tau) - A(0)$, und im Fall des Fluktuationsrauschens muss diese Grenze als mit der Wahrscheinlichkeit „$1 - \alpha$" gültig qualifiziert werden. Dieser Ansatz wird durch den Ausdruck aus [54] für die Wahrscheinlichkeitsdichte einer beliebigen Verteilung von Schwingungsamplituden nach der Ereigniszeit motiviert $\hat{t}$:

$$P[A(\hat{t})|A(0)]$$
$$= \frac{A(\hat{t})}{\sigma^2(1-\varepsilon^2)}I_0\left(\frac{\varepsilon A(0)A(\hat{t})}{\sigma^2(1-\varepsilon^2)}\right)\exp\left(-\frac{\big(A(\hat{t})\big)^2 + \varepsilon\big(A(0)\big)^2}{2\sigma^2(1-\varepsilon^2)}\right),$$

(4-6)

105

Wo,

$$\varepsilon = e^{(-\hat{t}/\tau_m)} \quad and \quad \sigma^2 = \overline{A(\tau)^2}.$$

Der statistische Fehler des Formalismus erster Art (mit „ $1 - \alpha$") nimmt nun die Form an:

$$1 - \alpha = \int_{A(0)}^{A(\hat{t})} P[A(\hat{t})|A(0)]dA(\hat{t}).$$

(4-7)

Nach Braginskys Analyse werden wir nun die Lösung des Integrals für zwei Fälle in Betracht ziehen: $A(0) = 0$ und $A(0) = \sigma$. Wir werden feststellen, dass die Auswertung der minimal erkennbaren Kraft unabhängig vom Anfangswert der Amplitude ungefähr gleich ist, während der Energieaustausch mit dem Oszillator erheblich von der Anfangsamplitude beeinflusst wird. Außerdem werden wir Braginsky folgend davon ausgehen, dass unsere Rauschquelle eine reine thermische Rauschquelle ist. Dies ist das beste Szenario, da thermische Rauschquellen in physikalischen Systemen auf verschiedene Weise grundlegend sind (siehe [24] zur Herleitung dieser Rauschquellen in Schaltkreisen beispielsweise). Wenn wir „nur" thermisches Rauschen annehmen, haben wir gemäß der Thermalisierungstemperatur T Folgendes:

$$\sigma^2 = \frac{k_B T}{k}, \quad where \; \omega_0 = \sqrt{k/m}.$$

(4-8)

Wenn wir das Integral lösen und einsetzen, erhalten wir:

$$[A(\hat{t})]_{1-\alpha} = 2\sigma\sqrt{(\hat{t}/\tau_m)\ln(1/\alpha)}.$$

(4-9)

Wenn wir also ein Erkennungsereignis mit starten $A(0) \cong 0$ und sehen, dass die Amplitude mit der Zeit $\hat{t}$ so zunimmt, dass $A(\hat{t}) > [A(\hat{t})]_{1-\alpha}$, dann haben wir mit Wahrscheinlichkeit oder „Zuverlässigkeit" , $(1 - \alpha)$ dass ein Ereignis eingetreten ist. Wie Braginsky bemerkt, haben wir bisher nur eine Schwellenbedingung, die beschreibt, was zu tun ist, wenn die Schwelle erreicht wird. Wenn die Schwelle erreicht wird, sagen wir, dass kein Erkennungsereignis vorliegt, z. B. dass $F(t) = 0$, aber dies kann nur auf eine unglückliche Aufhebung der Ereigniskraft und der Fluktuationskräfte zurückzuführen sein. Um den Fehler zu bewerten, der dadurch entstehen kann, führt Braginsky eine Messung eines statistischen Fehlers der zweiten Art ein, der der Wahrscheinlichkeit entspricht, dass auftritt, $F(t) \neq 0$ während immer noch das unter der Schwelle liegende

106

Ereignis auftritt $A(\hat{\tau}) < [A(\hat{\tau})]_{1-\alpha}$. Betrachten wir insbesondere die Kraft, $F(t)$ wenn keine Fluktuationskraft vorhanden ist und die Änderung der Amplitude mit der Zeit $\hat{\tau}$ einen Wert erreicht Γ, der größer als die Schwelle ist, sodass wir haben

$$\gamma = \Gamma/[A(\hat{\tau}) - A(0)]_{1-\alpha}$$

(4-10)

mit $\gamma \geq 1$. Dies legt die Grundlage für die Bewertung des Fehlers zweiter Art (weitere Einzelheiten finden sich in [51]). Die Schlussfolgerung ist, dass ein einfacher konstanter Faktor, ~ 1, alles ist, was die Schwellenbedingung für das Erkennungsereignis ändern würde.

Lassen Sie uns nun die minimal erkennbare Amplitudenänderung mit der dem Oszillator zugeführten oder von ihm entnommenen Energie in Beziehung setzen, indem wir die obige Form verwenden γ:

$$\Delta E = k\gamma^2 [A(\hat{\tau})]_{1-\alpha}^2 = 2\ln(1/\alpha)\,(2\hat{\tau}/\tau_m)\gamma^2 k_B T.$$

(4-11)

Kehren wir zum einfachen Fall des $F(t) = F_0 \sin(\omega\tau)$ Zeitintervalls von 0 bis zurück $\hat{\tau}$ (und Nullkraft außerhalb dieses Zeitintervalls). Dann haben wir das lineare Wachstum der Amplitude gemäß:

$$\Gamma = \frac{F_0 \hat{\tau}}{2m\omega}, \quad where \quad \omega = \sqrt{k/m}$$

(4-12)

und die Forderung, dass $\Gamma > [A(\hat{\tau}) - A(0)]_{1-\alpha}$ dann das Minimum erkennbar ist F_0:

$$[F_0]_{min} = \rho\sqrt{4k_B T m/(\hat{\tau}\tau_m)},$$

(4-13)

wobei ρ ein dimensionsloser Zuverlässigkeitsfaktor ist, der für typische Zuverlässigkeitswerte zwischen 2,45 und 4,29 liegt α (siehe Tabelle A1 in [51]). Eine ähnliche Analyse für den Fall, dass $A(0) \cong \sigma$ zu Beginn des Detektionsereignisses gilt, reduziert sich auf die gleiche Formel mit Zuverlässigkeitsfaktoren zwischen 1,96 und 3,88. Somit ist die minimal erkennbare Kraft unabhängig vom Anfangswert der Amplitude ungefähr gleich und hat die Form:

$$[F_0]_{min} \propto \sqrt{\frac{4k_B T m}{(\hat{\tau}\tau_m)}}.$$

(4-14)

4.1.3 Optische berührungslose Verfahren

Wir konzentrieren uns hier auf zwei Arten optischer Messungen: (i) Messerkantenmethode und (ii) Selbstinterferenz. Bei den Messerkantenmethoden kommt in gewisser Weise ein optischer Hebel zum Einsatz. Wenn wir einen Laserstrahl auf einen Spiegel richten und seine Schwankungen auf einem Bildschirm im Abstand D messen, ist das projizierte Signal doppelt so groß, wenn wir die Projektionsdistanz einfach auf 2D verdoppeln. Üblicher und eine Mischung aus Typ (i) und (ii) ist die Verwendung eines Beugungsgitters, bei dem der Verstärkungseffekt entsprechend der Trennung im beweglichen Beugungsgitter, das Teil einer Strahlübertragungsmessung ist (unter Beteiligung eines zweiten, festen Beugungsgitters), multipliziert wird. Das empfindlichste Detektionsereignis vom Typ der optischen Selbstinterferenz kommt jedoch typischerweise mit einem Michelson-Morley-Interferometer zum Einsatz. Die Grundidee besteht darin, dass der Strahl geteilt und mit sich selbst interferiert wird, sodass am übertragenen Teil des Strahlteilers eine perfekte Aufhebung eingestellt wird. Wenn eine Verschiebung des Spiegels (oder des Abstands zwischen Spiegel und Hohlraum) auftritt, sehen wir eine Verschiebung aus dem aufgehobenen Zustand und einen Lichtblitz entsprechend dem Ausmaß der Nichtaufhebung, das mit der Stärke des Signals zusammenhängt. Wie bei vielen der Detektionsmethoden sieht eine Bewertung der Empfindlichkeit oft vielversprechend aus, aber tatsächlich ist es oft unmöglich, die erforderlichen physikalischen Geräteparameter zu erhalten. Mit den interferometrischen Ansätzen ist das, was benötigt wird, jedoch oft in Reichweite, wenn man zunächst einmal sehr leistungsstarke Laser, hochreflektierende Spiegel, exquisit stabilisierte Spiegel und einen Strahlteilerspiegel verwendet. Es stellt sich heraus, dass dies möglich ist, aber es ist eine Frage des Maßstabs.

Bei meiner Arbeit am LIGO-Detektor-Prototyp in den 1980er Jahren konnte ich zeigen, dass die interferometrischen Methoden hervorragend funktionieren. Allerdings waren die Interferometerarme des Prototyps 20 m lang und nicht 2 km, wie es letztendlich erforderlich war. Die Vakuumgröße war also sehr unterschiedlich (die Hohlräume des Laserinterferometers werden unter Hochvakuum gehalten, um Rauschen zu eliminieren und, was noch wichtiger ist, einen Zerstörungsprozess an den (sehr teuren) hochreflektierenden Spiegeln zu vermeiden (ein EM-Effekt, der in [40] erörtert wird, führt dazu, dass ungeladener „Staub" eine effektive Ladung annimmt, und im nicht-gleichförmigen elektrischen Feld des Hohlraums wird der Staub in die Spiegel getrieben, was zu deren stetiger Degradation führt). Diese und andere Skalierungsprobleme erforderten weitere 30 Jahre Entwicklung, bis das LIGO-Projekt schließlich mit dem ersten Gravitationswellen-Observatorium online ging (Nobelpreis für Kip Thorne et al.). In den 1980er Jahren, als ich einige Jahre daran teilnahm (bevor ich mich mehr theoretischen Fragen zuwandte, die in [45,46] beschrieben werden), war die LIGO-Gruppe ziemlich klein (etwa 30, siehe das alte Verzeichnis in Abbildung B.1). Die Skalierung um das 100-fache der Gerätegröße wurde teilweise durch eine 100-fache Neuskalierung der Gruppenarbeit durch die Jahr 2020.

Eine richtige Beschreibung der LIGO-Erkennungsmethodik würde uns zu weit in die Eigenschaften von Laserrauschen und optischen Hohlraum führen, aber dennoch wird eine Beschreibung auf hohem Niveau gegeben. Erstens ist das „L-förmige" Interferometer für die Art des gesuchten Erkennungsereignisses, das für LIGO eine Gravitationswelle war, doppelt wichtig. Eine solche Welle wäre nur über ihren Quadrupoleffekt messbar (mit orthogonalen Detektorarmen, siehe Buch 3 für Details), wobei ein Arm des Interferometers verlängert wird, während der andere verkürzt wird, was eine Änderung des Interferenzsignals bewirkt (dies gilt für die Quadrupolwelle, die den Detektor perfekt quer und ausgerichtet auf die Detektorarme trifft). Zweitens steht das Laserrauschen (Multimodalität) in direktem Zusammenhang mit Verschiebungen im Hauptmodus, der „eingestellt" wird, was ein Rauschproblem darstellt und daher etwas erfordert, um das Laserrauschen zu „säubern". Zu der Zeit, als ich bei LIGO arbeitete, wurde der Resonanzhohlraum, der für diese Aufgabe verwendet wurde, von Ron Drever als „ Dewiggler " bezeichnet. Es gibt also einen Laserhohlraum (mit hoher Leistung), der in einen Mode Cleaner (den Dewiggler) einspeist, der dann in das „L-förmige" Interferometer einspeist. Und drittens geht es darum, die Armlängen gegen Positionsschwankungen im für die Erkennung relevanten Frequenzband zu stabilisieren. Im Wesentlichen müssen die Endspiegel und der Strahlteilerspiegel alle per Servo auf eine feste Position relativ zueinander eingestellt werden (das gesamte System schwebt in Bezug auf die umgebende Vakuumkammer, während es relativ „verriegelt" ist). Letztendlich ist eine spezielle Signalverarbeitung erforderlich, um ein bekanntes Signalprofil (oder eine Gruppe von Profilen) zu erkennen. Im Wesentlichen wird für eine optimale Erkennungsfähigkeit ein spezieller Filter verwendet, der auf der Übereinstimmung mit dem gesuchten Signal basiert.

4.2 Messtheorie – Zufallsvariablen und Prozesse

messbares Merkmal vorliegt . Wir möchten eine „genaue Messung" erhalten, aber was bedeutet das? Betrachten wir zunächst eine Reihe von Messungen für einen bestimmten Umstand, vielleicht so einfach wie die wiederholte Messung von etwas. In der Messtheorie wird die Menge solcher Messungen in den einfachsten nicht zeitabhängigen Fällen als Stichprobe aus einer einzigen Art von Hintergrundverteilung betrachtet. Durch wiederholte Messungen (x_N) wissen wir intuitiv, dass wir eine bessere oder „sicherere" Messung erhalten, aber warum ist das so? Es stellt sich heraus, dass es einfach ist, die Eigenschaft abzuleiten, dass die Stichprobenvarianz mit der Anzahl der durchgeführten Messungen abnimmt. Wie viele Messungen durchgeführt werden, hängt dann davon ab, wie eng Ihre „Fehlerbalken" sein sollen (der Bereich, der von einer Standardabweichung oder σ(Sigma) unter dem Mittelwert bis zu einer Standardabweichung darüber abgegrenzt ist). Wir werden sehen, dass $Var(\bar{x}_N) = \sigma^2/N$, wobei σ die Standardabweichung einer einzelnen Messung der Zufallsvariablen (X) und Var die Varianz (Standardabweichung im Quadrat) der wiederholten Messung ist. Diese Berechnung wird als Berechnung des Sigmas des Mittelwerts bezeichnet und wir erhalten $\sigma_\mu = \sigma/\sqrt{N}$, sodass wir unsere Messgenauigkeit (reduziertes Sigma des Mittelwerts) entsprechend der Anzahl der durchgeführten Messungen (N) verbessern können. Das obige Kernergebnis (Rechtfertigung für wiederholte Messungen im experimentellen Prozess) sowie andere werden nun ausführlicher erläutert. In der obigen Diskussion sind jedoch bereits einige Fachbegriffe aufgetaucht, daher wird nun zunächst ein kurzer Überblick über die Kernterminologie und -definitionen gegeben.

Definitionen
Die meisten der in diesem Abschnitt folgenden Definitionen werden in [55] ausführlicher erläutert.

Zufällige Variable
Eine Zufallsvariable X ist eine Zuweisung einer Zahl x(θ) zu jedem Ergebnis θvon X.

Stochastischer Prozess
Ein stochastischer Prozess ist die Zuweisung einer zeitparameterabhängigen Zahl x(θ, t) zu jedem Ergebnis θvon X.

Als Index betrachtet handelt es sich um einen kontinuierlichen Prozess, wenn der Zeitparameter t kontinuierlich ist, andernfalls um einen diskreten Prozess. Lassen Sie uns zunächst mit diskreten Prozessen arbeiten und weitere Definitionen liefern – und damit die Grundlage für das Szenario wiederholter experimenteller Messungen legen:

Der Erwartungswert E(X) der Zufallsvariablen X
Der Erwartungswert E(X) der Zufallsvariablen X ist wie folgt definiert:
$$EX) \equiv \sum_{i=1}^{L} x_i \, p(x_i) \, Wenn \; x_i \in \mathfrak{R}.$$

(4-15)

In ähnlicher Weise lautet der Erwartungswert E(g(X)) einer Funktion g(X) der Zufallsvariablen X:
$$E(g(X)) \equiv \sum_{i=1}^{L} g(x_i) \, p(x_i) \, Wenn \; x_i \in \mathfrak{R}.$$
Betrachten wir nun den Sonderfall, in dem $g(x_i) = -log(p(x_i))$, der zu Shannons Entropie führt:
$$H(X) \equiv E[g(X)] = - \sum_{i=1}^{L} p(x_i) \, log(p(x_i)) \; wenn \, p(x_i) \in \mathfrak{R}^+,$$
Für gegenseitige Information verwenden Sie analog dazu $g(X,Y)=$, $log(p(x_i,y_i)/p(x_i)p(y_i))$ um Folgendes zu erhalten:
$$I(X;Y) \equiv E[g(X,Y)] \equiv \sum_{i=1}^{L} p(x_i,y_i) \, log(p(x_i,y_i)/p(x_i)p(y_i)) \, ,$$
und wenn $p(x_i)$, $p(y_i)$, $p(x_i, y_i)$ alle $\in \mathfrak{R}^{+ \; sind}$, dann ist dies äquivalent zur relativen Entropie zwischen einer gemeinsamen Verteilung und der gleichen Verteilung, wenn die Zufallsvariablen unabhängig sind, d.h. es handelt sich um die Kullback-Leibler- Divergenz: $D($, $p(x_i, y_i) \, || \, p(x_i)p(y_i)$)die in der Informationstheorie vorherrschend ist [24].

Jensens Ungleichung
Damit ist die Grundlage für einen einfachen Beweis der Jensen- Ungleichung gelegt, der als nächstes gegeben wird. Diese Ungleichung ist ein Schlüsselmanöver, das in weiteren Definitionen verwendet wird, die folgen (Hoeffding).

Sei $\varphi(\cdot)$ eine konvexe Funktion auf einer konvexen Teilmenge der reellen Linie: $\varphi: \chi \rightarrow \mathfrak{R}$. Konvexität per Definition: $\varphi(\lambda_1 x_1 + ... y_n x_n) \leq \lambda_1 \varphi(x_1)$ $) + ... + \lambda_n \varphi(x_n)$, wobei $\lambda_i \geq 0$ und$\Sigma \, \lambda_i = 1$. Wenn also $\lambda_1 = p(x_1)$ ist, erfüllen wir die Beziehungen für die Linieninterpolation sowie für diskrete Wahrscheinlichkeitsverteilungen und können daher gemäß der Erwartungsdefinition umschreiben:
$$\varphi(E(X)) \leq E(\varphi(X)).$$

111

Wenden wir dies an, um eine Beziehung mit der Shannon-Entropie zu erhalten, indem wir $\varphi(x) = -\log(x)$ wählen, was eine konvexe Funktion ist. Daher haben wir:

$$\log(E(X)) \geq E(\log(X)) = -H(X).$$

Varianz

$$Var(X) \equiv E([X - E(X)]^2) = \sum_{i=1}^{L}(x_i - E(X))^2 p(x_i) = E(X^2) - (E(X))^2$$

(4-16)

Stichprobenvarianz

$$Var_N(X) = \frac{1}{N-1}\sum(x_i - E(x))^2$$

(4-17)

Tschebyscheff-Ungleichung

$$\text{Für } k>0, \ P(|X - E(X)| > k) \leq Var(X)/k^2$$

(4-18)

Beweis: $Var(X) = \sum_{i=1}^{L}(x_i - E(X))^2 p(x_i)$

$= \sum_{\{x_i| \ |x_i - E(X)| > k\}}(x_i - E(X))^2 p(x_i)$

$+ \sum_{\{x_i| \ |x_i - E(X)| \leq k\}}(x_i - E(X))^2 p(x_i)$

$\geq k^2 P(|X - E(X)| > k)$

Wiederholte Messung und das Sigma des Mittelwerts

Seien X_k unabhängige identisch verteilte (iid) Kopien von X und sei X die reelle Zahl „Alphabet". Seien $\mu = E(X)$, $\sigma^2 = Var(X)$ und bezeichnen

$$\bar{x}_N = \frac{1}{N}\sum_{k=1}^{N} X_k$$

$$E(\bar{x}_N) = \mu$$

$$Var(\bar{x}_N) = \frac{1}{N^2}\sum_{k=1}^{N} Var(X_k) = \frac{1}{N}\sigma^2$$

Bei wiederholten Messungen ist das Sigma des Mittelwerts also $\sigma_\mu = \sigma/\sqrt{N}$, wie bereits erwähnt. Beachten Sie, dass wir, wenn wir die Analyse dieses Szenarios fortsetzen, für die Tschebyscheff-Relation Folgendes erhalten:

$$P(|\bar{x}_N - \mu| > k) \leq Var(\bar{x}_N)/k^2 = \frac{1}{Nk^2}\sigma^2.$$

(4-19)

aus dem das Gesetz der großen Zahlen abgeleitet werden kann.

Das Gesetz der großen Zahlen, schwache Form (Weak-LLN)

Das LLN wird nun in der klassischen „schwachen" Form hergeleitet. (Die „starke" Form wird in einem späteren Abschnitt im modernen mathematischen Kontext der Martingale hergeleitet.) Als N $\to\infty$ erhalten wir das sogenannte Gesetz der großen Zahlen (schwach), wobei P($|\bar{x}_N -$ $\mu|>k$) $\to 0$ ist, für jedes k>0. Somit ist das arithmetische Mittel einer Folge von iid rvs konvergiert zu ihrer gemeinsamen Erwartung. Die schwache Form konvergiert „mit Wahrscheinlichkeit", während die starke Form „mit Wahrscheinlichkeit eins" konvergiert.

4.3 Kollisionen und Streuung
Wenden wir uns nun der Betrachtung von Kollision und Streuung zu. Dies ist eine Anwendung der Lagrange-Analyse, die normalerweise unkompliziert ist, insbesondere bei der Betrachtung der klassischen Streuung, für die es immer eine Antwort gibt [56]. Wir werden dies in der auf der Lagrange-Funktion basierenden Formulierung tun, mit Energie als Erhaltungsgröße, und die unbegrenzten Flugbahnen (eingehend und ausgehend) betrachten. Anschließend folgt eine sehr kurze, aber formale Beschreibung der klassischen Streuung nach dem Vorbild von Reed&Simon [56], die dann direkt in eine Beschreibung der Quantenstreuung übergehen kann (wie in [56] gezeigt). Bevor wir mit der formalen Beschreibung beginnen, wollen wir uns zunächst die Grundlagen aneignen, indem wir die Rutherford-Streuung (1911) [57] und die Compton-Streuung (1923) [73] erneut untersuchen. Erstere führt uns vom Plumpudding-Modell des Atoms zum modernen Modell mit kompaktem Kern und Elektronenwolke und enthüllt die zentrale Rolle von Alpha; letztere liefert direkte Beweise für die 4-Vektor-Mathematik (Beweise für die spezielle Relativitätstheorie). (Wäre die Compton-Streuung vor 1905 beobachtet worden, wäre sie ein weiterer Teilbereich der Physik gewesen, der mit den klassischen Versuchsanordnungen der damaligen Zeit zugänglich gewesen wäre, und hätte auf die spezielle Relativitätstheorie hingewiesen.)

Der Schwerpunkt der klassischen Mechanik lag bisher auf der mathematischen Theorie und nicht auf den beobachteten Parametern der beobachteten Elementarteilchen oder der phänomenologischen Beschreibung von „ponderablen Medien" (die im klassischen mechanischen Rahmen in Abschnitt 5.1 für starre Körper und Abschnitt 5.2 für materielle Körper erörtert werden). Und dies wurde getan, um die grundlegenden Teilchenparameter und phänomenologischen Parameter klar von der mathematischen Struktur zu trennen, einschließlich von den grundlegenden mathematischen Parametern. In Abschnitt 4.3 über

113

Streuung und Kapitel 5 über kollektive Bewegung (eine frühe Untersuchung materieller Eigenschaften) sind die physikalischen Parameter jedoch unvermeidlich und beziehen sich auch auf Schlüsselexperimente, die die Stärke bestimmter experimenteller Modelle demonstrieren, sodass sie in der Präsentation auftauchen werden. Wir beginnen mit der Rutherford-Streuung [57], die einfach Coulomb-Streuung bei niedriger Geschwindigkeit (nicht-relativistisch) ist. Wir erhalten eine Formel, und sie passt bemerkenswert gut zum Experiment, wenn wir das moderne Atommodell annehmen (positiver, kompakter Kern mit negativer Elektronenwolke). Es gibt nur einen „Anpassungsparameter" in der Formel, und zwar den dimensionslosen Parameter Alpha. Alpha taucht also zum ersten Mal in der Diskussion der klassischen Mechanik auf (gruppiert als $\alpha\hbar$), und es bezieht sich direkt auf atomare Eigenschaften (Ladung), elektromagnetische Eigenschaften (Permittivität des freien Raums), spezielle relativistische Eigenschaften (Lichtgeschwindigkeit) und Quanteneigenschaften (Plancksche Konstante). (Beachten Sie, dass Alpha bereits in frühen Bemühungen zur Quantenmechanik als Feinstrukturkonstante in der spektrographischen Analyse von Sommerfeld [58] aufgetaucht war, wie in Buch 4 besprochen wird.) Bevor mehrere Beispiele durchgearbeitet werden, wird auch die Compton-Streuung gezeigt. Das Compton-Streuexperiment wurde tatsächlich durchgeführt, und die Beschreibung stützt sich auf Labornotizen von Caltech Ph.D. 7, wo das Compton-Experiment als Teil einer Standardlaboranforderung für Physikstudenten durchgeführt wurde. Die Verwendung der Koinzidenzerkennungsfunktion ermöglicht die Erfassung hervorragender Daten. Die Validierung der Compton-Streuformel dient wiederum dazu, Folgendes zu demonstrieren: (i) dass Licht nicht rein als Wellenphänomen erklärt werden kann (eine weitere Quantendiskussion wurde bis Buch 4 verschoben [42]); und (ii) dass die Konsistenz die Verwendung der relativistischen Energie-Impuls-4-Vektor-Relation erfordert (die spezielle Relativitätstheorie wird in Buch 2 [40] behandelt).

Bei der Streuung versuchen wir oft, das Ausmaß der Streuung (oder die Wahrscheinlichkeit der Streuung) in einem bestimmten Winkel zu untersuchen (wie bei Rutherford). Das Maß der Wahrscheinlichkeit eines bestimmten Prozesses wird dadurch auf die Bewertung des relevanten „Querschnitts" reduziert. Weitere Einzelheiten zu diesen Definitionen und Konventionen werden im Verlauf der Untersuchung der Rutherford-Streuung erläutert, die als nächstes besprochen wird.

4.3.1. Rutherford-Streuung

Betrachten Sie zwei geladene Punktteilchen, die unter einem zentralen Coulomb-Potential interagieren. Das klassische Zentralpotential ermöglicht die Entkopplung der Schwerpunktbewegung und der Relativbewegung. Wir wählen daher ein geeignetes „System" mit Teilchen 1 in Bewegung (auf Teilchen 2 treffend) mit den Parametern: m_1, $q_1 = Z_1 e$ (wobei e die Grundladung und Z_1 eine positive Ganzzahl ist) und einer von Null verschiedenen Geschwindigkeit, v_1 die in großer Entfernung gemessen wird.

Abschnitt 3.7 beschreibt die Bewegung in einem zentralen Coulomb-Feld (mit zwei Punktteilchen mit entgegengesetzter Ladung), für die wir die Lösung erhalten haben:

$$p = r(1 + e \cos \theta).$$

$$(4\text{-}20)$$

Die allgemeine Lösung (einschließlich unbegrenzter Bewegung) ist eng verwandt und wird durch Folgendes gegeben:

$$u = u_0 \cos(\theta - \theta_0) - C, \qquad u = \frac{1}{r}.$$

$$(4\text{-}21)$$

Wenn wir nun die Randbedingungen für die interessierende eingehende/ausgehende Streuung asymptotisch betrachten, müssen wir Lösungen erhalten, die die folgenden Bedingungen erfüllen:

$$u \to 0 \; and \; r \sin \theta \to b \; as \; \theta \to \pi,$$

wobei b der Stoßparameter ist. Wenn wir lösen, um eine Beziehung zwischen b und dem Ablenkwinkel herzustellen, erhalten wir:

$$b = \frac{Z_1 Z_2 e^2}{4\pi\epsilon_0 m v_1^2} \cot\frac{\theta}{2}.$$

$$(4\text{-}22)$$

Wir haben jetzt eine Beziehung $b(\theta)$, aus der sich der Querschnitt mithilfe der Standardformel leicht ermitteln lässt:

$$\frac{d\sigma}{d\Omega} = \frac{b}{\sin \theta} \left| \frac{db}{d\theta} \right|.$$

$$(4\text{-}23)$$

Bevor wir jedoch fortfahren, wollen wir diese Formel neu herleiten und dabei genau wissen, was mit dem „Streuquerschnitt" gemeint ist. Die formale Definition lautet:

$$\frac{d\sigma}{d\Omega} d\Omega = \frac{number \; scattered \; into \; d\Omega \; per \; unit \; time}{incident \; intensity}.$$

115

(die pro Zeiteinheit und einfallender Intensität in den Raumwinkel gestreute Zahl)

$$(4\text{-}24)$$

Betrachten Sie einen eingehenden (axialen) Partikelstrahl mit gleichmäßiger Intensität und einem Stoßparameter zwischen b und $b +$ db. Die Anzahl der mit dem gewünschten Stoßparameter einfallenden Partikel beträgt dann:

$$2\pi I b |db| = I \frac{d\sigma}{d\Omega} d\Omega,$$

$$(4\text{-}25)$$

wobei die Definition der Anzahl der in den Raumwinkel gestreuten Teilchen verwendet wird $d\Omega$. Da das Streupotential radialsymmetrisch ist, haben wir $d\Omega = 2\pi \sin\theta \, d\theta$, also:

$$\frac{d\sigma}{d\Omega} = \frac{b}{\sin\theta} \left|\frac{db}{d\theta}\right|.$$

Anwendung der Formel:

$$\frac{d\sigma}{d\Omega} = \left(\frac{Z_1 Z_2 e^2}{8\pi\epsilon_0 m v_1^2 \sin^2\frac{\theta}{2}}\right)^2 = \left(\frac{Z_1 Z_2 (\alpha\hbar c)}{2m v_1^2 \sin^2\frac{\theta}{2}}\right)^2, \quad \alpha = \frac{e^2}{4\pi\epsilon_0 \hbar c}.$$

$$(4\text{-}26)$$

4.3.2. Compton-Streuung

Betrachten wir als nächstes die Röntgenstreuung. Röntgenstrahlen werden nicht nur in partikelähnlicher Weise in verschiedene Winkel gestreut, sondern das „Partikel" selbst scheint sich zu verändern, indem sich die Wellenlänge der Röntgenstrahlen je nach Streuungsmenge (-winkel) verschiebt. Compton wird Photonen in einem Partikel-Wellen-Formalismus betrachten, indem er die Formel von Einsteins Photovoltaikeffekt verwendet. Compton wird die Photonen auch in einem relativistischen Rahmen betrachten, sodass der Energie-Impuls der speziellen Relativitätstheorie die Darstellung der Gesamtenergie ist. Das Streuexperiment besteht aus einem eingehenden (kollimierten) Röntgenstrahl, der auf ein festes Elektron trifft, wobei die Röntgenstrahlen gestreut und das Elektron zurückgestoßen wird. Somit erhalten wir aufgrund der Energieerhaltung (relativistisch):

$$hf + mc^2 = hf' + \sqrt{(pc)^2 + (mc^2)^2},$$

$$(4\text{-}27)$$

wobei f die Frequenz der einfallenden Röntgenstrahlung ist (unter Verwendung der Einstein-Beziehung mit der Planck-Konstante h), m die (Ruhe-)Masse des Elektrons ist, c die Lichtgeschwindigkeit ist, mc^2 also

116

die Ruheenergie des Elektrons gemäß Einsteins spezieller Relativitätstheorie ist. Auf der rechten Seite haben wir die neue Röntgenfrequenz f', den von Null verschiedenen Rückstoßimpuls des Elektrons p, sodass der relativistische Energie-Impuls des Rückstoßelektrons ist $\sqrt{(pc)^2 + (mc^2)^2}$. Zur Erhaltung des 4-Impulses haben wir:

$$p = p_\gamma - p_{\gamma'}$$

(4-28)

was wie folgt umgeschrieben werden kann:

$$(pc)^2 = \left(p_\gamma c\right)^2 + \left(p_{\gamma'} c\right)^2 - 2\left(p_\gamma c\right)\left(p_{\gamma'} c\right) \cos\theta,$$

(4-29)

und wenn wir es mit der Energieerhaltungsrelation kombinieren, erhalten wir die berühmte Compton-Gleichung:

$$\frac{c}{f'} - \frac{c}{f} = \frac{h}{mc}(1 - \cos\theta).$$

(4-30)

Die Winkelverteilung der gestreuten Photonen wird durch die Klein-Nishina-Formel beschrieben:

$$\frac{d\sigma}{d\Omega} = \frac{\left(\frac{1}{2r_0}\right)[1 + \cos^2\theta]}{\left[1 + 2\varepsilon \sin^2\left(\frac{\theta}{2}\right)\right]}\left\{1 + \frac{4\varepsilon^2 \sin^4\left(\frac{\theta}{2}\right)}{[1 + \cos^2\theta]\left[1 + 2\varepsilon \sin^2\left(\frac{\theta}{2}\right)\right]}\right\}$$

(4-31)

Übung. Leiten Sie die Klein-Nishina-Formel her.

4.3.3. Theoretische Diskussion und Beispiele

Bisher haben die Streuungsbeschreibungen Potentiale mit Anziehungskräften wie Gravitation oder Coulomb mit entgegengesetzten Ladungen einbezogen. Sie könnten auch Abstoßungskräfte mit weitgehend demselben Ergebnis beinhalten, solange sie von Natur aus Coulomb-Kräfte sind (also unter anderem sphärisch symmetrisch), wobei die Analyse wie zuvor erfolgt. Eine Vielzahl komplexerer Potentiale könnte in Betracht gezogen werden, aber die wesentliche Eigenschaft ist, dass es asymptotische Zustände und vielleicht gebundene Zustände gibt. Wir können das Potential weitgehend aus eingehenden asymptotischen Zuständen bestimmen, die in ausgehende asymptotische Zustände „gestreut" werden (durch das von Null verschiedene Wechselwirkungspotential), oder wiederum unsere theoretische Vorhersage für dieses Potential überprüfen. Hier wird „die Theorie auf die

117

Praxis umgesetzt", wobei die theoretische Physik mit der experimentellen Physik verbunden wird.

Beachten Sie, dass wir, wenn wir von ungebundenen asymptotischen Zuständen oder freien Zuständen und gebundenen Zuständen sprechen, von zwei dynamischen Ergebnissen sprechen, die innerhalb desselben dynamischen Systems existieren. Wir haben dies bereits zuvor im Zusammenhang mit der Zwei-Zeit-Analyse und der Störungsanalyse im Allgemeinen gesehen (die Störungsanalyse nimmt die Dynamik eines Referenzsystems an und betrachtet dann ein zweites System, das gestörte System). Wir können die asymptotischen Zustände, die „frei" von der betreffenden Interaktion sind, asymptotisch „sehen", indem wir sie in unserem Erkennungsapparat erfassen. Das Gleiche kann nicht für die gebundenen Zustände gesagt werden, die wir indirekt identifizieren.

Fassen wir die Kernfragen zusammen, die die Streutheorie nach Reed und Simon [56] beantworten will (weitere Einzelheiten finden sich in [56]). Zunächst verwenden wir ihre Notation für freie und gebundene Zustände: ρ_+ist asymptotisch frei in der Zukunft ($t \to \infty$), ρ_-ist asymptotisch frei in der Vergangenheit ($t \to -\infty$) und ρist ein gebundener Zustand. Aus der Hamilton-Formulierung wissen wir, dass wir von einem „Zeittransformationsoperator" sprechen können, der auf die oben genannten Zustände in Bezug auf eine Wahl des Hamilton-Operators einwirkt, hier mit/ohne Interaktion: $\{ T_t, T_t^{(0)} \}$. Daher ist es möglich, die asymptotischen Grenzwerte zu betrachten:

$$\lim_{t \to -\infty} \left(T_t \rho - T_t^{(0)} \rho_- \right) = 0 \qquad \lim_{t \to \infty} \left(T_t \rho - T_t^{(0)} \rho_+ \right) = 0 \,.$$

(4-32)

Diese Grenzwerte sind nur dann wohldefiniert, wenn Lösungen für Paare $\{ \rho_-, \rho \}$ auftreten, für die es jeweils ρnur ein entsprechendes gibt ρ_-, ebenso für $\{ \rho_+, \rho \}$. Die Kernfragen:

(1) Um welche freien Zustände handelt es sich? Können sie alle experimentell hergestellt werden (Vollständigkeit der Herstellung)?
(2) Gibt es Eindeutigkeit hinsichtlich der Entsprechung $\{ \rho_-, \rho \}$ und $\{ \rho_+, \rho \}$?
(3) Gibt es eine (schwache) Vollständigkeit bei der Streuung? Beispielsweise bildet man alles ρ_-auf ab $\rho \in \Sigma$, nennt dieses eine Teilmenge von Σ, Σ_{in}; wiederholt dies für , um ρ_+zu erhalten Σ_{out}, gilt $\Sigma_{in} = \Sigma_{out}$? Dies wird als schwache asymptotische Vollständigkeit bezeichnet [56].

118

(4) Angesichts des oben Gesagten können wir eine Bijektion von auf sich selbst definieren Σ, so dass Folgendes wohldefiniert wird: $\rho_- = \Omega^-\rho$ und $\rho_+ = \Omega^+\rho$, wobei Ω^- und Ω^+ die bijektiven Abbildungen sind. Wir können Streuung also in Form einer Bijektion beschreiben:

$$S = (\Omega^-)^{-1}\Omega^+.$$

In der klassischen Mechanik wird dies immer als Bijektion im Phasenraum existieren. In der Quantenmechanik wird S eine lineare unitäre Transformation sein, die als S-Matrix bekannt ist.

(5) Gibt es Symmetrien? Manchmal kann S aufgrund von Symmetrien bestimmt werden. Dies wird im Zusammenhang mit der Quantenmechanik in [42] näher untersucht.

(6) Was ist die analytische Fortsetzung? Eine gängige Verfeinerung einer realen Theorie, um Wellenphänomene einzubeziehen (wie beim Übergang zu einer Quantentheorie), besteht darin, zu einer komplexen Theorie überzugehen, indem man die reale Theorie als Randwert einer analytischen Funktion betrachtet. Die Analytik der S-Transformation verleiht, je nach Wahl, auch Kausalität (wie bei der Wahl von Konturintegraldefinitionen für Propagatoren durch Feynman in [43]).

(7) Ist es asymptotisch vollständig: $\Sigma_{bound} + \Sigma_{in} = \Sigma_{bound} + \Sigma_{out}$? In der klassischen Mechanik sind die „+"-Operationen mengentheoretisch, sodass sich dies auf die Frage reduziert, ob $\Sigma_{in} = \Sigma_{out}$ (schwache asymptotische Vollständigkeit) abgesehen von einer möglichen Menge mit Maß Null (d. h. es gibt Probleme mit Mengen mit Maß Null – die Menge der gebundenen Zustände kann in Bezug auf die Obermenge das Maß Null haben) auch eine direkte Summe von Hilberträumen ist, was komplizierter ist und hier nicht erörtert wird.

Beispiel 4.1. Klassischer Zerfall.
Betrachten Sie einen klassischen Zerfall, A$\longrightarrow$ 3B, bei dem das erste Teilchen in drei identische Teilchen der Masse *m zerfällt. Nehmen wir an, dass jedes letzte Teilchen im* Schwerpunktsystem die gleiche Energie hat , dass sich das ursprüngliche Teilchen mit der Geschwindigkeit V entlang der z-Achse des Labors bewegt und dass die Zerfallsenergie beträgt ϵ. Wenn eines der Teilchen entlang der positiven z-Achse austritt, in welchem Winkel zur z-Achse treten die anderen beiden Teilchen aus?

Lösung
Wir haben die gleiche Energie im Schwerpunktsystem , also den gleichen Impuls. Daher gilt im Schwerpunktsystem

$$\frac{1}{2}(3m)V^2 = 3\frac{1}{2}(m)V'^2 + \epsilon \;\rightarrow\; (mV') = \sqrt{m^2V^2 - \frac{2}{3}m\epsilon}$$

Und

$$\tan\phi = \frac{\left|(m\vec{V}')\right|\sin(60°)}{\left|(3m\vec{V})\right| - \left|(m\vec{V}')\right|\cos(60°)} \qquad \sin 60° = \frac{\sqrt{3}}{2} \quad \cos 60° = \frac{1}{2}$$

Daher,

$$\phi = \tan^{-1}\left\{ \frac{\sqrt{m^2V^2 - \frac{2}{3}m\epsilon}\,\frac{\sqrt{3}}{2}}{3mV - \sqrt{m^2V^2 - \frac{2}{3}m\epsilon}\,\frac{1}{2}} \right\}$$

$$= \tan^{-1}\left\{ \frac{\sqrt{3m^2V^2 - 2m\epsilon}}{6mV - \sqrt{m^2V^2 - \frac{2}{3}m\epsilon}} \right\}$$

Übung 4.1. Klassischer Zerfall.

Beispiel 4.2. (F&W 1.14)
Betrachten Sie die Rutherford-Streuung an einer Kernoberfläche, wenn der Wirkungsquerschnitt auf die Kernoberfläche $\sigma_r = \pi b^2$ bei einem Stoßparameter von mindestens r: liegt $r_{min} = b$. Denken Sie daran, dass die Systemenergie asymptotisch mit der Einfallsgeschwindigkeit V_∞ einfach ist

$$E = \frac{1}{2}mV_\infty^2 \;\rightarrow\; V_\infty = \sqrt{\frac{2E}{m}}.$$

Für den (erhaltenen) Drehimpuls gilt außerdem:

$$M_\theta = mV_\infty b = \sqrt{m2E}\,b.$$

Somit beträgt das effektive Potential mit indiziertem M_θ und Coulombpotential $V_c = \frac{zZe^2}{R}$:

$$U_{eff} = \frac{M_\theta^2}{2mR^2} + V_c = E \;\rightarrow\; \frac{m2Eb^2}{2mR^2} + V_c = E \;\rightarrow\; b^2 = R^2\frac{(E - V_c)}{E}$$

Daher,

$$\sigma_r = \pi b^2 = \pi R^2(1 - V_c/E).$$

Verwandte Übungen: siehe Fetter&Walecka [29].

Beispiel 4.3. (F&W 1.17)
Erwägen Sie die Streuung des Potenzials
$$V(r) = \begin{cases} 0 & r > a \\ -V_0 & r < a \end{cases}$$
(1) Zeigen Sie, dass die Umlaufbahn mit der eines Lichtstrahls identisch ist, der von einer Kugel mit Radius a und gebrochen wird $= \sqrt{(E + V_0)/E}$.
(2) Ermitteln Sie den differentiellen elastischen Wirkungsquerschnitt.

Lösung

(1) Rückruf $F 2\pi b\, db = F d\sigma_d(\theta)$ and $d\Omega = 2\pi \sin\theta\, d\theta \Rightarrow \frac{d\sigma}{d\Omega} = \frac{b}{\sin\theta}\left|\left(\frac{db}{d\theta}\right)\right|$

Haben: $mV_1 \sin\theta_1 = mV_2 \sin\theta_2$ und $E = \frac{P_1^2}{2m} + U_1 = \frac{P_2^2}{2m} + U_2$. Somit:

$$\sin\theta_1 = \sin\theta_2 \sqrt{1 + \frac{2}{mV_1^2}V_0} \quad \rightarrow \quad \sin\theta_1 = \sqrt{(E + V_0)/E}\, \sin\theta_2$$

Somit ist die Umlaufbahn identisch mit der eines Lichtstrahls, der von einer Kugel mit Radius a *gebrochen wird* und $n = \sqrt{(E + V_0)/E}$

$$\sin\theta_2 = \frac{\sin\theta_1}{\sqrt{(E + V_0)/E}}$$

Der Ablenkwinkel entspricht θ_1 und θ_2 ist $\theta = (\theta_1 - \theta_2)$. Somit ist $\theta_1 = \frac{\theta}{2} + \theta_2$, und da $b = a \sin\theta_1$ wir haben:

$$\sin\theta_1 = \sin\left\{\frac{\theta}{2} + \theta_2\right\} = \sin\left(\frac{\theta}{2}\right)\sin\theta_2 + \cos\left(\frac{\theta}{2}\right)\cos\theta_2 = \frac{\sin\left(\frac{\theta}{2}\right)\sin\theta_1}{n} + \cos\left(\frac{\theta}{2}\right)\sqrt{1 - \sin^2\theta_1^2}$$

$$\sin^2\theta_1 = \frac{\sin^2\left(\frac{\theta}{2}\right)}{\left(\frac{1}{n} - \cos\left(\frac{\theta}{2}\right)\right)^2 + \sin^2\left(\frac{\theta}{2}\right)}$$

$$b^2 = a^2 \sin^2\theta_1 = \frac{a^2 n^2 \sin^2\left(\frac{\theta}{2}\right)}{+n^2\sin^2\left(\frac{\theta}{2}\right) + \left(1 - 2n\cos\left(\frac{\theta}{2}\right) + n^2\cos^2\left(\frac{\theta}{2}\right)\right)} = \frac{a^2 n^2 \sin^2\left(\frac{\theta}{2}\right)}{1 + n^2 - 2n\cos\left(\frac{\theta}{2}\right)}$$

$$2b\,db = a^2n^2 \left\{ \frac{2\sin\left(\frac{\theta}{2}\right)\cdot\frac{1}{2}\cos\left(\frac{\theta}{2}\right)}{1+n^2-2n\cos\left(\frac{\theta}{2}\right)} \right.$$

$$\left. + \frac{(-1)a^2n^2\sin^2\left(\frac{\theta}{2}\right)\left[-2n\left(-\frac{1}{2}\sin\frac{\theta}{2}\right)\right]}{(\dots)^2} \right\}$$

$$= \frac{a^2n^2}{\left(1+n^2-2n\cos\left(\frac{\theta}{2}\right)\right)^2} \left\{\sin\left(\frac{\theta}{2}\right)\cos\left(\frac{\theta}{2}\right)\left(1+n^2-2n\cos\frac{\theta}{2}\right) - \right.$$

$$\left. n\sin^3\left(\frac{\theta}{2}\right)\right\}$$

Daher,

$$\frac{d\sigma}{d\Omega} = \frac{b}{\sin\theta}\left|\frac{db}{d\theta}\right|$$

$$= \frac{a^2n^2}{4\cos\left(\frac{\theta}{2}\right)}\frac{1}{\left(1+n^2-2n\cos\left(\frac{\theta}{2}\right)^2\right)}\left\{\cos\left(\frac{\theta}{2}\right)(1+n^2)\right.$$

$$\left. -2n+n\left(1-\cos^2\left(\frac{\theta}{2}\right)\right)\right\}$$

$$\frac{d\sigma}{d\Omega} = \frac{a^2n^2}{4\cos\left(\frac{\theta}{2}\right)}\frac{1}{\left(1+n^2-2n\cos\left(\frac{\theta}{2}\right)\right)^2}\left\{\left(n\cos\left(\frac{\theta}{2}\right)-1\right)\left(n\right.\right.$$

$$\left.\left. -\cos\left(\frac{\theta}{2}\right)\right)\right\}$$

Verwandte Übungen: siehe Fetter&Walecka [29].

Beispiel 4.4. (F&W 1.18)
Betrachten Sie ein kleines Teilchen mit großem Stoßparameter b vom Zentralpotential V(r), bei dem bei der Streuung nur eine geringe Ablenkung auftritt.
(a) Verwenden Sie eine Impulsnäherung, um den kleinen Ablenkwinkel abzuleiten.
(b) Untersuchen Sie den Fall $V(r) = \gamma r^{-n}$, in dem sowohl γ als auch n positiv sind.
(c) Untersuchen Sie den Fall $V(r) = \gamma e^{-\lambda r}$.

122

(d) In der Quantenmechanik ist der Kleinwinkelanteil des Wirkungsquerschnitts anders als in der klassischen Mechanik. Diskutieren Sie dies.

Lösung

(a) In der Impulsnäherung haben wir $\theta_1 \approx \frac{P'_{1y}}{m_1 v_\infty}$ und $P'_{1y} = \int_{-\infty}^{\infty} F_y \, dt = \int_{-\infty}^{\infty} -\frac{dU}{dr} \frac{y}{r} dt$

Nehmen wir eine kleine Auslenkung an $y = b, dt = \frac{dx}{v_\infty}$:

$$\theta = \frac{b}{m_1 v_\infty^2} \int_{-\infty}^{\infty} -\frac{dU}{dr} \frac{dx}{r} = \frac{2b}{m_1 v_\infty^2} \left| \int_b^{\infty} \frac{dU}{dr} \frac{dr}{\sqrt{r^2 - b^2}} \right|$$

(B) $V(r) = \gamma r^{-n} \quad r > 0, n > 0$

$$\theta = \frac{2b}{m_1 v_\infty^2} \left| \int_b^{\infty} \gamma(-n) r^{-n-1} \frac{dr}{\sqrt{r^2 - b^2}} \right| = \frac{2b}{m_1 v_\infty^2} n\gamma \left| \int_b^{\infty} \frac{r^{-(n-1)} dr}{\sqrt{r^2 - b^2}} \right|$$

$$\theta = \frac{2b}{m v_\infty^2} \int_b^{\infty} \frac{dr}{\sqrt{r^2 - b^2}} \gamma n r^{-n-1} = \frac{2b}{m v_\infty^2} \int_1^{\infty} \frac{\gamma n b \, dx \, b^{-(n+1)} x^{-(n+1)}}{b\sqrt{x^2 - 1}}$$

$$= \frac{2b}{m v_\infty^2 b^n} \int_1^{\infty} \frac{x^{-(n+1)}}{\sqrt{x^2 - 1}} dx$$

Daher, $\theta = \frac{C}{b^n} \quad C = \frac{2}{m v_\infty^2} \int_1^{\infty} \frac{x^{-(n+1)}}{\sqrt{x^2-1}} dx$.

Also,

$$\frac{d\theta}{db} = \frac{-nC}{b^{n+1}} \quad and \quad \frac{d\sigma}{d\Omega} = \frac{1}{nC} \frac{b^{n+2}}{\sin\theta} \cong \frac{1}{nC} \frac{b^{n+2}}{\theta}$$

Daher,

$$b^{n+2} = \left(\frac{C}{\theta}\right)^{\left(\frac{n+2}{n}\right)} \quad and \quad \frac{d\sigma}{d\Omega} = C' \theta^{-\left(2+\frac{2}{n}\right)}.$$

Für $n = 1$, $\quad \frac{d\sigma}{d\Omega} \simeq C'\theta^{-4} \leftarrow$ Rutherford: $\left(\frac{d\sigma}{d\Omega}\right)_{el} = \left(\frac{zZe^3}{4E\sin^2\frac{1}{2}\theta}\right)^2$

$n = 2$, $\quad \frac{d\sigma}{d\Omega} \simeq C'\theta^{-3} \leftarrow \left(\frac{d\sigma}{d\Omega}\right)_{el} = \frac{\gamma\pi^2}{E\sin\theta}\frac{\pi-\theta}{\theta^2(2\pi-\theta)^2}$

Damit σ_τ es gut definiert ist: $\int \frac{d\sigma}{d\Omega} d\Omega < \infty$. Hier haben wir:

$$\int_0^\theta C'\theta^{-\left(2+\frac{2}{n}\right)}d\Omega \sim \int_0^\theta C'\theta^{-\left(2+\frac{2}{n}\right)}\theta d\theta \sim \theta^{-\frac{2}{n}}\Big|_0^\theta = \infty \text{ for } n > 0$$

Der Wirkungsquerschnitt ist also nur dann wohldefiniert, wenn n < 0 ist.

c) Sie müssen $V(r) = \gamma e^{-\lambda r}$ $\qquad r = bx$

$$\theta = \frac{2b}{m_1 v_\infty^2}\left|\int_b^\infty -\frac{\gamma\lambda e^{-\lambda r}dr}{\sqrt{r^2-b^2}}\right| = b^2\left(\frac{\lambda 2\lambda}{m_1 v_\infty^2}\right)\int_1^\infty \frac{xe^{-\lambda bx}dx}{\sqrt{x^2-1}}$$

Betrachten Sie $b\lambda \gg 1$ nur $x \approx 1$ Beiträge

$$\theta = \gamma b\lambda\left(\frac{2}{m_1 v_\infty^2}\right)\int_1^\infty \frac{e^{-\lambda b}}{\sqrt{2}}\frac{e^{-\lambda b\epsilon}}{\sqrt{\epsilon}}d\epsilon = \gamma b e^{-\lambda b}K \qquad K$$

$$= \left(\frac{\sqrt{2}\lambda}{m_1 v_\infty^2}\right)\int_1^\infty \frac{e^{-\lambda b\epsilon}}{\sqrt{\epsilon}}d\epsilon$$

Daher,

$$\theta = \gamma\sqrt{\frac{\pi b}{\lambda}}e^{-\lambda b}\left(\frac{\lambda}{m_1 v_\infty^2}\right).$$

Seit

$$\log\theta \approx -\lambda b \;\rightarrow\; b \sim \lambda^{-1}\log\left(\frac{1}{\theta}\right) \;\rightarrow\; \frac{d\sigma}{d\Omega} \sim \frac{b}{\theta}\frac{db}{d\theta}$$

Somit σ_τ nicht gut definiert, weil $\int_0^x \frac{dx}{x\log x} = \log(\log x)\big|_{x\to\infty} \to \infty$

(d) Klassisch: keine Nullwinkelstreuung für endliches b; während die Quantenmechanik eine endliche Wahrscheinlichkeitsdichte für Nullwinkelstreuung hat.

Verwandte Übungen: siehe Fetter&Walecka [29].

Kapitel 5. Kollektive Bewegung

Nun wird kurz auf kollektive Bewegung für idealisierte Fälle wie starre Körper und einfache materielle Körper eingegangen, wobei die phänomenologische Diskussion über materielle Körper teilweise dem Kapitel 8 Phänomenologie und Dimensionsanalyse überlassen bleibt. Diese kurze Übersicht beginnt mit der Bewegung starrer Körper.

5.1 Starrkörperbewegung

Bei einem starren Körper sind alle internen Belastungen gleich Null. Wenn die Geometrie eines starren Körpers statisch ist, müssen die eingesetzten Kräfte ausgeglichen und durch den starren Körper übertragen werden, sodass die Nettokräfte und Torsionen gleich Null sind. An jeder Stelle des Körpers können wir die Nettokräfte und Kraftmomente anhand von sechs skalaren Gleichgewichtsgleichungen berechnen:

$$\sum F_x = 0, \sum F_y = 0, \sum F_z = 0, \sum M_x = 0, \sum M_y = 0, \sum M_z = 0.$$
(5-1)

Wenn man von einem homogenen Material spricht, aus dem der starre Körper besteht, kann man von der durchschnittlichen Normalspannung auf eine Querschnittsfläche ($\sigma = N/A$, wobei N die innere Axiallast und A die Querschnittsfläche ist) und der durchschnittlichen Scherspannung auf eine Querschnittsfläche ($\tau_{avg} = S/A$, wobei S die auf den Querschnitt wirkende Scherkraft ist A) sprechen. Betrachten wir einige klassische Probleme von Hibbeler [59,60], um einige dieser statischen Probleme durchzuarbeiten und ihre Anwendung zu sehen.

Beispiel 5.1. (Hibbeler 1-12)

Ein Balken wird horizontal gehalten, sein linkes Ende hält einen an der Wand befestigten Stift (Punkt A). Wenn wir von links nach rechts entlang des Balkens weitergehen, finden wir Punkte mit den folgenden Bezeichnungen: 1 Fuß rechts von A befindet sich Punkt D, weitere 2 Fuß und Punkt B, weitere 1 Fuß und Punkt E, weitere 2 Fuß und Punkt G und noch ein Fuß bis zum Ende, wo eine Last aufgrund einer Kabelverbindung angezeigt wird, die 30 Grad nach außen (nach rechts) von der Vertikalen geneigt ist. An Punkt B befindet sich ein Stützbalken, der nach oben zur Wand zeigt und mit der Wand ein 3-4-5-Dreieck bildet

125

(obere Stifthalterung mit der Bezeichnung C), wobei die 3 den 3 Fuß von A nach B entspricht. Die Last auf dem Kabel beträgt 150 lb. Es gibt auch eine gleichmäßig verteilte Last zwischen Punkt B und dem Ende des Balkens 75 lb/ft. Entlang des diagonalen Stützbalkens, 1 Fuß unterhalb des Stützstifts an Punkt C, befindet sich ein innerer Balkenpunkt mit der Bezeichnung F.

„Bestimmen Sie die resultierenden inneren Spannungen an den Querschnitten an den Punkten F und G der Baugruppe."
Betrachten wir das freie Diagramm für den horizontalen Balken. Dies ermöglicht uns, die axiale Balkenkraft zu berechnen, F_{CB} aus der die interne Belastung bei F trivial ermittelt werden kann. Ein Schnitt (Sektionierung) zu einem freien Körper am Querschnitt von G wird auf der rechten Seite für eine weitere einfache Freikörperanalyse vorgenommen, um die interne Belastung bei G zu ermitteln. Zunächst für F_{CB}:

$$\sum M_A = 0 \;\rightarrow\; 3(0.8)F_{BC} - 5(300) - 7(150)(0.5)\sqrt{3} = 0 \;\rightarrow\; F_{BC}$$
$$= 1{,}003.9 \; lb.$$

Daraus ergibt sich für die innere Belastung bei F:
$$N_F = F_{BC} = 1{,}003.9 \; lb, \quad S_F = 0, \quad and \quad M_F = 0.$$
Betrachten wir nun die innere Belastung bei G anhand des Freikörperabschnitts (siehe [59,60] für Details), der aus dem Körper auf der rechten Seite des Schnitts besteht:

$$\sum M_G = 0 \;\rightarrow\; M_G - (0.5)(75) - (1)(150)(0.5)\sqrt{3} = 0 \;\rightarrow\; M_G$$
$$= 167.4 ft \; lb .$$

$$\sum F_x = 0 \;\rightarrow\; N_G + 150(0.5) = 0 \;\rightarrow\; N_G = -75 lb.$$
$$\sum F_y = 0 \;\rightarrow\; V_G - 75 - 150(0.5)\sqrt{3} = 0 \;\rightarrow\; N_G = 205 lb$$

Übung 5.1. *Wiederholen Sie die Übung mit 150 lb →250 Pfund.*

Beispiel 5.2. Hibbeler (1-66)

Ein „Rahmen" wird durch eine vertikale Wand und zwei Balken gebildet, die zusammen ein 3-4-5-Dreieck bilden (Hypotenuse nach oben, also Balken unter Spannung, nicht unter Druck). Die Wandhalterungen sind Scharnierstifte, ebenso wie die Verbindung zwischen den Balken. Der Abstand zwischen den Wandhalterungen (vertikale Länge) beträgt 2 m und der horizontale Balken ist 1,5 m lang. Die untere Wandhalterung ist mit Punkt A gekennzeichnet, die obere mit B und der Verbindungspunkt

der Balken ist Punkt C. Somit hat die Hypothenuse die Länge BC. Am
Punkt C ist eine Last P vertikal nach unten angegeben. Ein vertikaler
Schnitt durch Balken BC wird als Querschnitt mit der Bezeichnung „aa"
angezeigt.

„Bestimmen Sie die größte Last **P**, die auf den Rahmen ausgeübt werden
kann, ohne dass die durchschnittliche Normalspannung oder die
durchschnittliche Scherspannung im Abschnitt aa bzw. überschreitet $\sigma =$
$150MPa$. $\tau = 60MPa$Element CB hat einen quadratischen Querschnitt
von 25 mm auf jeder Seite.

Beginnen wir mit der Betrachtung des horizontalen Balkens als freier
Körper und erhalten F_{BC}in Bezug auf **P** :

$$\sum M_A = 0 \rightarrow \quad 0.8F_{BC} = P.$$

(5-2)

Der betrachtete Querschnitt ist nicht orthogonal zur Achse des Balkens,
daher müssen die Normalkraft und die (von Null verschiedene) Scherkraft
entsprechend korrigiert werden:

$$N_{aa} = 0.6F_{BC} = 0.75P \quad and \quad S_{aa} = 0.8F_{BC} = P.$$

Die Querschnittsfläche beträgt: $A_{aa} = A/\cos\theta = (5/3)A$. Somit ist die
Normalspannung des angegebenen aa-Querschnitts maximal, wenn die
angegebene Spannungsgrenze erreicht ist:

$$\sigma = \frac{N_{aa}}{A_{aa}} = 150MPa \rightarrow P_{max} = 208kN.$$

(5-3)

Die maximale Belastung P, die aufgrund der Normalspannung auftreten
kann, ist auf begrenzt $P_{max} = 208kN$.
Die bei aa angegebene Scherspannung kann höchstens 60 MPa betragen,
woraus wir berechnen:

$$\tau = \frac{S_{aa}}{A_{aa}} = 60MPa \rightarrow P_{max} = 22.5kN.$$

(5-4)

Die maximale Last P, die entsprechend der Scherspannung auftreten kann,
ist auf begrenzt $P_{max} = 22.5kN$, und da diese Grenze früher erreicht
wird, beträgt die maximal mögliche Last bei P 22,5 kN (um ein
Scherversagen zu vermeiden).

Betrachten wir einige dynamische Situationen mit starren Körpern (einige
wurden bereits erwähnt, jedoch mit idealisierten masselosen Stäben).

Übung 5.2. *Wiederholen Sie mit* $\sigma = 250MPa$.

Beispiel 5.3. Ein Brett, das an einer Wand lehnt.

Betrachten wir das Problem eines an einer Wand lehnenden Bretts. Wenn das Brett θ_0 anfangs einen Winkel zum Boden bildet und frei über den Boden gleiten kann (keine Reibung), wie ist dann seine Bewegung? Wann, wenn überhaupt, verlässt das Brett den Kontakt mit der Wand? Wann, wenn überhaupt, verlässt das Brett den Kontakt mit dem Boden? Dies ähnelt dem Problem 3.18 auf Seite 85 von [29] mit einem Brett der Länge L und Masse M.

Erinnern Sie sich zunächst daran, dass das Trägheitsmoment eines (einheitlichen) Bretts um seinen Schwerpunkt beträgt $I = \frac{1}{12}ML^2$. Der kinetische Energieterm kann dann in Bezug auf die lineare Bewegung des Schwerpunkts und die Rotation um diesen Mittelpunkt angegeben werden:

$$T = \frac{1}{2}M(\dot{x}^2 + \dot{y}^2) + \frac{1}{2}I\dot{\theta}^2,$$

wobei die (x, y)-Koordinaten des Schwerpunkts θ mit $x = \frac{L}{2}\cos\theta$ und in Beziehung stehen $y = \frac{L}{2}\sin\theta$ (unter Beibehaltung des Kontakts mit der Wand). Die potentielle Energie ist einfach: $V = Mgy$. Die Lagrange-Funktion lautet also:

$$L = \frac{1}{2}M(\dot{x}^2 + \dot{y}^2) + \frac{1}{2}I\dot{\theta}^2 - Mgy \rightarrow L$$
$$= \frac{1}{2}M\left(\frac{L}{2}\right)^2 \dot{\theta}^2 + \frac{1}{2}I\dot{\theta}^2 - Mg\frac{L}{2}\sin\theta$$

Die Euler-Lagrange-Gleichung (EL) für die letztere (eingeschränkte Form) ergibt dann:

$$\dot{\theta}^2 = \frac{3g}{l}(\sin\theta_0 - \sin\theta).$$

Da wir an den Kontaktbeschränkungen (und an deren Ausfall) interessiert sind, kehren wir zur ursprünglichen Form zurück und fügen Lagrange-Multiplikatoren für die Beschränkungen hinzu:

$$L(\lambda, \tau) = \frac{1}{2} M(\dot{x}^2 + \dot{y}^2) + \frac{1}{2} I \dot{\theta}^2 - Mgy + \tau \left(x - \frac{L}{2} \cos \theta \right)$$
$$+ \lambda \left(y - \frac{L}{2} \sin \theta \right).$$

Die Bewegungsgleichungen für die (x, y)-Koordinaten des Schwerpunkts und die (λ, τ)Lagrange-Multiplikatoren für die x-Beschränkung lauten:

$$M\ddot{x} - \tau = 0 \quad \rightarrow \quad \tau = -\frac{ML}{2} \left(\cos \theta \, \dot{\theta}^2 + \sin \theta \, \ddot{\theta} \right)$$

$$= \frac{3gM}{2} \cos \theta \left(\frac{3}{2} \sin \theta - \sin \theta_0 \right)$$

wobei der τMultiplikator auf Null geht, wenn:
$$\frac{3}{2} \sin \theta_C - \sin \theta_0 = 0 \, .$$

Somit verlässt das Brett die Wand, wenn der Kontaktpunkt auf der Höhe liegt:

$$Y = 2y = 2 \left(\frac{L}{2} \right) \sin \theta_C = \frac{2}{3} L \sin \theta_0.$$

In dem Moment, in dem die Leiter die Wand verlässt, ist die x-Koordinate frei und hat:

$$x = \frac{L}{2} \sqrt{1 - \left(\frac{2}{3} \right)^2 \sin^2 \theta_0} \quad and \quad \dot{x} = -\frac{\sqrt{gL}}{3} (\sin \theta_0)^{\frac{3}{2}} \quad and \quad \ddot{x} = 0$$

Betrachten wir nun die y-Beschränkung vor und nach dem Verlassen der Planke von der Wand:

$$M\ddot{y} + Mg - \lambda = 0 \quad \rightarrow \quad \lambda = \frac{ML}{2} \left(-\sin \theta \, \dot{\theta}^2 + \cos \theta \, \ddot{\theta} \right) + Mg$$

Bevor das Brett die Wand verlässt, haben wir $\dot{\theta}^2 = \frac{3g}{L} (\sin \theta_0 - \sin \theta)$ und $\ddot{\theta} = -\frac{3g}{2L} \cos \theta$, wobei $\lambda > 0$immer gilt. Nachdem das Brett die Wand verlassen hat, haben wir $\dot{\theta}^2 = \frac{g}{L} \sin \theta_0$und $\ddot{\theta} = 0$, wobei $\lambda > 0$immer gilt. Somit λgeht nie auf Null und das Brett verlässt nie den Boden, wobei die y-Bewegung ähnlich ausgedrückt wird wie die x-Bewegung oben.

Übung 5.3. Angenommen, auf der Leiter in der Mitte steht ein Arbeiter mit der Masse M. Wiederholen Sie die Analyse.

Beispiel 5.4. Rotierendes Rohr mit festem Winkel und Kugel darin. Betrachten Sie ein Rohr, das sich mit konstanter Winkelgeschwindigkeit ω um eine vertikale Achse dreht α und mit dieser einen festen Winkel bildet. Im Rohr befindet sich eine Kugel mit der Masse m, die frei und ohne Reibung gleitet. Unter Verwendung von Kugelkoordinaten sei die Position der Kugel zum Zeitpunkt t = 0 $r = \alpha$ und $\frac{dr}{dt} = 0$. Für alle relevanten Zeiten bleibt die Kugel im oberen Teil des Rohrs. (a) Ermitteln Sie die Lagrange-Funktion; (b) Ermitteln Sie die Bewegungsgleichungen; (c) Ermitteln Sie die Bewegungskonstanten; (d) Ermitteln Sie t als Funktion von r in Form eines Integrals.

Lösung
(a) Die Lagrange-Funktion für die Bewegung des Balls ist gegeben durch

$$L = \frac{1}{2}m\left(\frac{ds}{dt}\right)^2 - mgr\cos\alpha$$

wobei für Kugelkoordinaten gilt: $ds^2 = dr^2 + r^2(d\theta^2 + sin^2\theta d\varphi^2)$. Somit gilt

$$L = \frac{1}{2}m\left(\dot{r}^2 + r^2\left(\dot{\theta}^2 + sin^2\theta\dot{\varphi}^2\right)\right) - mgr\cos\alpha, \quad with \quad \theta = \alpha, \quad \dot{\varphi} = \omega$$

und wir bekommen:

$$L = \frac{1}{2}m(\dot{r}^2 + r^2 sin^2\alpha\omega^2) - mgr\cos\alpha$$

(b) Die Bewegungsgleichung für r bei fester Rotationsfrequenz und festgelegtem Deklinationswinkel:

$$m\ddot{r} - mr sin^2\alpha\omega^2 + mg\cos\alpha = 0 \rightarrow \quad \frac{d}{dt}\left\{\frac{1}{2}\dot{r}^2 - \frac{1}{2}r^2 sin^2\alpha\omega^2 + rg\cos\alpha\right\}$$
$$= 0.$$

(c) Die Bewegungskonstante ist also

$$\dot{r}^2 - r^2 sin^2\alpha\omega^2 + r2g\cos\alpha = const$$

Aus r=a und $\frac{dr}{dt} = 0$ Initialisierung haben wir

$$const = 2ag\cos\alpha - (a\omega sin\alpha)^2.$$

(d) Wir können schreiben

130

$$\left(\frac{dr}{dt}\right)^2 = \dot{r}^2 = 2g\cos\alpha(a - r) + (\omega\sin\alpha)^2(r^2 - a^2)$$

oder, um zur Integralform zu wechseln:

$$dt = \frac{dr}{\sqrt{2g\cos\alpha(a - r) + (\omega\sin\alpha)^2(r^2 - a^2)}}$$

Daher,

$$t = \int \frac{dr}{\sqrt{2g\cos\alpha(a - r) + (\omega\sin\alpha)^2(r^2 - a^2)}}.$$

Übung 5.4. *Wiederholen Sie die Analyse für ein rotierendes paraboloides gekrümmtes Rohr mit einer Kugel darin.*

5.2 Materielle Körper

Bisher haben wir gesehen, wie man Spannung als Kraft über einer Fläche ($\sigma = F/A$) berechnet. Bei nicht idealisierten Körpern (wie starren Körpern), also materiellen Körpern, gibt es eine Reaktion, eine Verformung, auf diese Spannung. Um diese Verformung zu quantifizieren, definieren wir Dehnung:

$$\epsilon = \frac{\Delta L}{L}.$$

(5-5)

Die Beziehung zwischen angewandter Normalspannung und resultierender Dehnungsverformung wird durch das Hookesche Gesetz beschrieben:

$$\sigma = Y\epsilon,$$

(5-6)

wobei Y eine Konstante ist, die für das betrachtete Material geeignet ist und als Elastizitätsmodul bezeichnet wird. Daraus können wir die Dehnungsenergiedichte berechnen: $u = \sigma\epsilon/2$. Ähnliche Beziehungen gelten für Scherspannung. Wenn wir eine konstante Last und Querschnittsfläche betrachten, können wir die Gleichungen gruppieren, um eine Beziehung zur Längenänderung bei einer gegebenen angewandten (normalen) Kraft zu erhalten:

$$\delta = \frac{FL}{AY}.$$

(5-7)

Wenn es verbundene Abschnitte mit unterschiedlichen Flächenquerschnitten usw. gibt, δ sind ihre Werte additiv.

Zum Schluss dieser kurzen Übersicht über materielle Körper soll noch die thermische Spannung berücksichtigt werden (die meisten thermischen Effekte werden erst in [44] erörtert). Es ist bekannt, dass sich materielle Körper bei Temperaturänderungen ausdehnen oder zusammenziehen. Dies wird wie folgt beschrieben:

$$\delta_T = \alpha \Delta T L,$$

$$(5\text{-}8)$$

wobei α der lineare Wärmeausdehnungskoeffizient ist.

Beispiel 5.5. Hibbeler (3-8)

Ein Balken wird zunächst horizontal gehalten, mit einer Länge von $10ft$, und auf seiner gesamten Länge liegt eine verteilte Last von w. Er wird an einem Ende durch einen (an der Wand montierten) Scharnierstift und am anderen Ende durch eine Abspannseilstütze in einem Winkel von 30 Grad zur Horizontale gehalten.

„Der starre Balken wird durch einen Stift bei C und einen A-36-Abspanndraht AB gestützt. Wenn der Draht einen Durchmesser von 0,2 Zoll hat, bestimmen Sie die verteilte Last w, wenn das Ende B um 0,75 Zoll nach unten verschoben ist."

Wir müssen zunächst die Belastung des Abspanndrahts berechnen und daraus bestimmen, welche Last vorhanden ist. Die ursprüngliche Länge AB beträgt 11,547 Fuß. Die gestreckte Länge des Abspanndrahts beträgt 11,578 Fuß, daher beträgt die Belastung $\epsilon = 0.00269$. Der Elastizitätsmodul für den A-36-Abspanndraht beträgt $29x10^3 ksi$, daher gilt:

$$\frac{F}{A} = Y\epsilon \;\; \rightarrow \;\; F = 2.45 kip \;\; \rightarrow \;\; w = \frac{0.245 kip}{ft}.$$

Übung 5.5. Wiederholen Sie den Vorgang für einen Drahtdurchmesser von 0,3 Zoll und eine Verschiebung des Endes B von 1,0 Zoll entlang der Länge AB.

Beispiel 5.6. Hibbeler (4-70)

Eine Stange wird horizontal zwischen zwei Wänden montiert, indem an beiden Enden, zwischen der Wand und den Stangenenden, zwei (identische) Federn verwendet werden.

„Die Stange besteht aus A992-Stahl [$\alpha = 6.6x10^{-6}/°F$] und hat einen Durchmesser von 0,25 Zoll. Wenn die Stange 4 Fuß lang ist, wenn die Federn [$k = 1000lb/in$] 0,5 Zoll zusammengedrückt sind und die Temperatur der Stange beträgt $T = 40°F$, bestimmen Sie die Kraft in der Stange, wenn ihre Temperatur beträgt $T = 160°F$."

Von $\delta_T = \alpha\Delta TL \rightarrow \delta_T = 3.168 \times 10^{-3}ft$. Wenn die beiden Federn zusammenwirken, ergibt sich eine nach innen wirkende Kraft auf beiden Seiten von:

$$F = k\left(\frac{\delta_T}{2}\right) = 19\ lb.$$

Übung 5.6. Wiederholen Sie dies für T = 360°Feine Federkompression von 0,75 Zoll.

5.3 Hydrostatik und stationäre Strömung
Hinweise zur speziellen Relativitätstheorie: Fizeau, der relativistische Dopplereffekt und der Bondi-K-Kalkül
Die spezielle Relativitätstheorie offenbart sich, wenn man zur Beschreibung elektromagnetischer Felder auf die Feldtheorie zurückgreift. Hinweise auf die Existenz der speziellen Relativitätstheorie aus Gründen der Konsistenz finden sich in primitiven frühen Experimenten mit Licht, deren Bedeutung damals jedoch noch nicht verstanden wurde.

Fizeau fand 1851 [22] heraus, dass die Lichtgeschwindigkeit in Wasser, das sich mit einer Geschwindigkeit v(relativ zur Laborgeschwindigkeit) bewegt, wie folgt ausgedrückt werden kann:

$$u = \frac{c}{n} + kv,$$

(5-9)

wobei der „Widerstandskoeffizient" gemessen wurde $k = 0.44$. Der von der Lorentz-Geschwindigkeitsabhängigkeit vorhergesagte Wert von k:

$$x = \frac{x' + vt'}{\sqrt{1 - \frac{v^2}{c^2}}} \rightarrow u_x = \frac{dx' + vdt'}{dt' + \frac{v}{c^2}dx'} = \frac{u_x' + v}{1 + \frac{v}{c^2}u_x'}$$

(5-10)

Betrachtet man Licht als Teilchen, so stellt der Laborbeobachter fest, dass seine Geschwindigkeit beträgt:

$$u_x = \frac{c/n + v}{1 + \dfrac{v}{c^2}\dfrac{c}{n}} \cong \frac{c}{n} + \left(1 - \frac{1}{n^2}\right)v.$$

Wasser hat $n \cong 4/3$, also:

$$u_x \cong \frac{c}{n} + (0.44)v,$$

somit Übereinstimmung mit dem 1851 durchgeführten Experiment.

Kapitel 6. Legendre-Transformation und der Hamiltonoperator

Beginnen wir mit der Lagrange-Funktion und führen eine Legendre-Transformation durch, um die Hamilton-Formulierung zu erhalten:

$$dL = \sum_i \frac{\partial L}{\partial q_i} dq_i + \frac{\partial L}{\partial \dot{q}_i} d\dot{q}_i$$

Ersetzen der Beziehung für verallgemeinerte Impulse, $p_i = \frac{\partial L}{\partial \dot{q}_i}$, und der Lagrange-Gleichungen: $F_i = \dot{p}_i = \frac{\partial L}{\partial q_i}$,

$$dL = \sum_i \dot{p}_i dq_i + p_i d\dot{q}_i.$$

Durch Umgruppieren gelangen wir zum Hamiltonoperator des Systems (wie wir ihn zuvor als die Energie bei Erhaltung des Systems betrachtet haben):

$$dH = d\left(\sum_i p_i \dot{q}_i - L \right) = -\sum_i \dot{p}_i dq_i + \dot{q}_i dp_i,$$

$$(6\text{-}1)$$

was darauf hinweist, dass , $\dot{p}_i = -\frac{\partial H}{\partial q_i}$ und $\dot{q}_i = \frac{\partial H}{\partial p_i}$.

Betrachten wir nun die gesamte Zeitableitung des Hamiltonoperators:

$$\frac{dH}{dt} = \frac{\partial H}{\partial t} + \sum_i \frac{\partial H}{\partial q_i} \dot{q}_i + \frac{\partial H}{\partial p_i} \dot{p}_i = \frac{\partial H}{\partial t}$$

$$(6\text{-}2)$$

und wenn H nicht explizit zeitabhängig ist, erhalten wir $\frac{dH}{dt} = 0$, also $H = E$ für konstante E, die erhaltene Energie des Systems.

6.1 Flächenerhaltende Abbildungen

Betrachten wir die infinitesimale Bewegung eines Objekts in Bezug auf die verallgemeinerten Koordinaten von (q_0, p_0) bis (q_1, p_1) im Phasenraum:

$$q_1 = q_0 + \delta t \dot{q}|_{q=q_0} + O(\delta t^2) = q_0 + \delta t \frac{\partial H(q_0, p_0, t)}{\partial p_0} + O(\delta t^2)$$

135

$$p_1 = p_0 + \delta t \dot{p}|_{p=p_0} + O(\delta t^2) = p_0 - \delta t \frac{\partial H(q_0, p_0, t)}{\partial q_0} + O(\delta t^2)$$

Als Koordinatentransformation betrachtet ist die Jacobi-Matrix:

$$\frac{\partial(q_1, p_1)}{\partial(q_0, p_0)} = \begin{vmatrix} \dfrac{\partial q_1}{\partial q_0} & \dfrac{\partial p_1}{\partial q_0} \\ \dfrac{\partial q_1}{\partial p_0} & \dfrac{\partial p_1}{\partial p_0} \end{vmatrix} = 1 + O(\delta t^2).$$

(6-3)

Wenn das Infinitesimale auf Null gesetzt wird, sehen wir, dass jede Strömung, die Hamiltons Gleichungen erfüllt, flächenerhaltend ist (Jacobian = 1). Das Gegenteil ist auch wahr, wenn die Strömung ein geschlossener Bereich unter der Phasenraumabbildung ist oder die Strömung flächenerhaltend ist, dann erfüllt die Strömung Hamiltons Gleichungen.

6.2 Hamiltonfunktionen und Phasendiagramme

Da der Hamiltonoperator erhalten bleibt, handelt es sich um eine Bewegung im Phasenraum entlang von Kurven mit konstantem $H = E$. Das Phasendiagramm für ein Hamiltonsystem besteht daher aus Konturen mit konstantem H, wie eine Konturkarte. Zuvor

$$L = \frac{1}{2} m \dot{q}^2 - U(q) \rightarrow E = \frac{1}{2} m \dot{q}^2 + U(q)$$

(6-4)

verwenden,

$$H = \sum_i p_i \dot{q}_i - L, \text{with } p_i = \frac{\partial L}{\partial \dot{q}_i}$$

(6-5)

Jetzt hab:

$$H(p, q) = \frac{p^2}{2m} + U(q).$$

(6-6)

Die Konturen oder Niveaukurven des Hamiltonoperators sind invariante Mengen, ebenso wie Fixpunkte. Fixpunkte im Phasenraum treten auf, wenn der Gradient des Hamiltonoperators Null ist: $\nabla H = 0$, i.e. $\partial H / \partial q = 0$, und $\partial H / \partial p = 0$. Das System befindet sich im Gleichgewicht, wenn es sich an einem Fixpunkt befindet. Daher ist die Identifizierung

136

dieser Punkte und der zugehörigen Attraktoren und Grenzzyklen für das Verständnis der Systemdynamik und des asymptotischen Verhaltens (alles wird besprochen) von Interesse.

Die folgenden Fälle 1-4 beschreiben Fälle gewöhnlicher Differentialgleichungen mit der angegebenen Stabilität. Eine vollständige Analyse entlang dieser Linien auf lokaler Ebene offenbart die verschiedenen Stabilitätstypen und allgemeinen Kriterien [31] und wird im darauffolgenden Abschnitt erörtert. Wenn eine vollständig globale Trennbarkeit erreicht werden kann, ist dies am deutlichsten im Hamilton-Jacobi-Formalismus (der ebenfalls in einem späteren Abschnitt erörtert wird).

Beginnen wir mit einer Analyse autonomer Systeme zweiter Ordnung nach dem Vorbild von [28]. Dies deckt viele interessante Systeme sowie die linearisierte (lokale) Näherung für jedes System ab. Wir beginnen mit der Beschreibung des Systems durch einen reellen Vektor $r(t)$mit 2N Komponenten bei N Freiheitsgraden und einer zugehörigen „Phasengeschwindigkeit" $\dot{r}(t) = v(t)$, die eine Vektordifferentialgleichung erster Ordnung ist. Die Ordnung ist definiert als die minimale Anzahl gekoppelter Gleichungen erster Ordnung, hier 2N.

Die Bewegungen eines Systems zweiter Ordnung können anhand der Flusslinien und Fixpunkte (sofern vorhanden) in ihrem zugehörigen $\{r(t), v(t)\}$„Phasenporträt" oder „Phasendiagramm" beschrieben werden. Dies ermöglicht eine qualitative Analyse der Eigenschaften eines Systems, wobei die in den Fällen I-VI analysierten Spezialfälle ein Verständnis der Bausteine einer solchen qualitativen Analyse vermitteln.

In Anlehnung an [28] betrachten wir zunächst Phasenraumabbildungen für spezielle Fälle niedrigster Ordnung $q$und $U(q)$beschreiben dann eine allgemeine Klasse von Potentialen, die durch Konstruktion aus diesen speziellen Fällen gewonnen werden. Betrachten wir zunächst $U(q) = aq$:

Beispiel 6.1. Fall 1 . U(q) = aq. Das gleichmäßige Kraftfeld. $aq = E - \frac{p^2}{2m}$:

, $\dot{q}_i = \frac{\partial H}{\partial p_i}$dass und $\dot{p}_i = -\frac{\partial H}{\partial q_i}$und nehmen wir an, dass $p = 0$bei $t_0$und q_0:

137

$$H(p,q) = \frac{p^2}{2m} + aq \rightarrow \dot{p}_\square = -a \quad \dot{q}_\square = \frac{p}{m}$$

Integration der Gleichungen erster Ordnung:

$$p = -a(t - t_0) \quad q = q_0 - \frac{a}{2m}(t - t_0)^2.$$

Übung 6.1. Zeigen Sie die Phasenraumkarte für den Hamiltonoperator mit Potential $U(q) = aq$ (und den Potentialgraphen). Zeigen Sie, dass es keine Fixpunkte gibt.

Beispiel 6.2. Fall 2 . $U(q) = +\frac{1}{2}aq^2$. Der lineare Oszillator. $\frac{1}{2}aq^2 + \frac{p^2}{2m} = E$ (Kreise/Ellipsen im Phasenraum):

$$H(p,q) = \frac{p^2}{2m} + \frac{1}{2}aq^2 \rightarrow \dot{p}_\square = -aq \quad and \quad \dot{q}_\square = \frac{p}{m}$$

Die daraus resultierende Bewegungsgleichung zweiter Ordnung lautet:

$$\ddot{q} = -\frac{a}{m}q = -\omega^2 q \rightarrow q = A\cos(\omega t + \delta) \rightarrow p = -m\omega A \sin(\omega t + \delta).$$

Dies ist eine klassische einfache harmonische Bewegung mit Periode $T = 2\pi/\omega$ und $E = \frac{1}{2}mA^2\omega^2$.

Übung 6.2. Zeigen Sie die Phasenraumkarte für den Hamiltonoperator mit Potential $U(q) = +\frac{1}{2}aq^2$ (zusammen mit der Potentialkurve). Zeigen Sie, dass die Niveaukurven Ellipsen sind und dass es einen elliptischen Fixpunkt bei q=0, p=0 gibt.

Beispiel 6.3. Fall 3 . $U(q) = -\frac{1}{2}aq^2$. Die lineare Abstoßungskraft (quadratische Potentialbarriere).

$$H(p,q) = \frac{p^2}{2m} - \frac{1}{2}aq^2 \rightarrow \dot{p}_\square = aq \quad \dot{q}_\square = \frac{p}{m}$$

Die daraus resultierende Bewegungsgleichung zweiter Ordnung lautet:

$$\ddot{q} = \frac{a}{m}q = \gamma^2 q \rightarrow q = Ae^{\gamma t} + Be^{-\gamma t} \rightarrow p$$
$$= m\gamma Ae^{\gamma t} - m\gamma Be^{-\gamma t}, and \; E = -2m\gamma^2 AB.$$

Bisher haben wir einen Fall ohne Fixpunkt, einen elliptischen Fixpunkt und einen hyperbolischen Fixpunkt gesehen. Dies sind einige der wichtigsten Kategorien von Interesse, aber der Vollständigkeit halber betrachten wir ein System, das durch eine Vektorfunktion der Zeit beschrieben wird und $r(t) = (q(t), p(t))$eine Vektordifferentialgleichung der Bewegung erster Ordnung erfüllt:

$$\frac{dr(t)}{dt} = (\dot{q}(t), \dot{p}(t)) = v(q, p, t)$$

Ein Punkt (q, p), an dem $v(q, p, t) = 0$, wird als Fixpunkt bezeichnet, da er das System im Gleichgewicht darstellt. Wenn wie $t \rightarrow \infty$wir haben $r(t) \rightarrow r_0$, dann $r_0$wird es als Attraktor bezeichnet. Ein starker Attraktor tritt auf, wenn eine Phasentrajektorie irgendwo in der Nähe des Attraktorpunkts $r_0$dazu führt, dass die Trajektorie sich dem Attraktor anschließt (asymptotisch zu ihm verläuft).

Die Trennung von Variablen ist im Allgemeinen möglich, ausgehend von der Theorie der gewöhnlichen Differentialgleichungen [32] und der Stabilität [31], und wird im weiteren Verlauf dieses Abschnitts zur Kategorisierung der Strömungstypen (mit oder ohne stabile Punkte) verwendet (entsprechend [28]). Eine weitere Diskussion der Trennbarkeit erfolgt in einem späteren Abschnitt, in dem die Hamilton-Jacobi-Gleichung erörtert wird [27].

Übung 6.3. Zeigen Sie die Phasenraumabbildung für den Hamiltonoperator mit Potenzial $U(q) = -\frac{1}{2}aq^2$. Zeigen Sie, dass die Niveaukurven Hyperbeln oder im entarteten Fall Geraden sind (zeigen Sie die Separatrix). Zeigen Sie, dass es einen Fixpunkt bei p=0, q=0 gibt (hyperbolisch und eindeutig instabil).

Beispiel 6.4. Fall 4 . $U(q) = cubic$. Die kubische Potentialbarriere, Phasenraumlösung konstruiert aus den Fällen 1-3:

Übung 6.4. Zeigen Sie die Phasenraumkarte für den Hamiltonoperator mit Potenzial $U(q) = cubic$(zusammen mit der Potenzialkurve).

Beispiel 6.5. Betrachten Sie den Hamiltonoperator: $H = a|p| + b|q|$, beschreiben Sie alle konsistenten Lösungen.

1. ^{Fall},$a > 0, b > 0$

Quadranten: I:$H_I = ap + bq$
II:$H_{II} = ap - bq$
Drittes Kapitel:$H_{III} = ap - bq$

139

$$\text{IV:} H_{IV} = ap + bq$$

Um die Dynamik zu erhalten, verwenden Sie Hamiltons Gleichungen:

Betrachten Sie Quadrant I: $\dot{q} = a, \dot{p} = -b$, also $q = at + a_0, p = -bt + b_0$. $q = at, p = -bt + \frac{H}{a}$ Dies ergibt also den Fluss.

2. ^{Fall}, $a < 0, b < 0$

$$\text{Quadranten:} \quad H_I = -ap - bq$$
$$H_{II} = -ap + bq$$
$$H_{III} = ap + bq$$
$$H_{IV} = ap - bq$$

$H \leq 0$ ist die einzige konsistente Lösung für $a < 0, b < 0$.

3. ^{Fall}, $a > 0, b < 0$

$H_I = ap - bq$ $\qquad$ $\frac{dp}{dq} = b/a$, $q = 0, p = \frac{H}{a}$

$H_{II} = ap + bq$ $\qquad$ $\dot{q} = a, \dot{p} = b$

$H_{III} = -ap + bq$ $\qquad$ $q = at, p = bt + \frac{H}{a}$

$H_{IV} = ap + bq$ $\qquad$ $\dot{q} = -a, \dot{p} = -b \quad \rightarrow \quad q =$

$-at, p = -bt - \frac{H}{a}$

4. ^{Fall}, $a < 0, b > 0$

$H_I = -ap + bq$ $\qquad$ $p = 0, q = \frac{H}{b}$

$H_{II} = -ap - bq$ $\qquad$ $\dot{q} = a, \dot{p} = -b$

$H_{III} = ap - bq$ $\qquad$ $q = at + a_0, p = bt +$

$b_0 \text{Wo} a_0 = 0$ $\quad b_0 = \frac{H}{b}$

$H_{IV} = ap + bq$ $\qquad$ ähnlich

Übung 6.5. Was passiert bei $(0, 0)$?

Beispiel 6.6. Betrachten Sie das Potenzial für 1D-Bewegung mit $V = -Ax^4$, $A > 0$.

$$H(x, P_x) = \frac{P_x^2}{2m} + V(x)$$

$$2mE = P_x^2 - 2mAx^4 = \left(P_x - \sqrt{2mA}x^2\right)\left(P_x + \sqrt{2mA}x^2\right)$$

Es gibt einen Fixpunkt am Ursprung, $x = P_x = 0$und die Energiekonturen bestehen aus den Parabeln $P_x = \pm\sqrt{2mA}x^2$durch diesen Fixpunkt. Die Separatrix ist die instabile Flugbahn, die durch einen instabilen Fixpunkt verläuft. Es gelten:

$$\dot{x} = \frac{\partial H}{\partial P_x} = \frac{P_x}{m} = \frac{\sqrt{2mA}x^2}{m} = \sqrt{\frac{2A}{m}}x^2$$

$$t = \frac{1}{x\sqrt{\frac{2A}{m}}} \; as \; x \to 0 \; and \; t \to \infty \; motion \; terminates.$$

Damit ist der Antrag beendet.

Übung 6.6. Was passiert, wenn$sqn(P_0X_0) = 1$? Zeigen Sie die Potenzial- und Phasendiagramme.

6.3 Wiederholung gewöhnlicher Differentialgleichungen und Klassifizierung von Fixpunkten auf lokalem, linearisiertem (separablem) Niveau

Beginnen wir damit, den Ursprung im Phasendiagramm an einen festen Punkt von Interesse zu verschieben und die Geschwindigkeitsfunktion explizit als Erweiterung der Positionsfunktion zu schreiben:

$$v(r) = Ar + O(|r|^2),$$

$$(6\text{-}7)$$

da $v(0) = 0$im Fixpunkt, wo A eine nicht-singuläre reelle Matrix ist. Nach der Notation von Percival [28] sei

$$A = \begin{pmatrix} a & b \\ c & d \end{pmatrix}.$$

$$(6\text{-}8)$$

Für ausreichend kleine $r(x, y)$erhalten wir nur den linearen Term und $\dot{r} = Ar$. Wir möchten die Matrix diagonalisieren Aund von dort aus eine standardisierte Auswertung des Fixpunktverhaltens erhalten. Um dies zu erreichen, betrachten wir die Transformation in neue Koordinaten$R(X, Y) = Mr \Rightarrow \dot{R} = BR$, wobei $B = MAM^{-1}$. Es ergeben sich drei Fälle:

Im Fall (1) sind die Eigenwerte von Breell und verschieden, in diesem Fall $\dot{X} = \lambda_1 X$, $\dot{Y} = \lambda_2 Y$also

141

$$\left(\frac{X}{X_0}\right)^{\lambda_2} = \left(\frac{Y}{Y_0}\right)^{\lambda_1}.$$

(6-9)

Wenn wir haben, $\lambda_1 < \lambda_2 < 0$ dann haben wir einen stabilen Knoten, ebenso $\lambda_2 < \lambda_1 < 0$. Wenn wir haben $\lambda_1 > \lambda_2 > 0$, dann haben wir einen instabilen Knoten, ebenso für $\lambda_2 > \lambda_1 > 0$. Wenn wir haben $\lambda_1 < 0 < \lambda_2$, haben wir einen instabilen Knoten (einen hyperbolischen Punkt); und ähnlich, aber mit umgekehrten Pfeilen, wenn $\lambda_2 < 0 < \lambda_1$.

Fall (2) die Eigenwerte von B sind reell und gleich. Es gibt zwei Unterfälle: Angenommen $b = c = 0$, dann muss haben $\lambda_1 = \lambda_2 < 0$ ($b = c = 0$) bekannt als stabiler Stern. Ebenso die $\lambda_1 = \lambda_2 > 0$ ($b = c = 0$) Fall ist der instabile Stern. Wenn dagegen , $c \neq 0$ dann haben

$$B = \begin{pmatrix} \lambda & 0 \\ c & \lambda \end{pmatrix},$$

(6-10)

mit Lösung:

$$\frac{Y}{X} = \frac{c}{\lambda}\ln\left(\frac{X}{X_0}\right)$$

(6-11)

Die Phasenkurven für diesen Fall beschreiben einen uneigentlichen Knoten, der stabil ist, wenn $\lambda_1 = \lambda_2 < 0$ ($b \neq 0\ c \neq 0$) oder ein instabiler ungeeigneter Knoten, wenn $\lambda_1 = \lambda_2 > 0$ ($b \neq 0\ c \neq 0$).

Im Fall (3) B sind die Eigenwerte von komplex und konjugiert zueinander $\lambda_1 = \alpha + i\omega = \lambda_2*$. Angenommen, die Eigenwerte sind rein imaginär ($\alpha = 0$), dann ergibt sich ein elliptischer Punkt mit Rotation im oder gegen den Uhrzeigersinn je nach Vorzeichen von ω. Angenommen $\alpha < 0$, dann haben wir einen stabilen Spiralpunkt mit Rotation entsprechend dem Vorzeichen von ω. Ebenso, wenn $\alpha > 0$, dann haben wir einen instabilen Spiralpunkt mit Rotation entsprechend dem Vorzeichen von ω.

Bisher haben wir die verschiedenen Fixpunktverhalten identifiziert. Bei Systemen erster Ordnung tendiert jede Bewegung entweder zu einem Fixpunkt oder ins Unendliche, sodass wir mit dem, was bisher beschrieben wurde, eine vollständige „Taxonomie" haben. Bei Systemen zweiter Ordnung und höher ist dies nicht unbedingt der Fall. Das explizite Beispiel des Grenzzyklus wird als Nächstes gegeben, wobei seltsame Attraktoren einem späteren Abschnitt vorbehalten bleiben, in dem wir den Übergang zum Chaos besprechen.

142

Bei unserer Identifizierung des Fixpunktverhaltens haben wir die Möglichkeit einer fixen Teilmenge übersehen, die nicht einfach ein Punkt ist. Sogar in Systemen zweiter Ordnung können diese auftreten, was zum klassischen „Grenzzyklus"-Phänomen führt. Betrachten wir hierzu den folgenden expliziten Fall, der in [28] angegeben wird. Angenommen, wir haben ein System, das in Polarkoordinaten gemäß folgender Gleichung separierbar ist:

$$\dot{r} = \alpha r(r - R), \quad R > 0, and \quad \dot{\theta} = \omega.$$

Der Kreis $r = R$ ist invariant und stellt für Bewegungen in der Umgebung des Zyklus entweder einen starken Attraktor (stabil) oder das Gegenteil dar (z. B. instabil, mit umgekehrten Strömungslinien).

$$\dot{x} = x^2 \longrightarrow \frac{dx}{dt} = x^2 \longrightarrow -x^{-1} + x_0^{-1} = t$$
$$\dot{y} = -y \longrightarrow \frac{dy}{dt} = y \longrightarrow y = y_0 e^{-t}$$

Beispiel 6.7. Instabile Spirale und stabiler Grenzzyklus.
Für kleine x_1, x_2 Systeme:
$$\dot{x}_1 = -x_2 + x_1 r(1 - r)$$
$$\dot{x}_2 = x_1 + x_2 r(1 - r)$$
$$r^2 = x_1{}^2 + x_2{}^2$$
reduziert sich auf ein lineares System mit einem Zentrum bei (0,0). Zeigen Sie, dass das nichtlineare System eine instabile Spirale bei (0,0) und einen stabilen Grenzzyklus bei r=1 hat.

Lösung
$$\dot{x}_1 = -x_2 + x_1 r(1 - r)$$
$$\dot{x}_2 = x_1 + x_2 r(1 - r)$$
$$r^2 = x_1{}^2 + x_2{}^2$$
Für (x_1, x_2) beide klein und damit klein r $(\sim x)$, haben
$$\begin{matrix} \dot{x}_1 = -x_2 \\ \dot{x}_2 = x_1 \end{matrix} \longrightarrow \begin{pmatrix} \dot{x}_1 \\ \dot{x}_2 \end{pmatrix} = \begin{pmatrix} 0 & -1 \\ 1 & 0 \end{pmatrix} \begin{pmatrix} x_1 \\ x_2 \end{pmatrix}$$
$$\lambda^2 + 1 = 0 \quad \rightarrow \quad \lambda = \pm i.$$
Das letztere Ergebnis stellt fest, dass dies ein Ellipsoidpunkt {Percival] mit Mittelpunkt bei (0,0) ist. Lassen Sie uns nun das r-Verhalten untersuchen. Beginnen wir mit der Gruppierung:
$$x_1 \dot{x}_1 + x_2 \dot{x}_2 = (x_1{}^2 + x_2{}^2)\gamma(1 - r) = r^2(1 - r).$$
Dies kann umgeschrieben werden:
$$\frac{1}{2}\frac{d}{dt}(x_1{}^2 + x_2{}^2) = \frac{1}{2}\frac{d}{dt}\dot{r}^2 = r^3(1 - r) \rightarrow \frac{dr}{dt} = r^2(1 - r).$$

Ein Grenzzyklus wird bei angezeigt $r = 1$. Zur Bestätigung

$$dt = \frac{dr}{r^2(1-r)} \ ,and \ as \ r \to 1 \ we \ get \ dt = \frac{dr}{1-r}.$$

In der Nähe von $r = 1$:

$$t = -\ln|1-r| \to \quad r = 1 \pm \exp(-t), and \ as \ t \to \infty, r$$
$$\to 1, a \ limit \ cycle.$$

Betrachten wir nun den Fall, dass r nahe Null liegt. Für r nahe Null haben wir $\dot{r} \cong r^2$ und da wir mit beginnen, $r > 0$ haben wir offensichtlich, $\dot{r} > 0$ also verläuft es spiralförmig nach außen.

Beispiel 6.8. Elliptischer Fixpunkt (siehe Percival [28], S. 41)
Zeigen Sie, dass der Ursprung ein elliptischer Fixpunkt für das System ist:

$$\dot{x}_1 = -x_2 + x_1 r^2 \sin\left(\frac{\pi}{r}\right)$$
$$\dot{x}_2 = x_1 + x_2 r^2 \sin\left(\frac{\pi}{r}\right).$$

Zeigen Sie außerdem, dass:
(a) Die Kreise r=1/n, n=1,2,…, sind Phasenkurven.
(b) Die Bahnen zwischen zwei aufeinanderfolgenden Kreisen verlaufen spiralförmig entweder vom Ursprung weg oder auf ihn zu.
(c) die Phasenkurven außerhalb von r=1 sind unbegrenzt

Lösung
Wir haben einen elliptischen Punkt mit Mittelpunkt (0,0) genau dann, $\dot{x}_1 = -x_2$ wenn $\dot{x}_2 = x_1 r$ gegen Null geht.
(a) Wenn wir r=1/n einsetzen, identifizieren wir diese Phasenkurven als konzentrische Kreise:

$$\dot{x}_1 = -x_2 + x_1 \left(\frac{1}{n}\right)^2 \sin(\pi n) = -x_2$$
$$\dot{x}_2 = x_1 + x_2 \left(\frac{1}{n}\right)^2 \sin(\pi n) = x_1$$

(b) Gruppieren der Gleichungen, um eine totale Ableitung zu erhalten:

$$x_1 \left(\dot{x}_1 = -x_2 + x_1 \ r^2 \ \sin\left(\frac{\pi}{r}\right)\right)$$
$$+x_2 \left(\dot{x}_2 = x_1 + x_2 \ r^2 \ \sin\left(\frac{\pi}{r}\right)\right)$$
$$x_1\dot{x}_1 + x_2\dot{x}_2 = (x_1^2 + x_2^2)r^2 \sin\left(\frac{\pi}{r}\right)$$

Somit haben wir:

$$\frac{1}{2}\frac{d}{dt}(x_1^2 + x_2^2) = r^4 \sin\left(\frac{\pi}{r}\right) \quad \rightarrow \quad 2r\dot{r} = 2r^4 \sin\left(\frac{\pi}{r}\right) \quad \rightarrow \quad \dot{r}$$

$$= r^3 \sin\left(\frac{\pi}{r}\right).$$

Das Vorzeichen $\dot{r}$ ändert sich gemäß: $\sin(\pi/r)$.Wenn wir gruppieren würden, um die zweite Lösung zu erhalten, würden wir sehen, dass sich die Gruppe nach innen dreht. Zwischen zwei beliebigen aufeinanderfolgenden Kreisen r=1/n wird das Vorzeichen wechseln. Somit sind die r=1/n-Kurven Grenzzyklen, $\dot{r} < 0$ wenn $\dot{r} > 0$ sie über und unter dem r=1/n-Grenzzyklus liegen.

(c) Wenn $r > 1$, dann $\sin\left(\frac{\pi}{r}\right)$ ist immer positiv, also $\dot{r}$ ist immer positiv, spiralförmig nach außen.

6.4 Lineare Systeme und der Propagator-Formalismus

Fall 4 oben ist ein Beispiel für ein nicht-autonomes System, bei dem die Geschwindigkeitsfunktion eine explizite Funktion der Zeit ist. Für ein lineares System zweiter Ordnung (möglicherweise durch Störungsnäherung, die später besprochen wird) haben wir die Gleichungen:

.

$$\frac{d\boldsymbol{r}(t)}{dt} = A(t)\boldsymbol{r}(t) + b(t).$$

(6-12)

Nehmen wir $b(t) = 0$, für das eine 2x2-matrixwertige Funktion existiert, die es uns ermöglicht, Folgendes zu schreiben:

$$\boldsymbol{r}(t_1) = \boldsymbol{K}(t_1, t_0)\boldsymbol{r}(t_0),$$

(6-13)

wobei die Matrix $\boldsymbol{K}(t_1, t_0)$ der Propagator von t_0 nach ist t_1. Beachten Sie, dass der Propagator die Chapman-Kolmogorov-Relation (die in der Informationstheorie vorkommt) erfüllt:

$$\boldsymbol{K}(t_2, t_0) = \boldsymbol{K}(t_2, t_1)\boldsymbol{K}(t_1, t_0)$$

(6-14)

Die Propagatormatrizen in dieser Darstellung müssen nicht kommutieren. Diskussionen über das Chapman-Kolmogorov- und das deFinetti-Austauschbarkeitskriterium werden in späteren Abschnitten durchgeführt (Quantenvarianten in Buch 4, Stat. Mech-Varianten in Buch 5 und informationstheoretische Fragen in Buch 9).

Zahlreiche Ergebnisse sind bequem im Propagatorformalismus zugänglich. Lassen Sie uns zunächst eine Beziehung zwischen bekannten Lösungen und der Propagatormatrix herstellen, um eine schnelle Transformation in den Propagatorformalismus zu erreichen. Nach der Diskussion von [28] beginnen wir damit, den zweielementigen Spaltenvektor als Mischung beliebiger Lösungspaare zu schreiben:

$$r(t) = c_1 r_1(t) + c_2 r_2(t).$$

Konzentrieren wir uns nun auf den Fall, in dem t_0 wir bei $r_1(t_0) = \binom{1}{0}$ und und $r_2(t_0) = \binom{0}{1}$ haben $c_2 = y(t_0){:}c_1 = x(t_0)$

$$\begin{pmatrix} x(t_1) \\ y(t_1) \end{pmatrix} = c_1 \begin{pmatrix} x_1(t_1) \\ y_1(t_1) \end{pmatrix} + c_2 \begin{pmatrix} x_2(t_1) \\ y_2(t_1) \end{pmatrix} = c_1 \begin{pmatrix} K_{11} \\ K_{21} \end{pmatrix} + c_2 \begin{pmatrix} K_{12} \\ K_{22} \end{pmatrix},$$

wobei die Matrixwerte wie angegeben gewählt werden, unter Berücksichtigung der unter gewählten Speziallösungen t_0 und um mit der endgültigen Propagatorform, die erhalten wird, konsistent zu sein:

$$\begin{pmatrix} x(t_1) \\ y(t_1) \end{pmatrix} = \begin{pmatrix} K_{11}x(t_0) \\ K_{21}x(t_0) \end{pmatrix} + \begin{pmatrix} K_{12}y(t_0) \\ K_{22}y(t_0) \end{pmatrix} = \begin{pmatrix} K_{11}x(t_0) + K_{12}y(t_0) \\ K_{21}x(t_0) + K_{22}y(t_0) \end{pmatrix}$$

$$= \begin{pmatrix} K_{11} & K_{12} \\ K_{21} & K_{22} \end{pmatrix} \begin{pmatrix} x(t_0) \\ y(t_0) \end{pmatrix}$$

Daher,

$$r(t_1) = K(t_1, t_0)r(t_0),$$

$$(6\text{-}15)$$

Betrachten Sie Fall 2 oben, wo $U(q) = +\frac{1}{2}aq^2$ (der lineare Oszillator). Die Lösungen waren:

$$q = A cos(\omega t + \delta) \quad and \quad p = -m\omega A \sin(\omega t + \delta)$$

$$(6\text{-}16)$$

Entspricht t_0, $t = 0$ dann haben wir für Lösung 1:

$$r_1(t_0) = \begin{pmatrix} x(t_0) \\ y(t_0) \end{pmatrix} = \begin{pmatrix} A cos(\delta) \\ -m\omega A \sin(\delta) \end{pmatrix},$$

$$(6\text{-}17)$$

wo wir auf die spezielle Form stoßen, die benötigt wird, wenn $\delta = 0$ und $A = 1$. Ebenso $r_2(t_0)$ wählen wir für $\delta = 90$ und $A = 1/(-m\omega)$. Somit:

$$K(t = t_1, t_0 = 0) = \begin{pmatrix} cos(\omega t) & (m\omega)^{-1} \sin(\omega t) \\ -m\omega \sin(\omega t) & cos(\omega t) \end{pmatrix}$$

146

(6-18)

Beachten Sie, dass det$K$ = 1, beschreibt also eine flächenerhaltende Abbildung, wie sie für Hamiltonsche Systeme notwendig ist. Für die K-Matrix gelten ähnliche Stabilitätsauswertungen wie zuvor für die B-Matrix, weitere Diskussionen in dieser Richtung finden sich in [28].

Kapitel 7. Chaos

In der wissenschaftlichen Literatur wird Chaos auf vielfältige Weise dargestellt (siehe [61], andere). Chaos findet sich leicht in vielen eindimensionalen Systemen, die in bestimmten Regimen eine Periodenverdoppelung aufweisen, wobei dieses Regime der Periodenverdoppelung schließlich in ein Chaosregime übergeht. Wir werden im Folgenden mehrere solcher Systeme untersuchen. Andere Wege zum Chaos, wie Intermittenz und Krisen [61], weisen bei grafischer Betrachtung Engpassbereiche in ihren iterativen Abbildungen oder zyklische halbstabile Bereiche auf, die das Auftreten von chaotischem Verhalten erklären würden. Daher werden die angeführten Chaosbeispiele insgesamt ziemlich allgemein gehalten sein.

In Abschnitt 7.1 werden wir einen allgemeinen Weg zum Chaosphänomen bei periodischer Bewegung diskutieren. Dies liegt daran, dass Chaos allgegenwärtig ist und wir mit der Konzentration auf periodische Bewegung über eine einfache mathematische Grundlage verfügen, über eine iterative Kartenformulierung, die die Identifizierung von Chaosdomänen mit Leichtigkeit ermöglicht.

Bevor wir uns jedoch dem Chaos zuwenden, wollen wir uns einen Moment lang neu formieren und überlegen, was das Gegenteil von Chaos ist, um ein wenig Perspektive zu gewinnen. Das geordnetste System ist eines, das „integrierbar" ist oder für das „Integrierbarkeit" besteht. Erinnern Sie sich daran, wie wir Erhaltungsgrößen, wie sie identifiziert wurden, verwendet haben, um die Komplexität der Differentialgleichungen zu reduzieren, beispielsweise bei der Identifizierung des Drehimpulses. Wir können Symmetrien auch als Erhaltungsgrößen darstellen (Noether- Theorem). Wenn sowohl die Bewegungskonstanten als auch die Symmetrien ausreichen, um eine vollständige Lösung der Systemgleichungen zu erhalten, dann haben wir Integrierbarkeit, wenn nicht, dann ist es nicht integrierbar. Weitere Diskussionen zur Integrierbarkeit finden Sie in [38,32,37].

Ein Beispiel dafür, wie wichtig Integrierbarkeit und Nicht-Integrierbarkeit für den Zugang zu chaotischem Verhalten sind, wird durch die Swinging Atwood's Machine (Abbildung 7.1) [79] vermittelt:

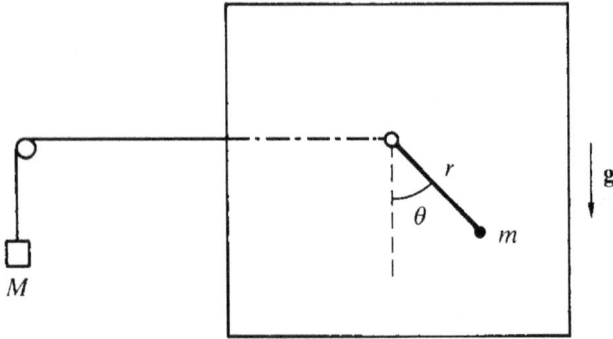

Abbildung 7.1.

Der Hamiltonoperator ist

$$H = \frac{p_r^2}{2m(1 + \mu)} + \frac{p_\theta^2}{2mr^2} + mgr(\mu - \cos\theta), \quad \mu = \frac{M}{m},$$

(7-1)

und die Bewegung ist im Allgemeinen nicht integrierbar, da H normalerweise die einzige Konstante der Bewegung ist.

Im Fall $\mu > 1$ ist die Bewegung von m immer durch eine Kurve der Nullgeschwindigkeit (p = 0) begrenzt, d.h.
Ellipse, deren Form vom Massenverhältnis μ und der Energie H abhängt .

Wenn $\mu \leq 1$, unterliegt die Bewegung keiner Energiebeschränkung und die Masse M läuft schließlich über die Rolle.

Das System ist integrierbar im Fall $\mu = 3$! In diesem Spezialfall gibt es eine zweite Erhaltungsgröße, gegeben durch

$$J = \frac{p_\theta}{4m}\left(p_r \cos\frac{\theta}{2} - \frac{2p_\theta}{r} \sin\frac{\theta}{2}\right) + mgr^2 \sin\frac{\theta}{2} \cos^2\frac{\theta}{2}.$$

(7-2)

wobei $J = 0$. Bei $\mu = 3$ ist die Bewegung vollkommen geordnet. Bei allen anderen Massenverhältnissen gibt es Bereiche chaotischer Bewegung.

7.1. Allgemeiner Pfad zum Chaosphänomen: Periodische Bewegung →Iteratives →Kartenchaos

Nehmen wir an, dass ein untersuchtes lineares System $dr(t)/dt = A(t)r(t)$ bei geeigneter Wahl der Zeit Parameter hat, die periodisch in der Zeit sind: $A(t + T) = A(t)$ für alle t. Wenn wir den Propagator durch eine solche Periode T betrachten, haben wir bei geeigneter Wahl des Zeitursprungs den Propagator $K = K(T, 0) =$. $K(nT, (n - 1)T)$ Betrachten wir nun den Propagator für nT Schritte in der Zeit (und verwenden Sie die Chapman-Kolmogorov-Beziehung), um zu erhalten: $K(nT, 0) = K^n.$

(7-3)

Aus der obigen Gleichung können wir ersehen, dass Systeme mit zeitabhängigen Parametern, die zeitlich periodisch sind, der Propagator, $K(t, 0)$ die Eigenschaft haben, dass er zu bestimmten späteren Zeitpunkten, nT lediglich durch wiederholte Ausbreitungen durch den Periodenpropagator bestimmt werden kann K. Wenn man bedenkt, dass der Periodenpropagator eine lineare Abbildung ist (und für Hamiltonsche Systeme flächenerhaltend), deutet dies darauf hin, dass ein Großteil des zukünftigen Verhaltens (stabil oder nicht) eines Systems mit periodischen Parametern durch die Verhaltensklassen unter wiederholten Periodenpropagatorabbildungen bestimmt werden kann. Mit anderen Worten, das Verhalten des Systems wird größtenteils auf die Analyse des Verhaltens seiner iterierten Periodenausbreitungsabbildung reduziert.

Betrachten wir nun die formale Definition einer „Abbildung" im Sinne eines Systems mit diskreter Zeit. Die diskrete Zeit könnte auf die Definition der Daten (eine Folge von jährlichen Messwerten) oder auf die Periodizität (bei Messungen mit periodischer Abtastung) oder auf eine Vielzahl anderer Gründe zurückzuführen sein. Beschreiben wir das System mit einem realwertigen Vektor $r(t)$, jetzt mit n Komponenten, und nehmen wir für das Szenario mit diskreter Zeit und Abbildung an, dass $r(t + 1) = F(r(t), t)$, wobei F die Abbildungsfunktion (eine vektorwertige Funktion) des Phasenraums auf sich selbst ist. Für Abbildungsfunktionen, die nicht explizit zeitabhängig sind, erhalten wir die Notation $r_{t+1} = F(r_t)$. Daher ist der Abbildungsformalismus für lineare Differentialgleichungen sehr natürlich, wenn es periodische Geschwindigkeitsfunktionen gibt (z. B. $dr(t)/dt = A(t)r(t)$ mit $(t + T) = A(t)$). Die Bedingung einer periodischen Geschwindigkeitsfunktion scheint in dieser Hinsicht sehr mächtig zu sein, und wenn wir die Bedingung der Linearität lockern, stellen wir fest, dass das iterative Abbildungsergebnis immer noch gilt.

Betrachten Sie $dr(t)/dt = v(r,t)$ mit $v(r, t + T) = v(r, t)$ im Allgemeinen (nicht linear). Beim ersten diskreten Zeitschritt, t=1, haben wir $r(1) = F(r(0))$ durch die Definition der eingeführten Abbildung. Wir sehen dann, dass $dr(t + 1)/dt = v(r(t + 1), t)$, also $r(2) = F(r(1))$ mit derselben Abbildungsfunktion, und durch Induktion $r_{t+1} = F(r_t)$ im Allgemeinen haben muss. Mit anderen Worten können sowohl autonome als auch nicht-autonome Systeme, wenn sie periodische Geschwindigkeitsfunktionen haben, durch eine Abbildungsfunktion beschrieben werden, die einem autonomen System mit diskreter Zeit zugeordnet ist. Dies führt zu einem zweistufigen Prozess zum Lösen von Differentialgleichungen: (1) Bestimmen Sie die Abbildungsfunktion F aus der Untersuchung der Lösung während einer Bewegungsperiode (von t=0 bis t=1); (2) Bestimmen Sie das Lösungsverhalten durch wiederholte Anwendung der Abbildungsfunktion. Daraus sehen wir, dass chaotisches Systemverhalten allgegenwärtig ist. Sogar einfache Hamiltonsysteme mit einem Freiheitsgrad können Chaos aufweisen, oder einfache *konservative* Hamiltonsysteme mit 2 oder mehr Freiheitsgraden. Tatsächlich besteht bei Systemen mit begrenzter Bewegung ein erheblicher Teil des Phasenraums aus Phasenpunkten, die chaotischer Bewegung unterliegen.

Im Beispiel des zwangsgedämpften Pendels, das als nächstes beschrieben wird (ein einfaches Hamiltonsches System), werden wir chaotische Bewegung unter allgemeinen Umständen vorfinden. Mit anderen Worten werden wir sehen, dass chaotisches Verhalten (genau zu definieren) ein „normales" Ergebnis ist, wenn die perturbativen Grenzen eines Systems überschritten werden oder selbst wenn es sich innerhalb eines perturbativen Bereichs befindet, wenn der Parameterraum die „Chaosphase" des Systems vorantreibt. Die letztere Beschreibung einer „Phase" des Chaos in einem gegebenen Parameter ist genau, da der Parameter, der in eine Chaosphase (klassische, aber indeterministische Bewegung) für das System eintritt, diese Chaosphase verlassen und in einen Bereich klassischer deterministischer Bewegung zurückkehren kann (und zurück und zurück). Dieses letztere Verhalten ist in Systemen erster und zweiter Ordnung universell [19] und beschreibt eine Reihe universeller Parameter für klassische Systeme am „Rand des Chaos". In [45] werden wir sehen, dass die maximale Emanation/Ausbreitung von Informationen am Rand des Chaos liegt.

7.2 Chaos und das gedämpfte angetriebene Pendel
Bisher wurde der Pendelschwinger für kleine Schwingungen durch den klassischen Federschwinger (lineare Rückstellkraft) angenähert, wobei

die Differentialgleichung für die erzwungene Schwingung mit Dämpfung lautete (reale Form):

$$\ddot{x} + 2\lambda\dot{x} + \omega^2 x = \left(\frac{F}{m}\right)\cos\gamma t,$$

(7-4)

für die wir die Lösungen gefunden haben:

$$x(t) = a\exp(-\lambda t)\cos(\omega t + \alpha) + b\cos(\gamma t + \delta),$$

(7-5)

Wo

$$b = \frac{F}{m\sqrt{(\omega^2 - \gamma^2)^2 + (2\lambda\gamma)^2}}, \qquad \tan\delta = \frac{(2\lambda\gamma)}{(\omega^2 - \gamma^2)}.$$

(7-6)

Wenn wir zur Berechnung nicht die Kleinwinkelnäherung verwenden $\sin x \cong x$ und davon ausgehen, dass der Pendeldraht steif ist (also ein Pendelstab), erhalten wir:

$$\ddot{x} + 2\lambda\dot{x} + \omega^2\sin x = \left(\frac{F}{m}\right)\cos\gamma t.$$

(7-7)

Betrachten wir dies nun anhand der Studie von [34]. Ändern wir zunächst die Variablen und normalisieren wir insgesamt so, dass $\omega = 1$:

$$\ddot{\theta} + \frac{1}{q}\dot{\theta} + \sin\theta = \alpha\cos\gamma t.$$

(7-8)

Mit der Notation von [34] haben wir $\omega = \dot{\theta}$, nicht zu verwechseln mit der vorherigen ω, um drei unabhängige Gleichungen erster Ordnung zu erhalten:

(1) $\dot{\omega} = -\omega/q - \sin\theta + \alpha\cos\varphi$, wobei q der Qualitätsfaktor ist.
(2) $\dot{\theta} = \omega$
(3) $\dot{\varphi} = \gamma$

An diesem Punkt haben wir die beiden allgemeinen Bedingungen für die Existenz chaotischer Lösungsbereiche erfüllt:

(1) Das System hat drei oder mehr dynamische Variablen.
(2) Die Bewegungsgleichungen enthalten nichtlineare Kopplungsterme.

Für unser Problem ist Bedingung (2) mit den Kopplungstermen sin θ und erfüllt α cos φ. Aus [34] folgt für den Fall $q = 2$, dass wir das folgende Verhalten erhalten, wenn wir die Antriebsamplitude erhöhen α:

(1) $\alpha = 0.5$ das mäßig angetriebene Pendel, das, sobald es einen stationären Zustand erreicht hat, das periodische Verhalten eines einfachen Pendels aufweist (die Flugbahn ist ein Grenzzyklus und daher asymptotisch ein Zyklus wie bei einem einfachen Pendel).
(2) $\alpha = 1.07$ das Pendel, dessen Flugbahn in seinem Phasendiagramm eine doppelte Schleife aufweist, allerdings mit der Besonderheit, dass seine Flugbahn in einem Konfigurationsdiagramm noch keine Schleife vollendet hat, obwohl Schwingungen von über 180 Grad möglich sind.
(3) $\alpha = 1.15$ Die Pendelbewegung hat keinen stationären Zustand, sie ist chaotisch, ihr Phasendiagramm weist jedoch eine Struktur auf, die am besten durch einen Poincaré-Abschnitt dargestellt werden kann (der die Position in Vielfachen der Periode der erzwungenen Schwingung verfolgt). Bei chaotischer Bewegung ist die Struktur der Poincaré-Abschnitte (Phasenraumtrajektorien) *selbstähnlich*, wodurch eine präzise fraktale Dimension für die chaotische Bewegung bestimmt werden kann [34].
(4) $\alpha = 1.35$ Das Pendel vollführt nun eine Schleife im Konfigurationsraum (Realraum).
(5) $\alpha = 1.45$ Das Pendel vollführt nun zwei Schleifen im Konfigurationsraum (Realraum).
(6) $\alpha = 1.50$ ist die Pendelbewegung chaotisch

Wie interpoliert man zwischen den obigen Beobachtungen? Wo verläuft die Grenze zwischen Systemen mit stationärem Zustand und solchen ohne (chaotisch). Dies lässt sich am einfachsten im sogenannten Bifurkationsdiagramm darstellen (siehe Abbildung 7.2). Im Bifurkationsdiagramm zeigen die über einen Bereich von Antriebsschwingungen von bis beobachteten Momentanfrequenzen $\alpha = 1$ ein $\alpha = 1.50$ klares Periodenverdopplungsverhalten, das sich bei Annäherung an einen Chaosbereich schnell vervielfacht (Details folgen).

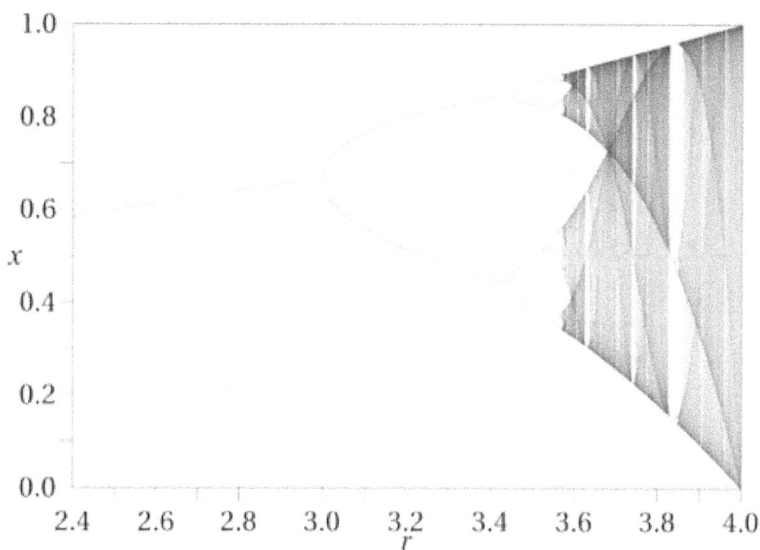

Abbildung 7.2. Bifurkationsdiagramm für logistische Karte: $x_{n+1} = rx_n(1 - x_n)$[80].

Das Bifurkationsdiagramm erfasst den Übergang von einem Systemverhalten mit stationärem Zustand zu einem chaotischen Verhalten am deutlichsten. Das vorherige Pendelsystem ist allgegenwärtig, aber die Erzeugung präziser numerischer Ergebnisse damit ist zeitaufwändig, wenn nur das universelle Verhalten chaotischer Systeme nachgewiesen werden soll. Dies liegt daran, dass der Übergang mit Periodenverdoppelung zum Chaos ein charakteristisches Merkmal sowohl dynamischer Systeme zweiter Ordnung als auch dynamischer Systeme erster Ordnung ist, deren iterative Abbildungen (Poincaré-Abschnitte) Funktionen vorheriger Abbildungspositionen mit einfachen Maxima beinhalten [19]. Allgemeine Bedingungen dafür, wann ein dynamisches System mit spezifischer Abbildungsabhängigkeit zu chaotischem Verhalten führt, wurden von [19] bewiesen, wobei auch universelle Konstanten aufgedeckt wurden (Details folgen). Anstatt mit einer komplexen Auswertung bei jedem Schritt des Poincaré-Abschnitts für beispielsweise das Pendel zu arbeiten, untersuchen wir das Abbildungs- und Bifurkationsdiagramm in Abbildung 7.2, das sich für die viel einfachere logistische Abbildung erster Ordnung ergibt, deren Schlüsselkonstanten jedoch angeblich universell sind und daher auf diese Weise leichter ausgewertet werden können. Hier ist die

155

Zusammenfassung aus [34]: „Durch Variation des Parameters r wird folgendes Verhalten beobachtet:

- Bei r zwischen 0 und 1 wird die Population letztendlich aussterben, unabhängig von der ursprünglichen Population.

- Bei *einem r-Wert* zwischen 1 und 2 nähert sich die Population schnell dem Wert $r - 1 / r$, unabhängig von der ursprünglichen Population.

- Bei r zwischen 2 und 3 nähert sich die Population schließlich ebenfalls dem gleichen Wert $r - 1 / r$, schwankt aber zunächst einige Zeit um diesen Wert. Die Konvergenzrate ist linear, außer bei $r = 3$, wo sie dramatisch langsam und weniger als linear ist (siehe Bifurkationsgedächtnis).

- Bei r zwischen 3 und $1 + \sqrt{6} \approx 3{,}44949$ nähert sich die Population permanenten Schwingungen zwischen zwei Werten. Diese beiden Werte sind von r *abhängig* und

  gegeben durch   .

- Bei *einem r-Wert* zwischen 3,44949 und 3,54409 (ungefähr) nähert sich die Population bei fast allen Anfangsbedingungen permanenten Schwingungen zwischen vier Werten. Die letztere Zahl ist eine Wurzel eines Polynoms 12. Grades (Folge A086181 im OEIS).

- Wenn r über 3,54409 hinaus ansteigt, nähert sich die Population bei fast allen Anfangsbedingungen Schwingungen zwischen 8 Werten, dann 16, 32 usw. Die Längen der Parameterintervalle, die Schwingungen einer bestimmten Länge ergeben, nehmen schnell ab; das Verhältnis zwischen den Längen zweier aufeinanderfolgender Bifurkationsintervalle nähert sich der Feigenbaum-Konstante $\delta \approx 4{,}66920$. Dieses Verhalten ist ein Beispiel für eine Periodenverdopplungskaskade.

- Bei $r \approx 3{,}56995$ (Sequenz A098587 im OEIS) beginnt das Chaos am Ende der Periodenverdopplungskaskade. Bei fast allen Anfangsbedingungen sehen wir keine Schwingungen mit endlicher Periode mehr. Leichte Abweichungen in der Anfangspopulation führen im Laufe der Zeit zu dramatisch unterschiedlichen Ergebnissen, ein Hauptmerkmal des Chaos.

156

- Die meisten Werte von r über 3,56995 weisen chaotisches Verhalten auf, aber es gibt immer noch bestimmte isolierte Bereiche von r, die nicht chaotisches Verhalten zeigen; diese werden manchmal als *Inseln der Stabilität* bezeichnet. Beginnend bei $1 +$ (ungefähr 3,82843) gibt es beispielsweise $\sqrt{8}$ einen Bereich von Parametern r, die eine Schwingung zwischen drei Werten zeigen, und bei etwas höheren Werten von r eine Schwingung zwischen 6 Werten, dann 12 usw."

Wenn die erste Bifurkation für auftritt $\mu = \mu_1$ und die zweite für $\mu = \mu_2$, dann ist es möglich, nach Feigenbaum [19] eine universelle Konstante F zu definieren:

$$F = \lim_{k \to \infty} \frac{\mu_k - \mu_{k-1}}{\mu_{k+1} - \mu_k} = 4.66920160910299 \ldots,$$

(7-9)

wobei dies bemerkenswerterweise ein universelles Verhalten für alle Abbildungen mit quadratischem Maximum ist. Mit anderen Worten, für eine einfache (reelle) quadratische Abbildung oder eine komplexe quadratische Abbildung (Generator der Mandelbroit- Menge [35]) erhalten wir genau dieselbe Konstante aus ihren Bifurkationsabbildungen, basierend auf der Parametrisierung ihrer Bifurkationsereignisse. Ähnlich:

Quadratische Maximumkarte: $x_{n+1} = a - x_n^2$ hat $\lim_{k \to \infty} \frac{a_k - a_{k-1}}{a_{k+1} - a_k} = F$.

Komplexe quadratische Maximum-Abbildung Mandelbroit):
$z_{n+1} = c + z_n^2$ hat $\lim_{k \to \infty} \frac{c_k - c_{k-1}}{c_{k+1} - c_k} = F$.

7.3 Der besondere Wert C_∞

Für die komplexe quadratische Abbildung wird die tatsächliche Asymptote für den c-Wert am „Rand des Chaos" als bezeichnet C_∞ und hat den Wert $C_\infty = -1.401155189 \ldots$. Die Konstante ist auch als Myrberg-Konstante bekannt [36]. Die Myrberg-Konstante, $|C_\infty| = 1.401155189 \ldots$ die hier und in [45] einfach als bezeichnet wird, wird in den Diskussionen eine wichtige Rolle spielen. C_∞

Beispiel 7.1. Betrachten wir eine weitere 1D-Abbildung, die kontinuierlich differenzierbar ist und ein einziges Maximum auf dem

157

Intervall $(0,1)$ hat: $f(x) = \left(\frac{A}{\pi}\right) \sin \pi x$, sodass wir die iterative Beziehung haben:

$$x_{n+1} = \left(\frac{A}{\pi}\right) \sin \pi x_n$$

(7-10)

Am ersten Verzweigungspunkt haben wir

$$x_{n+2} = \left(\frac{A}{\pi}\right) \sin \pi \left(\left(\frac{A}{\pi}\right) \sin \pi x_n\right) = x_n$$

Lassen Sie uns eine Skizze des Bifurkationsdiagramms erstellen, das sich aus den Berechnungsergebnissen ergibt:

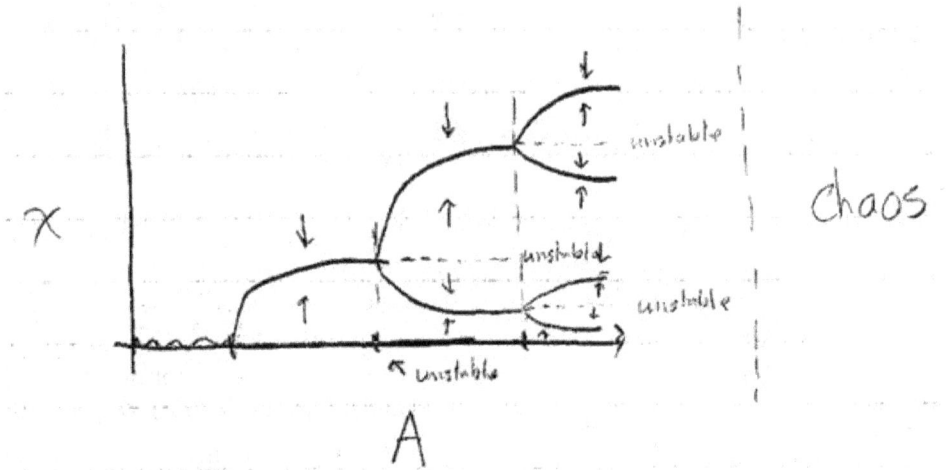

Die Werte von A mit den angegebenen Verzweigungen lauten:

$a_0 = 1$
$a_1 = 2.253804$
$a_2 = 2.614598$
$a_3 = 2.696126$
$a_4 = 2.714118$
$a_5 = 2.718112$

Die Feigenbaum-Zahl:

$$F = \lim_{j\to\infty} \frac{a_j - a_{j-1}}{a_{j+1} - a_j} \cong \frac{a_4 - a_3}{a_5 - a_4} = 4.505$$

(7-11)

Übung 7.1. Wiederholen Sie die obige Analyse für eine andere 1D-Karte, die kontinuierlich differenzierbar ist und ein einzelnes Maximum im Intervall $(0,1)$ aufweist.

Beispiel 7.2. Bewerten Sie mithilfe analytischer Methoden die Fixpunkte der Periode 1, 2, … der Standardkarte:
$$R \longrightarrow R + \varepsilon \sin \theta$$
$$\theta = \theta + R + \varepsilon \sin \theta$$
Betrachten Sie die Fixpunkte der Periode 1, bei denen die Abbildung anzeigt
$$R_1 = R_0 + \varepsilon sin\theta_0 \quad \text{and} \quad \theta_1 = R_0 + \theta_0 + \varepsilon sin\theta_0$$
während die 1-Periode anzeigt: $R_1 = R_0$ $\;and\;$ $\theta_1 = \theta_0$, mit Winkelgleichheit bis zu einer Differenz von $2m\pi$. Somit gilt:
$$sin\theta_0 = 0 \longrightarrow \theta_0 = n\pi, \;\; n = 0,1,2, \ldots.$$
Beachten Sie, dass es für jede Lösung $\theta_0 = n\pi$ der Sinusfunktion immer noch eine Lösung $\theta_0 = n\pi + 2m\pi$ aus Mehrwertigkeit gibt. Dies ist nützlich, wenn Sie Lösungen für Folgendes in Betracht ziehen $\theta_1 = R_0 + \theta_0$:
$$R_0 = 2n\pi,$$
(nicht einfach $R_0 = 0$). Somit sind die Fixpunkte in Periode 1: $\{\; \theta_0 = n\pi,\; R_0 = 2n\pi\}$.
Betrachten wir nun die Fixpunkte der Periode 2:
$$R_2 = R_1 + \varepsilon sin\theta_1 = R_0 + \varepsilon sin\theta_0 + \varepsilon \sin(R_0 + \theta_0 + \varepsilon sin\theta_0)$$
$$\theta_2 = R_1 + \theta_1 + \varepsilon sin\theta_1$$
$$= 2(R_0 + \varepsilon sin\theta_0) + \theta_0 + \varepsilon \sin(R_0 + \theta_0 + \varepsilon sin\theta_0)$$
$$R_2 = R_0 \;\; \rightarrow \;\; sin\theta_0 + \sin(R_0 + \theta_0 + \varepsilon sin\theta_0) = 0 \;\; \rightarrow \;\; \theta_0 =$$
$$n\pi \;\; and \;\; R_0 = n\pi \;\; or \;\; R_0 = 2n\pi$$
$$\theta_2 = \theta_0 \;\; \rightarrow \;\; 2(R_0 + \varepsilon sin\theta_0) + \varepsilon \sin(R_0 + \theta_0 + \varepsilon sin\theta_0) = 0 \;\; \rightarrow \;\; R_0$$
$$= n\pi \;\; indicated.$$
Somit lauten die Fixpunkte in Periode 2: $\{\; \theta_0 = n\pi,\; R_0 = n\pi\}$.

Betrachten wir nun die Fixpunkte der Periode 3:
$$R_3 = R_2 + \varepsilon sin\theta_2$$
$$= R_0 + \varepsilon sin\theta_2 + \varepsilon sin(R_0 + \theta_0 + \varepsilon sin\theta_0)$$
$$+ \varepsilon sin[2R_0 + \theta_0 + \varepsilon \sin(R_0 + \theta_0)]$$
Wieder einmal haben wir $\theta_0 = n\pi$.
$$\theta_3 = R_2 + \theta_2 + \varepsilon sin\theta_2$$
$$= 3(R_0 + \varepsilon sin\theta_0) + 2\varepsilon \sin(R_0 + \theta_0 + \varepsilon sin\theta_0) + \theta_0$$
$$+ \varepsilon sin[2(R_0 + \varepsilon sin\theta_0) + \theta_0 + \varepsilon \sin(R_0 + \theta_0)]$$
$$\theta_3 = \theta_0:$$
$$0 = 3R_0 + 2\varepsilon \sin(R_0 + \theta_0) + \varepsilon sin[2R_0 + \theta_0 + \varepsilon sin(R_0 + \theta_0)].$$
Somit lauten die Fixpunkte in Periode 3: $\{\; \theta_0 = n\pi,\; R_0 = 2n\pi\}$, und nun ist das Muster deutlich:
$$\text{Gerade Punkte haben Fixpunkte bei: } \{\; \theta_0 = n\pi,$$
$$R_0 = n\pi\}.$$

Ungerade Perioden haben Fixpunkte bei: $\{\,\theta_0 = n\pi,\ R_0 = 2n\pi\}$.

Übung 7.2. Versuchen Sie

$$R \longrightarrow R + \varepsilon[x(1-x)]$$
$$x = x + R + \varepsilon[x(1-x)]$$

Kapitel 8. Kanonische Koordinatentransformationen

Zuvor haben wir gezeigt, dass eine infinitesimale Bewegung eines Objekts in Bezug auf die verallgemeinerten Koordinaten, die im Phasenraum von (q_0, p_0) nach verläuft (q_1, p_1), mit dem Hamiltonoperator des Systems beschrieben werden kann. Die durch den Hamiltonoperator induzierte Koordinatentransformation ist „kanonisch", da ihre Jacobi-Matrix 1 ist (die flächenerhaltende Eigenschaft kanonischer Transformationen):

$$\frac{\partial(q_1, p_1)}{\partial(q_0, p_0)} = 1$$

(8-1)

Betrachten wir nun die allgemeine Klasse solcher kanonischer Koordinatentransformationen. Lassen Sie die Anfangskoordinaten $\{ q_a, p_a \}$ für sein $a = 1, 2, \ldots, n$. Lassen Sie die transformierten Koordinaten $\{ Q_a, P_a \}$ sein (wobei $a = 1, 2, \ldots, n$), und wir haben die Transformationsrelationen:

$$q_a = q_a(\{Q_a, P_a\}; t) \ and \ p_a = p_a(\{Q_a, P_a\}; t)$$

(8-2)

Wie allgemein können wir einen Ausdruck für die neuen Koordinaten $\{ Q_a, P_a \}$ erhalten? Schreiben wir zunächst das Hamilton-Prinzip von vorhin auf (ohne Indizes):

$$S(q, \dot{q}) = \int_{t_1}^{t_2} L(q, \dot{q}, t) dt \ ; \ \delta S$$

$$= \left[\frac{\partial L}{\partial \dot{q}} \delta q \right]_{t_1}^{t_2} + \int_{t_1}^{t_2} \left[\left(\frac{\partial L}{\partial q} \right) - \frac{d}{dt} \left(\frac{\partial L}{\partial \dot{q}} \right) \right] \delta q \, dt$$

in Bezug auf den Hamiltonoperator und die Aktion in einem modifizierten Hamiltonprinzip (mit ausgedrückten Indizes):

$$S(q_a, p_a) = \int_{t_1}^{t_2} \sum_a p_a \dot{q}_a - H(q_a, p_a, t) dt \; ; \quad \delta S$$

$$= \int_{t_1}^{t_2} \left[\sum_a \delta p_a \dot{q}_a + p_a \delta \dot{q}_a - \delta H(q_a, p_a, t) \right] dt$$

Wie beim Lagrange-Operator leisten die Gesamtzeitableitungen aufgrund der festen Endpunkte keinen Beitrag (die Lockerung dieser Bedingung wird später untersucht). Daher kann die Variation der Aktion wie folgt umgeschrieben werden:

$$\delta S = \int_{t_1}^{t_2} \left[\sum_a \delta p_a [\dot{q}_a - \frac{\partial H}{\partial p_a}] + \delta q_a [-\dot{p}_a - \frac{\partial H}{\partial q_a}] \right] dt$$

(8-3)

was zu den Hamilton-Gleichungen führt, wenn $\delta S = 0$:

$$\dot{q}_a = \frac{\partial H}{\partial p_a} \quad and \quad \dot{p}_a = -\frac{\partial H}{\partial q_a}.$$

(8-4)

Um Hamiltons Bewegungsgleichungen in den neuen Variablen beizubehalten, müssen wir also vermutlich in der Lage sein, auszudrücken

$$\sum_a p_a \dot{q}_a - H(q_a, p_a, t)$$

$$= \sum_a P_a \dot{Q}_a - \tilde{H}(Q_a, P_a, t) + \{total\ time\ derivative\}$$

(8-5)

In [25] werden die vier Typen von Generatorfunktionen für die Gesamtzeitableitung kanonischer Transformationen beschrieben, mit Abhängigkeit von den alten und neuen kanonischen Variablen gemäß { qQ }, { q,P }, { p,Q }. { p,P } (dieselbe generierende Funktion muss nicht für alle Variablen verwendet werden, was zu einer gemischten Analyse führt, ähnlich wie bei der Routhian- Analyse einige Variablen als Lagrange-Funktion und andere als Hamilton-Funktion beschrieben werden). Die Aufzählung der verschiedenen Fälle erfolgt ausführlich in [25] und wird hier nicht durchgeführt. Um einen bestimmten Fall zu betrachten, betrachten wir die Transformgeneratorfunktion vom Typ { qQ } und analysieren die kanonischen Transformationen, die sie erzeugen kann (gemäß den Konventionen von [29]). Insbesondere Variationen von:

$$\sum_a P_a \dot{Q}_a - \tilde{H}(Q_a, P_a, t) + \frac{d}{dt}F(q_a, Q_a, t),$$

(8-6)

was wie erwartet die Hamilton-Gleichung für die neuen Variablen ergibt:

$$\dot{Q}_a = \frac{\partial \tilde{H}}{\partial P_a} \quad and \quad \dot{P}_a = -\frac{\partial \tilde{H}}{\partial Q_a}.$$

(8-7)

Wenn wir nun die verschiedenen partiellen Ableitungen nehmen, um die gesamte Zeitableitung neu zu schreiben, können wir Konsistenz mit den obigen Hamiltongleichungen erreichen, wenn:

$$p_a = \frac{\partial}{\partial q_a}F(q_a, Q_a, t),$$

$$P_a = -\frac{\partial}{\partial Q_a}F(q_a, Q_a, t), \quad \tilde{H}(Q_a, P_a, t)$$

$$= H(q_a, p_a, t) + \frac{\partial}{\partial t}F(q_a, Q_a, t)$$

(8-8)

Somit bietet die Aktionsbeschreibung in einem modifizierten Hamilton-Prinzip eine bemerkenswerte Flexibilität bei der Wahl äquivalenter Darstellungen der Bewegung. Am einfachsten ist eine Situation, in der die neuen Koordinaten zyklisch sind ($\dot{Q}_a = 0 \quad and \quad \dot{P}_a = 0$), und genau das wird in der Hamilton-Jacobi-Theorie getan, die im nächsten Abschnitt beschrieben wird.

8.1 Die Hamilton-Jacobi-Gleichung

Mithilfe der Herleitung und Notation von [29] gibt es nun einen einfachen Weg, um zur sogenannten Hamilton-Jacobi-Theorie zu gelangen. Die Idee ist, eine Transformation zu haben, bei der die Koordinaten zyklisch sind. Bevor man jedoch mit der kanonischen Transformation beginnt, ist es hilfreich, von der Funktion $F(q_a, Q_a, t)$zu einer neuen Funktion zu wechseln, die mit bezeichnet wird $S(q_a, P_a, t)$, und zwar mithilfe einer Legendre-Transformation. Diese neue Funktion für die Bedingung zyklischer Koordinaten ist die Aktion, wie Szuvor mit bezeichnet. Betrachten wir also zunächst die Legendre-Transformation (funktioniert hier, da alle Oberflächenterme aufgrund fester Randbedingungen Null sind):

$$F(q_a, Q_a, t) = -\sum_a P_a Q_a + S(q_a, P_a, t)$$

(8-9)

163

Erstens ist das Differential per Definition in Bezug auf seine abhängigen Variablen:

$$dF = \sum_a (\frac{\partial F}{\partial q_a} dq_a + \frac{\partial F}{\partial Q_a} dQ_a) + \frac{\partial F}{\partial t} dt$$

$$= \sum_a (p_a dq_a - P_a dQ_a) + \frac{\partial F}{\partial t} dt$$

aber von oben habe auch:

$$dF = - \sum_a (P_a dQ_a + dP_a Q_a) + dS$$

(8-10)

Daher,

$$dS = \sum_a (p_a dq_a + Q_a dP_a) + \frac{\partial F}{\partial t} dt,$$

(8-11)

wo wir sehen können, dass die funktionale Abhängigkeit tatsächlich ist $S(q_a, P_a, t)$. Wenn wir die folgenden Beziehungen per Definition für die partielle Ableitung nehmen:

$$p_a = \frac{\partial}{\partial q_a} S(q_a, P_a, t),$$

$$Q_a = \frac{\partial}{\partial P_a} S(q_a, P_a, t), \quad \frac{\partial}{\partial t} S(q_a, P_a, t) = \frac{\partial}{\partial t} F(q_a, Q_a, t)$$

(8-12)

wir erhalten dann:

$$\tilde{H}(Q_a, P_a, t) = H(q_a, p_a, t) + \frac{\partial}{\partial t} S(q_a, P_a, t)$$

(8-13)

Alle $S(q_a, P_a, t)$ oben genannten Partiale erzeugen durch Konstruktion eine kanonische Transformation. Wählen wir nun eine kanonische Transformation mit , $S(q_a, P_a, t)$ sodass $\tilde{H}(Q_a, P_a, t) = 0$, da $\tilde{H}$ dabei keine Abhängigkeit von besteht Q_a und P_a es sich um zyklische Koordinaten handelt. In diesem Fall erhalten wir:

$$0 = H(q_a, p_a, t) + \frac{\partial}{\partial t} S(q_a, P_a, t) = H\left(q_a, \frac{\partial S}{\partial q_a}, t\right) + \frac{\partial}{\partial t} S(q_a, P_a, t)$$

und da Q_a und P_a Konstanten der Bewegung sind, erhalten wir die Hamilton-Jacobi-Gleichung:

$$H\left(q_a, \frac{\partial S}{\partial q_a}, t\right) + \frac{\partial}{\partial t} S(q_a, t) = 0$$

(8-14)

Dies ist eine partielle Differentialgleichung erster Ordnung, die durch die Einführung von (n+1) Integrationskonstanten ($\{c_a\}$ and S_0) gelöst werden kann:

$$S = S(q_a, c_a, t) + S_0$$

Wenn wir die Konstanten $\{c_a\}$als Konstanten wählen $\{P_a\}$, kehren wir zur klassischen Form der Lösung zurück, die als Hamiltons Hauptfunktion bekannt ist:

$$S = S(q_a, P_a, t) + S_0$$

(8-15)

Wo

$$p_a = \frac{\partial}{\partial q_a} S(q_a, P_a, t), \qquad Q_a = \frac{\partial}{\partial P_a} S(q_a, P_a, t).$$

(8-16)

Der Grund, warum diese Form von Bedeutung ist, liegt in der letzteren Beziehung. Da $\{P_a\}$und $\{Q_a\}$Konstanten der Bewegung sind, ist es invertierbar, eine Beschreibung der Bewegung zu geben, die nur eine Funktion der Zeit ist:

$$q_a = q_a(\{Q_a\}, \{P_a\}, t)$$

Somit ist die Bewegung eindeutig als Pfad definiert (parametrisiert durch t). Betrachten wir die Ableitung von Sentlang dieses Pfades:

$$\frac{dS}{dt} = \sum_a \frac{\partial S}{\partial q_a} \dot{q}_a + \frac{\partial S}{\partial t} = \sum_a p_a \dot{q}_a - H = L(q_a, \dot{q}_a, t)$$

Daher,

$$S = \int_{t_0}^{t} L(q_a, \dot{q}_a, \tau)d\tau + S_0(t_0)$$

(8-17)

Oder wir ändern die Notation der Zeitvariablen leicht und gelangen zu der Form, die ursprünglich als Hamiltons „Aktionsformulierung" postuliert wurde, die am Anfang von Kapitel 3 erwähnt wurde:

$$S = \int_{t_1}^{t_2} L(q, \dot{q}, t)\, dt$$

(8-18)

Beispiel 8.1. Beginnen wir mit einem Ausdruck für die Aktion:

$$S = (q, q_0, t, t_0) = \frac{m\omega}{2sin\omega t}\{(q^2 + q_0{}^2)cos\omega t - 2qq_0\}; \quad T = t - t_0.$$

Welches System ergibt sich? Was ist der Hamiltonoperator? Was sind die Trajektorien?

Lösung:

$$H = -\frac{\partial S}{\partial t} = \frac{m\omega^2}{(2sin\omega t)^2}\{-4qq_0cos\omega t + 2(q^2 + q_0{}^2)\}.$$

Daraus können wir rekonstruieren

$$p = \frac{\partial S}{\partial q} = \frac{m\omega}{2sin\omega t}\{2qcos\omega t - 2q_0\}$$

$$p^2 = 2m\left[\frac{m\omega^2}{2sin^2\omega t}\right][q^2cos^2\omega t - 2qq_0cos\omega t + q_0{}^2]$$

$$\frac{p^2}{2m} = \frac{m\omega^2}{(2sin\omega t)^2}\{-2q^2sin^2\omega t - 4qq_0cos\omega t + 2(q^2 + q_0{}^2)\}.$$

Der Hamiltonoperator kann daher wie folgt geschrieben werden:

$$H = \frac{p^2}{2m} + \frac{m\omega^2}{(2sin\omega t)^2}\{2q^2sin^2\omega t\} = \frac{p^2}{2m} + \frac{m\omega^2q^2}{2} = \frac{1}{2m}[p^2 + m^2\omega^2q^2].$$

Somit ist die erhaltene Menge Energie:

$$E = \frac{1}{2m}[p^2 + m^2\omega^2q^2].$$

Dies ist ein harmonischer Oszillator. Lassen Sie uns nun die Flugbahnen ermitteln:

$$\dot{q} = \frac{\partial H}{\partial p} = \frac{p}{m} \quad and \quad \dot{p} = -\frac{\partial H}{\partial q} = m\omega^2q.$$

Ein möglicher Lösungssatz:

$$q = \sqrt{2E/m\omega^2}cos\omega t \quad and \quad p = \sqrt{2mE}sin\omega t.$$

Übung 8.1. Finden Sie alle Lösungen.

Beispiel 8.2. Lösen Sie die HJ-Gleichung für die Bewegung in einer Dimension, wenn auf ein Teilchen eine Kraft einwirkt, die sowohl räumlich als auch zeitlich konstant ist.

Lösung

166

Die HJ-Gleichung in 1D:

$$H(q,p) + \frac{\partial S}{\partial t} = 0, \quad p = \frac{\partial S}{\partial q}, \quad H\left(q, \frac{\partial S}{\partial q}\right) + \frac{\partial S}{\partial t} = 0.$$

(a) Für Teilchen in 1D, nichtrelativistisch, mit Kraftkonstante in Raum und Zeit, gilt:

$$F = -\frac{\partial V}{\partial q} = \alpha \;\rightarrow\; V = -\alpha q,$$

und für die kinetische Energie gilt das Übliche:

$$T = \frac{1}{2} m \dot{q}^2.$$

Der Lagrange-Operator lautet also:

$$L = T - V = \frac{1}{2} m \dot{q}^2 + \alpha q.$$

Um nun den Hamiltonoperator zu konstruieren, benötigen wir zunächst den Impuls:

$$p = \frac{\partial L}{\partial \dot{q}} = m \dot{q},$$

Daher:

$$H(q,p,t) = \dot{q} p - L = \frac{p^2}{m} - \frac{1}{2} m \left(\frac{p}{m}\right)^2 - \alpha q = \frac{p^2}{2m} - \alpha q.$$

Wenn wir dies in der 1D-HJ-Gleichung verwenden, erhalten wir:

$$\frac{1}{2m}\left(\frac{\partial S}{\partial q}\right)^2 + \alpha q + \frac{\partial S}{\partial t} = 0.$$

Wenn wir eine Lösung der Form erraten:

$$S(q,E,t) = w(q,E) - Et \;\rightarrow\; \frac{\partial S}{\partial t} + H = 0 \;\rightarrow\; H = E.$$

Lösen der Funktion $w(q,E)$:

$$\frac{1}{2m}\left(\frac{\partial w}{\partial q}\right)^2 = E - \alpha q \;\rightarrow\; \frac{\partial w}{\partial q} = \sqrt{2m(E - \alpha q)}.$$

Daher,

$$S = \sqrt{2mE} \int dq \sqrt{1 - \frac{\alpha q}{E}} - Et \;\rightarrow\; S$$

$$= \sqrt{2mE} \cdot \frac{2\sqrt{\left(1 - \frac{\alpha q}{E}\right)^3}}{3\left(-\frac{\alpha}{E}\right)} - Et + f(x_0)$$

Übung 8.2. Lösen Sie die HJ-Gleichung für die Bewegung in einer Dimension, wenn auf ein Teilchen eine Kraft einwirkt, die im Raum konstant ist und mit der Zeit linear zunimmt.

8.2 Von der Hamilton-Jacobi-Gleichung zur Schrödinger-Gleichung

Die klassische Mechanik war bisher nichtrelativistisch und nichtfeldbasiert, außer in einem idealisierten Sinne für Letzteres. Wenn sich Materie gravitativ ansammelt, gehen wir außerdem davon aus, dass ihr Kollaps an einem bestimmten Punkt durch Materialkompressionseigenschaften gestoppt wird, die selbst auf elektrodynamische Nichtkollapslösungen zurückzuführen sind. Daher wurden unsere Objekte bisher auf ihr klassisches nichtelektrodynamisches Verhalten vereinfacht. Sobald wir versuchen, die Relativität zu erklären oder Felder als dynamisch an sich zu beschreiben, stoßen wir auf neue Komplikationen (wie den elektrodynamischen Strahlungskollaps) und eine Quantentheorie ist angezeigt. Es gibt drei Hauptformalismen, die die klassische Theorie mit einer Quantentheorie verbinden (Schrödinger, Heisenberg und Feynman-Dirac). Es gibt auch die ältere Bohr-Sommerfeld-Quantisierung in einem früheren Versuch, der eine semiklassische Lösung in der aktuellen Theorie darstellt. Als erstes wird die Schrödinger-Wellengleichungsform der Quantisierung besprochen, die mit entsprechender Substitution von Operatoren direkt mit der Hamilton-Jacobi-Gleichung zusammenhängt.

Die klassische Hamilton-Jacobi-Gleichung hat das Differential $\partial/\partial q_a$:

$$H\left(q_a, \frac{\partial S}{\partial q_a}, t\right) + \frac{\partial}{\partial t} S(q_a, t) = 0$$

(8-19)

In der Schrödinger-Quantentheorie wechseln wir zu einem Wellenfunktionsoperator-Formalismus, der mit einer Wellenfunktion der Form beginnt:

$$\psi(q_a, t) \propto e^{\frac{i}{\hbar} S(q_a, t)},$$

(8-20)

wo wir sehen, dass die Aktion als Phase in die Wellenfunktion eintritt. Auf die Wellenfunktion wirkt ein Operatorausdruck, wobei p_a nicht durch $\frac{\partial S}{\partial q_a}$ (klassischer Ausdruck), sondern durch $\frac{\partial}{\partial q_a}$ als Teil eines Operatorausdrucks ersetzt wird:

$$H(q_a, p_a, t) + \frac{\partial}{\partial t} S(q_a, t) = 0 \rightarrow \left\{ H\left(q_a, \frac{\partial}{\partial q_a}, t\right) + \frac{\partial}{\partial t} \right\} \exp \frac{i}{\hbar} S(q_a, t)$$
$$= 0$$

(8-21)

wobei letzteres eine Form der Schrödinger-Gleichung ist (weitere Einzelheiten in [42]). Die Quantengleichung der Bewegung in erster Ordnung in $\frac{S}{\hbar}$ ergibt dann die klassische Mechanik, da

$$\left\{ H\left(q_a, \frac{\partial S}{\partial q_a}, t\right) + \frac{\partial S}{\partial t} \right\} \exp \frac{i}{\hbar} S(q_a, t) = 0 \rightarrow H\left(q_a, \frac{\partial S}{\partial q_a}, t\right) + \frac{\partial}{\partial t} S(q_a, t)$$
$$= 0.$$

(8-22)

Die semiklassische Physik beschreibt dann die anfängliche Mischung aus Termen zweiter und höherer Ordnung, die zu nichtklassischen Effekten führt.

Für gebundene Konfigurationen sind vollständige Lösungen der Schrödinger-Gleichungen möglich, wie beispielsweise für das kritische Wasserstoffatom. Bei Anwendung auf das Wasserstoffatom löst die Quantenphysik ein Rätsel der klassischen Elektrostatik, wobei das Wasserstoffatom stabile gebundene Zustände hat (und nicht einfach kollabiert).

Beispiel 8.3. Betrachten Sie die zeitabhängige Schrödinger-Gleichung für ein einzelnes Teilchen in einem Potential $U(r, t)$. Dieses quantenmechanische Problem wird ausführlich in [42] untersucht, aber wenn man es jetzt im allgemeinen Sinne betrachtet, ist es sehr aufschlussreich hinsichtlich des neuen „Platzes", der die klassische Mechanik in der größeren quantenmechanischen Welt erwartet. Betrachten Sie den Ansatz, in dem die Wellenfunktionslösung wie folgt geschrieben werden kann:

$$\Psi(r, t) = A(r, t) \exp\left[\frac{i}{\hbar} \theta(r, t)\right],$$

(8-23)

wobei A und θ reell und analytisch in sind $\hbar$. (a) Zeigen Sie, dass die Erweiterung in $\hbar$ in der niedrigsten Ordnung zu θ einer Lösung der entsprechenden HJ-Gleichung führt (es ist die klassische Aktion). (b) Zeigen Sie in der nächsten Ordnung in , $\hbar$ die A^2 eine Kontinuitätsgleichung erfüllt (dies wird helfen, die Born-Interpretation in [42] zu motivieren).

Lösung
(a) Für die zeitabhängige Schrödinger-Gleichung gilt:

$$i\hbar \frac{\partial}{\partial t} \Psi(r, t) = \hat{H} \Psi(r, t).$$

Für ein einzelnes Teilchen in einem Potential gilt:

$$\hat{H} = \frac{\hat{p}^2}{2m} + \hat{U}(r, t) = -\frac{\hbar^2}{2m} \nabla^2 + U(r, t),$$

daher,

$$i\hbar \frac{\partial}{\partial t}\Psi(r,t) = -\frac{\hbar^2}{2m}\nabla^2\Psi(r,t) + U(r,t)\Psi(r,t).$$

Versuchen wir nun die angegebene Lösung, um eine Gleichung in Bezug auf $\{A, \theta\}$ zu erhalten:

$$i\hbar\frac{\partial A}{\partial t} - A\frac{\partial\theta}{\partial t} = -\frac{\hbar^2}{2m}\nabla^2 A - \frac{i\hbar}{m}\nabla A\nabla\theta + \frac{A}{2m}(\nabla\theta)^2 - \frac{i\hbar}{2m}A\nabla^2\theta + AU.$$

In der nullten Ordnung in $\hbar$, $\hbar^0$, haben wir die Terme:

$$\frac{\partial\theta}{\partial t} = -\left[\frac{(\nabla\theta)^2}{2m} + U\right].$$

Die HJ-Gleichung (Hamilton-Jacobi) für die θ Variable lautet:

$$H(r,\nabla\theta) + \frac{\partial\theta}{\partial t} = 0 \rightarrow \frac{\partial\theta}{\partial t} = -\left[\frac{(\nabla\theta)^2}{2m} + U\right],$$

Dies ist genau die Beziehung nullter Ordnung.

(b) In erster Ordnung in $\hbar$, $\hbar^1$, haben wir die Terme:

$$i\hbar\frac{\partial A}{\partial t} = -\frac{i\hbar}{m}\nabla A\nabla\theta - \frac{i\hbar}{2m}A\nabla^2\theta,$$

Multiplizieren mit A und Umgruppieren:

$$\frac{\partial A^2}{\partial t} = -\frac{1}{m}\nabla(A^2\nabla\theta) \rightarrow \frac{\partial\rho}{\partial t} = -\nabla\left(\rho\frac{\nabla\theta}{m}\right), where\ \rho = A^2,$$

Somit erhalten wir:

$$\frac{\partial\rho}{\partial t} + \nabla\cdot(\rho v) = 0, where\ v = \frac{\nabla\theta}{m},$$

wobei ρ ist wie eine Flüssigkeitsdichte und v ist wie ein Strömungsgeschwindigkeits-Vektorfeld.

Übung 8.3. Was wird bei zweiter Ordnung in offenbart $\hbar$?

8.3 Wirkungswinkelvariablen und Bohr/Sommerfeld-Wilson-Quantisierung

Für den Sonderfall einer beschränkten konservativen Bewegung, die separierbar und periodisch ist, können wir auf die sogenannten Aktionswinkelvariablen zurückgreifen. Die „Aktionsvariablen" sind definiert als das Integral der Fläche im Phasenraum über eine Periode der Bewegung für jeden Freiheitsgrad:

$$J_a = \oint p_a dq_a$$

(8-24)

Die Resultierenden J_a sind nur von den Konstanten der Bewegung abhängig, die hier mit $\{\alpha_a\}$ bezeichnet werden und der Notation von [29] folgen:

$$J_a = J_a(\{\alpha_a\}).$$

(8-25)

Oder, invertiert und umbenannt $\alpha_1 = E$:

$$E = H(\{J_a\}).$$

(8-26)

Weitere Einzelheiten zur Herleitung finden sich in [29]. Von hier aus können wir die Grundfrequenzen des Systems anhand des obigen Hamiltonoperators bestimmen, der über Aktionsvariablen ausgedrückt wird:

$$\nu_a = \frac{\partial}{\partial J_a} H(\{J_a\}).$$

(8-27)

Bei der Sommerfeld-Wilson-Quantisierung wurde vorgeschlagen, die Aktionsvariablen mit ganzzahligen Beträgen der Planck-Konstante zu quantisieren:

$$J_a = \oint p_a dq_a = nh$$

(8-28)

8.4 Poisson-Klammern

Poisson-Klammern nehmen eine spezielle Form an, wenn in kanonischen Koordinaten gearbeitet wird, und sie werden unabhängig davon in Bezug auf einen Hamiltonoperator definiert, weshalb die Darstellung der Poisson-Klammern aus diesem Grund hier erfolgt. Betrachten wir in kanonischen Koordinaten zwei Funktionen $f(q_i, p_i, t)$ und $g(q_i, p_i, t)$, wobei die kanonischen Koordinaten (auf einem Phasenraum) durch $\{p_i, q_i\}$ gegeben sind, wobei $i = 1..N$. Die Poisson-Klammerfunktion dieser beiden Funktionen wird mit $\{f, g\}$ bezeichnet und definiert durch:

$$\{f, g\} = \sum_{i=1}^{N} \left(\frac{\partial f}{\partial q_i} \frac{\partial g}{\partial p_i} - \frac{\partial f}{\partial p_i} \frac{\partial g}{\partial q_i} \right).$$

(8-29)

Somit gilt per Definition:

$$\{q_i, q_j\} = 0, \quad \{p_i, p_j\} = 0, \quad and \quad \{q_i, p_j\} = \delta_{ij},$$

(8-30)

wo das Kronecker-Delta verwendet wird ($\delta_{ij} = 1$ if $i = j$ und $\delta_{ij} = 0$ sonst).

Häufig untersuchen wir die zeitliche Entwicklung einer Funktion auf der symplektischen Mannigfaltigkeit, die durch die einparametrige Familie der Symplektomorphismen (kanonische und flächenerhaltende Diffeomorphismen) [37] induziert wird, bei denen die Poisson-Klammern erhalten bleiben.

Poisson-Klammern werden wir in [42] über die Quantenmechanik als verallgemeinerte Poisson-Klammern wiedersehen, die sich bei der Quantisierung zu Moyal-Klammern verformen (eine Verallgemeinerung der Lie-Algebra, der Poisson-Algebra, die mit den Poisson-Klammern assoziiert ist). In Bezug auf den Hilbert-Raum gelangen wir zu von Null verschiedenen Quantenkommutatoren.

Kapitel 9. Störungstheorie, Dimensionsanalyse, und Phänomenologie

9.1 Hamiltonsche Störungstheorie

In der Störungstheorie betrachten wir eine bekannte Lösung oder ein bekanntes System (normalerweise eine Hamilton-Beschreibung mit klaren Bewegungskonstanten) und eine kleine „Störung" dieses Systems. Anschließend führen wir eine Störungsentwicklung für unsere Lösung durch, indem wir einfachere Differentialprobleme in verschiedenen Ordnungen separat lösen (siehe Anhang A für einige Erläuterungen und Beispiele zu allgemeinen Lösungsmethoden für Störungen bei gewöhnlichen Differentialgleichungen).

Beispiel 9.1. Störungstheorie mit einem vollständigen Hamiltonoperator.
Betrachten wir nun die Störungstheorie mit einem vollständigen Hamiltonoperator $H(q, p, t)$, einem einfacheren Hamiltonoperator mit bekannten Lösungen $H_0(q, p, t)$ und dem Störungsteil $\Delta H(q, p, t)$, wobei $\Delta H \ll H_0$:

$$H(q, p, t) = H_0(q, p, t) + \Delta H(q, p, t).$$

$$(9\text{-}1)$$

Wir entwickeln alle Variablen in verschiedene Ordnungen eines Störungsparameters (erscheint in ΔH).

Betrachten wir das Beispiel der freien Bewegung mit Federrückstellkraft, die als Störung angesehen wird. In diesem Fall kennen wir die vollständige Lösung ohne Störungstheorie und können daher sehen, wie unser Ergebnis funktioniert. Für H_0 und $H_0 = p^2/2m$ für die Störung verwenden wir also die Lösungsform für das Federpotential in kanonischen Koordinaten: $\Delta H = (m\omega^2/2)x^2$. Wir können dann die Hamilton-Gleichungen auswerten, um das übliche Ergebnis zu erhalten:

$$\dot{x} = \frac{p}{m} \; ; \quad \dot{p} = -m\omega^2 x$$

$$(9\text{-}2)$$

(ohne jegliche Näherung). Behandelt als Störung, betrachten wir ω^2 als Störungsparameter, also haben wir in der nullten Ordnung $\dot{p}_0 = 0$ und $\dot{x}_0 = p_0/m$. Also

$$p^{(0)} = p_0 = const. \; ; \quad x^{(0)} = x_0 = \left(\frac{p_0}{m}\right)t,$$

173

wobei wir die Anfangsbedingung wählen $x(t = 0) = 0$. Nun erhalten wir in erster Ordnung:

$$\dot{p}^{(1)} = -m\omega^2 x^{(0)} = -\omega^2 p_0 t \quad \rightarrow \quad p^{(1)}(t) = p_0 - \frac{1}{2}\omega^2 p_0 t^2$$

$$(9-4)$$

Und

$$\dot{x}^{(1)} = \frac{p^{(1)}}{m} = \frac{p_0}{m} - \frac{1}{2m}\omega^2 p_0 t^2 \quad \rightarrow \quad x^{(1)}(t) = \frac{p_0}{m}t - \frac{1}{6m}\omega^2 p_0 t^3.$$

$$(9-5)$$

Vergleichen wir nun mit der bekannten Gesamtlösung:

$$p(t) = p_0 \cos \omega t \quad ; \quad x(t) = \frac{p_0}{m\omega}\sin \omega t,$$

$$(9-6)$$

Durch die Erstbestellung können wir eine genaue Übereinstimmung feststellen.

Wenn eine zeitabhängige Störung vorliegt, wechselt man häufig von einer Hamilton-Formulierung zu einer Hamilton-Jacobi-Formulierung [37]. Betrachten wir den $H = H_0 + \Delta H$ Aufbau wie zuvor, aber jetzt haben wir die zusätzliche Information, dass wir die Hauptfunktion erhalten haben S, die die erzeugende Funktion für die kanonische Transformation ist, $\{q, p\} \rightarrow \{\alpha, \beta\}$ so dass:

$$H_0\left(q, \frac{\partial S}{\partial q}, t\right) + \frac{\partial}{\partial t}S(q, \alpha, t) = 0.$$

$$(9-7)$$

In Bezug auf sind H_0 die Variablen $\{\alpha, \beta\}$ kanonisch und somit Konstanten. In Bezug auf H sind sie keine Konstanten, werden aber trotzdem als unsere kanonischen Variablen gewählt (lassen wir $\{P = \alpha, Q = \beta\}$):

$$P = \alpha(q, p) \quad ; \quad Q = \beta(q, p).$$

$$(9-8)$$

Umformulierung in die Standard-HJ-Form für den gestörten Hamiltonoperator H mit der zeitabhängigen Störung:

$$H(\alpha, \beta, t) = H_0(\alpha, \beta, t) + \Delta H(\alpha, \beta, t) + \frac{\partial S}{\partial t} = \Delta H(\alpha, \beta, t),$$

$$(9-9)$$

und da $\dot{Q} = \frac{\partial H}{\partial P}$ und $\dot{P} = -\frac{\partial H}{\partial Q}$ erhalten wir die genauen Beziehungen:

$$\dot{\alpha} = -\frac{\partial \Delta H}{\partial \beta} \quad ; \quad \dot{\beta} = \frac{\partial \Delta H}{\partial \alpha}.$$

Genaue Lösungen sind oft nicht möglich, daher führen wir Störungsentwicklungen wie zuvor durch. Hier $\{\alpha, \beta\}$ werden die in nullter Ordnung erhaltenen Werte dann wie zuvor zur Berechnung der ersten Ordnung verwendet:

$$\dot{\alpha}^{(1)} = -\frac{\partial \Delta H}{\partial \beta}, \quad \alpha = \alpha^{(0)}, \quad \beta = \beta^{(0)},$$

(9-11)

und ähnlich für $\dot{\beta}^{(1)}$, und dann nach Bedarf in höherer Ordnung iteriert.

Übung 9.1. Wenden Sie den HJ-Störungsansatz auf das zuvor betrachtete Federsystem an und erhalten Sie das Ergebnis erneut im HJ-Formalismus.

9.2 Dimensionsanalyse

Im Gegensatz zur bisher verwendeten Differentialmathematik gibt es in der Physik dimensionale Größen (obwohl man mathematische Elemente einführen kann, die als dimensionale Größen fungieren können). Dimensionslose Größen können in dimensionslose Produkte gruppiert werden. Beispielsweise gibt das Stefan-Boltzmann-Gesetz (beschrieben in [42,45]) eine Beziehung zwischen der Strahlungsenergie E in einem Hohlraum mit Volumen V und Wänden bei der Temperatur T an:

$$\frac{E}{V} = \frac{8\pi^5}{15} \frac{k_B^4 T^4}{c^3 h^3}.$$

(9-12)

Mathematische Formeln in der Physik müssen hinsichtlich der Dimensionalität der Terme konsistent sein.

Beispiel 9.2. Eine Murmel, die auf einer Kreisbahn rollt

Betrachten Sie eine Murmel, die in einer Kreisbahn innerhalb eines umgekehrten Kegels rollt (siehe [62] für weitere derartige Beispiele), wobei der Halbwinkel (von der Vertikalen) gleich ist θ. Die Variablen für das System sind dann die Umlaufzeit τ, die Masse m, der Umlaufradius R, die Erdbeschleunigung g und das bereits erwähnte θ. Lassen Sie uns ein dimensionsloses Produkt bilden:

$$\tau^\alpha m^\beta R^\gamma g^\delta = [T]^\alpha [M]^\beta [L]^\gamma [LT^{-2}]^\delta = T^{\alpha-2\delta} M^\beta L^{\gamma+\delta},$$

(9-13)

welches dimensionslos ist, wenn $\alpha - 2\delta = 0$ und $\beta = 0$ und $\gamma + \delta = 0$, oder durch Vereinfachung erhalten wir:

$$\beta = 0 \text{ Und } \gamma = -\delta = -\alpha/2.$$

Somit ergibt sich die Beziehung:

$$\tau = \sqrt{\frac{R}{g}} f(\theta).$$

(9-14)

Mit deutlich mehr Aufwand zeigt eine detaillierte Analyse, dass $f(\theta) = 2\pi\sqrt{\tan\theta}$.

Übung 9.2. Zeigen Sie, dass $f(\theta) = 2\pi\sqrt{\tan\theta}$.
Eine allgemeinere Formulierung der mittels Dimensionsanalyse möglichen Partiallösung wird durch den ΠSatz von Buckingham [62] gegeben.

9.2.1 ΠSatz von Buckingham

1. Wenn eine Gleichung dimensionshomogen ist, kann sie auf eine Beziehung zwischen einem vollständigen Satz unabhängiger dimensionsloser Produkte reduziert werden [63]
2. Die Anzahl der vollständigen und unabhängigen dimensionslosen Produkte $N_P$ist gleich der Anzahl der dimensionslosen Variablen (und Konstanten) $N_V$abzüglich der Anzahl der Dimensionen, $N_D$die zum Ausdrücken der Formeln erforderlich sind: $N_P = N_V - N_D$.

Die oben genannten Methoden lassen sich am besten anhand einiger Beispiele verdeutlichen.

Beispiel 9.3. Pendeldimensionsanalyse.
Für ein Pendel mit Periode τ, Masse m, Armlänge $l$und Erdbeschleunigung g:
$$\tau^\alpha m^\beta l^\gamma g^\delta = [T]^\alpha [M]^\beta [L]^\gamma \lfloor LT^{-2}\rfloor^\delta = T^{\alpha-2\delta} M^\beta L^{\gamma+\delta},$$
Das hat die gleiche Lösung wie vorher (aber ohne θ), also haben wir:
$$\tau = C\sqrt{\frac{l}{g}},$$
wobei Ceine Konstante ist.

Übung 9.3. Wiederholen Sie die Übung für eine horizontale Federbewegung auf einer reibungslosen Oberfläche, wobei ein Ende befestigt ist und das andere eine nicht zu vernachlässigende Masse besitzt.

Beispiel 9.4. Nukleare Explosionsanalyse von GI Taylor [33]
Dies ist ein berühmtes Beispiel, bei dem die Ausbeute (Energie) einer nuklearen Explosion anhand einer Reihe von Hochgeschwindigkeitsfotos bestimmt wurde, die in einer Zeitung veröffentlicht wurden (mit den erforderlichen Zeitstempeln, die die Ausbreitung der Explosion zeigen). Lassen Sie R den Radius einer sich ausbreitenden Druckwelle bezeichnen, die Zeit seit der Explosion sei t, die freigesetzte Energie sei E und die (anfängliche) atmosphärische Dichte sei ρ.

Übung 9.4. Zeigen Sie, dass $E = k\rho R^5/t^2$ für eine (dimensionslose) Konstante k.

Beispiel 9.5. Betrachten Sie den Hamiltonoperator:

$$H = \frac{1}{2}\left(P_x{}^2 + P_y{}^2\right) + 2x^3 + xy^2$$

Wofür die Hamiltongleichungen ergeben:

$$\dot{x} = P_x; \quad \dot{y} = P_y; \quad \dot{P}_x = -(6x^2 + y^2); \quad \dot{P}_y = -(2xy).$$

Wir haben unsere erste Erhaltungsgröße, die Energie, $E = H$ und lassen Sie uns unter Bezugnahme auf die Energiedimensionalität eine Tabelle mit Termen erstellen:

Begriff	Bestellung in E
x, y	1/3
P_x, P_y	½
$\frac{d}{dt}$	1/6
H	1

Wir wollen eine zweite Erhaltungsgröße W, die $\dot{W}$ aus ( ) so konstruiert werden kann, $x, y, P_x, P_y, \dot{x}, \dot{y}, \dot{P}_x, \dot{P}_y$ dass sie Null ergibt, was mit der Form der „Bausteine" oben übereinstimmt. Da die $\dot{P}_x, \dot{P}_y$ die einzige Stelle sind, an der Terme gekoppelt sind, müssen sie in sein W. Da die $\dot{P}_x, \dot{P}_y$ von der Ordnung 2/3 sind, müssen wir $\dot{W}$ von der Ordnung $\geq 2/3$ haben. Außerdem W muss eine exakte Differenzial sein (wie bei H).

Fall 1: Betrachten Sie $\dot{W}$ es als Ordnung 2/3. Dies bedeutet:

$$\dot{W} = \alpha\dot{P}_x + \beta\,\dot{P}_y + ax^2 + bxy + cy^2,$$

wobei die Koeffizienten alle Konstanten sind, die wir wählen können. Dieser Ausdruck ist jedoch kein exaktes Differential für jede Wahl der Konstanten, daher funktioniert dieser Fall nicht.

Fall 2: Betrachten Sie $\dot{W}$ es als Ordnung 5/6. Dies bedeutet:
$$\dot{W} = \alpha x P_x + \beta y P_x + \gamma y P_y + \delta x P_y + ax\dot{x} + bx\dot{y} + cy\dot{x} + dy\dot{y}.$$
Dieser Ausdruck ist auch keine exakte Differenzialdifferenz, daher funktioniert dieser Fall nicht.

Fall 3: Betrachten Sie $\dot{W}$ die Ordnung 6/6, ... haben Terme wie $x\dot{P}_x$, und wieder keine Lösung.

Fall 4: Betrachten Sie $\dot{W}$ es als Ordnung 7/6. Dies funktioniert, stellt aber die erste Erhaltungsgröße wieder her, den Hamiltonoperator selbst.

Fall 5: Betrachten Sie $\dot{W}$ die Ordnung 8/6, ... haben Terme wie $x^2\dot{P}_x$, und wieder keine Lösung.

Fall 6: Betrachten wir $\dot{W}$ die Ordnung 9/6, ... das funktioniert. Die allgemeine Form lautet nun:
$$\dot{W} \propto E^{3/2} \quad \to \quad W \propto E^{4/3}$$
Der allgemeine Ausdruck für W lautet nun:
$$W = a_1 x^4 + a_2 x^3 y + a_3 x^2 y^2 + a_4 xy^3 + a_5 y^4$$
$$+b_1 x P_x^2 + b_2 x P_x P_y + b_3 x P_y^2 + b_4 y P_x^2 + b_5 y P_x P_y + b_6 y P_y^2$$

Der allgemeine Ausdruck für $\dot{W}$ lautet also:
$$\dot{W} = x^3 P_x (4a_1 - 12b_1) + \cdots,$$
wobei die konstanten Koeffizienten für jeden Term einzeln gleich Null sind. Es gibt also 12 Gleichungen für die angegebenen 11 Unbekannten. Wenn wir sie lösen, erhalten wir:
$$W = x^2 y^2 + \frac{1}{4} y^4 - x P_y^2 + y P_x P_y.$$

9.2.2 Die Dimensionsanalyse zeigt 22 eindeutige Dimensionsgrößen [62]

Wenn wir mit dem Satz der 6 fundamentalen Dimensionskonstanten beginnen, $\{G, \varepsilon_0, c, e, m_e, h\}$ finden wir, dass es 22 eindeutige dimensionsbehaftete Gruppierungen [62] und 2 dimensionslose Gruppierungen (die Eddington-Dirac-Zahl und die Feinstrukturkonstante) gibt. In [45] finden wir wieder 22 fundamentale, dimensionsbehaftete Parameter.

Übung 9.5. Identifizieren Sie die 22 Dimensionsgruppierungen .

9.3 Phänomenologie

Wenn Sie keine fundamentale Theorie haben, aber dennoch ein wissenschaftliches Modell auf der Grundlage einiger empirischer Daten zu einem Phänomen erstellen möchten, dann erstellen Sie ein phänomenologisches Modell. Ein phänomenologisches Modell basiert nicht auf irgendwelchen Grundprinzipien. Fundamentale Theorien beginnen oft als phänomenologische Modelle, bis sie besser verstanden werden. Feynman beschreibt beispielsweise in seinen Beschreibungen der physikalischen Gesetze [64] den Entdeckungsprozess physikalischer Gesetze als aufgeklärtes Rätselraten. Die Thermodynamik wird oft als phänomenologische Theorie betrachtet, die physikalische Gesetze von anderswo übernommen hat (wie etwa die Energieerhaltung). Teilweise aus diesem Grund und in Erwartung weiterer Entwicklungen der Theorie wird die Diskussion der Phänomenologie im Kontext der Thermodynamik und der statistischen Mechanik erst in [44] geführt.

Einige der schwierigsten Probleme der modernen theoretischen Physik wurden in Form phänomenologischer Modelle behandelt (Teilchenphysik, Festkörperphysik, Plasmaphysik). Wenn alles andere fehlschlägt, versuchen Sie es mit Phänomenologie. Ein berühmtes Beispiel hierfür aus dem Film „Dark Star" handelt von der Deaktivierung einer „ thermostellaren " Bombe, die versehentlich aktiviert wurde (es ist das sattelschlepperförmige Objekt in Abbildung 8.1). Die Bombe wird von einer KI gesteuert und die Besatzung ist der Ansicht, dass ihre beste Chance, die Bombe zu deaktivieren, darin besteht, ihr „Phänomenologie beizubringen", damit sie das große Ganze sehen und erkennen kann, dass sie nicht explodieren muss, wenn sie nicht will ... Leider beschließt die KI bei einer Neubewertung mit größerer Perspektive, dass sie Gott ist, sagt „Es werde Licht" und explodiert. So laufen die Dinge normalerweise auch in der Physik, aber das muss auf einen anderen Tag und ein anderes Buch warten (eine Beschreibung des Elektromagnetismus finden Sie im demnächst erscheinenden [40]).

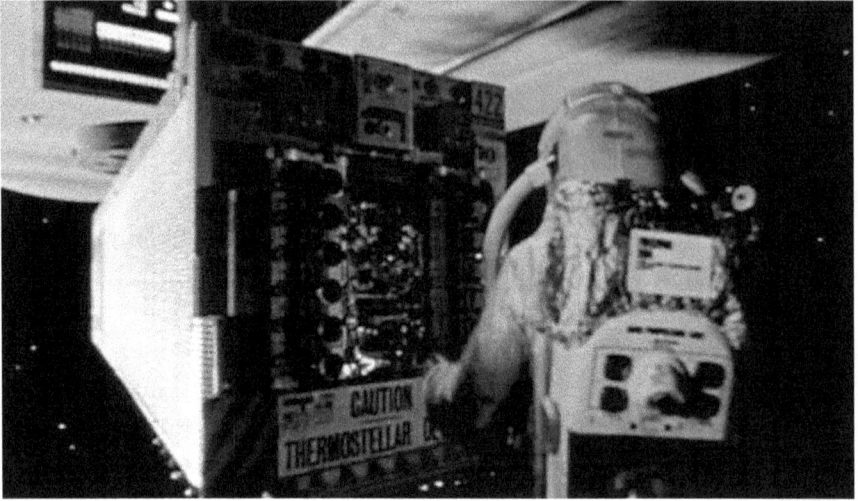

Abbildung 9.1 Ein Besatzungsmitglied aus dem Film „Dark Star" erklärt die KI-Phänomenologie der Bombe.

Kapitel 10. Zusätzliche Übungen

Übung 10.1.

Betrachten Sie eine Kollision zweier identischer Systeme, die jeweils aus zwei Punktmassen bestehen, m die durch eine Feder mit konstanter Kraft verbunden sind k. Vor der Kollision ist jede Feder „entspannt" oder nicht komprimiert. Vor der Kollision bewegt sich ein System mit hoher Geschwindigkeit v auf das andere zu, entlang der Federlinie, und das zweite System ist in Ruhe. Die kollidierenden Partikel haften zusammen und bilden ein 3-Partikel-System, wie im „Nachher"-Bild gezeigt. Wenn die Kollisionszeit kurz ist im Vergleich zu $\sqrt{\frac{m}{k}}$, $find$

(a) Die Geschwindigkeit jedes der drei Endpartikel unmittelbar nach der Kollision.

(b) Die Position des Teilchens ganz rechts als Funktion der Zeit t nach der Kollision

Übung 10.2.

Zwei Teilchen mit der Masse m_1, m_2 und der Position $\vec{r}_1$, $\vec{r}_2$ interagieren mit der potentiellen Energie $U(r)$, wobei $r = \left| \vec{r}_1 - \vec{r}_2 \right|$.

(a) Schreiben Sie die Lagrange-Funktion L dieses Systems.

(b) Definieren Sie die relative Koordinate $\vec{r} = \vec{r}_1 - \vec{r}_2$ und die

Schwerpunktkoordinate $\vec{R} = \frac{\left(m_1 \vec{r}_1 + m_2 \vec{r}_2 \right)}{(m_1 + m_2)}$. Drücken Sie die

Lagrange-Funktion L in Bezug auf diese verallgemeinerten Koordinaten aus. Zeigen Sie, dass $L = L_R + L_r$, wobei L_R der Teil der Lagrange-Funktion ist, der die Koordinate enthält $\vec{R}$, und

L_r der Teil ist, der die Koordinate enthält $\vec{r}$. Schreiben Sie L_r in der Form der Lagrange-Funktion eines einzelnen Teilchens mit Koordinate $\vec{r}$ und Masse m. Geben Sie den Ausdruck für diese „reduzierte Masse m in Bezug auf m_1 und " an m_2.

(c) Im weiteren Verlauf des Problems betrachten wir die Bewegung des Teilchens, die durch die Lagrange-Funktion beschrieben wird. L_r

(the subscript r on L will be dropped for brevity). Wählen

Sie Zylinderkoordinaten, bei denen die z-Achse in Richtung des Drehimpulses zeigt. $\vec{l} = \vec{r} \times \vec{p}$ Schreiben $P_i = \partial L/\partial \dot{r}_i$. Sie die Lagrange-Funktion in Zylinderkoordinaten (r, ϕ, z).

(d) Zeigen Sie nun, dass der Drehimpuls erhalten bleibt. Da $\vec{l}$ erhalten bleibt, kann angenommen werden, dass sich das Teilchen in der Ebene bewegt. $z = 0$. Dies vereinfacht die Lagrange-Funktion.

(e) Zeigen Sie, dass es als Ergebnis der Lagrange-Gleichungen eine erhaltene Energie gibt E, und geben Sie diese explizit in Bezug auf r, ϕ und ihre Zeitableitungen an. Schreiben Sie den Ausdruck für die erhaltene Winkel

(f) Drücken Sie t aus dem Ausdruck für E als Integralfunktion von r und den Bewegungskonstanten E und aus l.

(g) In ähnlicher Weise drücken Sie ϕ als Integralfunktion von r, E, und aus l.

Übung 10.3.

Ein Teilchen der Masse m bewegt sich in einem Kraftfeld der Form

$$\vec{F} - \left(-\frac{a}{r^2} + \frac{b}{r^{\frac{3}{2}}} \right) \hat{r}$$

Wobei a und b positive Konstanten sind.

(a) In welchem Radialbereich sind Kreisbahnen möglich?

(b) In welchem Radialbereich sind Kreisbahnen stabil?

(c) Bestimmen Sie die Frequenz kleiner Schwingungen auf einer Kreisbahn mit Radius $r = \frac{a^2}{4b^2}$

Übung 10.4.

(a) Zeigen Sie, dass ein isoliertes Teilchen mit endlicher Ruhemasse m nicht in ein einzelnes Teilchen mit der Ruhemasse Null zerfallen kann.

(b) Kann ein einzelnes Teilchen mit der Ruhemasse Null in n Teilchen zerfallen, die alle die Ruhemasse Null und positive Energie haben? Wenn ja, geben Sie ein Beispiel. Wenn nicht, beweisen Sie, dass dies für alle n > 1 unmöglich ist.

Übung 10.5.

Ein Stab der Länge a und der Masse m ist an einem masselosen Faden der Länge a/3 aufgehängt. Ermitteln Sie die Normalfrequenzen (Eigenfrequenzen) für kleine Abweichungen von der stabilen Gleichgewichtslage dieses Systems.

Übung 10.6.

Betrachten Sie die Querbewegung (d. h . die Bewegung senkrecht zur Saite) der beiden Massen M und m, die an einem masselosen Draht der Länge 4a befestigt sind. Das gesamte System liegt auf einem reibungslosen Tisch.

Übung 10.7.

Ein Zylinder (mit Masse M_1, Radius R und Höhe h) ruht auf einer masselosen Scheibe und rotiert um eine feste Achse in der Mitte der Scheibe (Scheibenradius -D). Am Rand der Scheibe ist eine Punktmasse befestigt M_2. Zwischen Zylinder und Scheibe herrscht Reibung. Lat D – 2R und M_1-2 M_2. Der dimensionslose Koeffizient der kinetischen Reibung beträgt c, und die Erdbeschleunigung ist g. Die anfängliche Winkelgeschwindigkeit des Zylinders (ω_1^0)ist viermal so hoch wie die der Scheibe (ω_2^0), also ω_1^0-4 ω_2^0. Bezüglich R, M_1, σund g allein erhält man

(A) Die Zeit t, die das System benötigt, um einen stationären Zustand zu erreichen.
(B) Die endgültige Winkelgeschwindigkeit der Scheibe und des Zylinders.

Übung 10.8.

Eine Saite der Länge L ist an beiden Enden befestigt, hat die Gesamtmasse M und ist unter der Spannung T gespannt. Zum Zeitpunkt t = 0 wird die Saite mit einem Hammer der Breite d an der Position x = a (siehe Diagramm) so angeschlagen, dass die Saite unter den Anfangsbedingungen zum Schwingen gebracht wird.

$y(x, t = 0) = 0$alle x
$\dot{y}(x, 0) = 0 \qquad 0 \leq x \leq a - \frac{d}{2}$
$\dot{y}(x, 0) = v_0 A -\frac{d}{2} \leq x \leq a + \frac{d}{2}$
$\dot{y}(x, 0) = 0$ein $+\frac{d}{2} \leq x \leq L$

(a) Finden Sie einen Ausdruck für die (zeitabhängige) kinetische Energie der n^{th}Normalschwingung der Saite in der $\hat{y}$Richtung. (Es gibt keine Längsschwingung). Drücken Sie die Geschwindigkeit und Frequenz der Welle anhand der im Problem angegebenen Konstanten aus.

(b) Suchen Sie eine Position x = a und Breite d des Hammers, bei der die Energie im Schwingungsmodus n = 3 maximiert wird.

Übung 10.9.

Ein Partikel ist gezwungen, sich auf der Zykloide zu bewegen:

$$x = a cos^{-1}\left(\frac{a-y}{a}\right) + \sqrt{2ay - y^2} \ (0 \le y \le 2a)$$

Unter dem Einfluss der Schwerkraft (die y-Achse zeigt nach oben).

(i) Schreiben Sie die Lagrange-Funktion für dieses System.

(ii) Ermitteln Sie die Eulergleichung(en).

(iii) Angenommen, das Teilchen startet von einem Punkt $y = y_0$ mit Null-Anfangsgeschwindigkeit: Zeigen Sie, dass die Zeit, die es braucht, um den unteren Punkt der Kurve (y = 0) zu erreichen, unabhängig ist von y_0.

$$\left[You \ may \ need \ the \ integral \ \int \frac{du}{\sqrt{u - u^2}} = sin^{-1}(2u - 1)u\right.$$
$$\left. < 1\right]$$

Übung 10.10.

(a) Im Verfall

$A + p + \pi^-$

Wie hoch ist die Energie des Pions, gemessen im Ruhesystem des A? (*Find E_π in terms of the rest masses m_Δ, m_p, m_π*).

(b) Ein Neutron mit einer Energie von 939 x 10^{10}MeV bewegt sich durch eine Galaxie mit einem Durchmesser von 10^5Lichtjahren. Wenn die Halbwertszeit eines Neutrons 640 s beträgt, können Sie dann darauf wetten, dass das Neutron zerfällt, bevor es die Galaxie durchquert? (Begründen Sie Ihre Antwort.)

$m_n = 939 \ MeV \quad 1 \ year = \pi \ x \ 10^7 \ 5.$

Übung 10.11.

Die Metrik, die eine Kugelschale aus Materie mit Radius R beschreibt, kann geschrieben werden als

$$ds^2 = -\left(1 - \frac{2M}{r}\right)dt^2 + \left(1 - \frac{2M}{r}\right)^{-1}dr^2$$
$$+r^2(d\theta^2 + sin^2\theta d\phi^2).\,outside$$
$$ds^2 = -dt^{-2} + dr^{-2} + r^{-2}(d\theta^2 + sin^2\theta d\phi^2).\,inside.$$

a) Finden Sie Funktionen $\bar{t}(r,t), \bar{r}(r,t)$nahe r= R, für die die Metrik bei r = kontinuierlich ist$R$.

b) Ein Neutrino, das von einem zerfallenden Neutron im Zentrum der Schale emittiert wird ($\bar{r} = 0$).hat die Energie E, gemessen von einem Beobachter im Ruhezustand bei) $\bar{r} = 0$. Wie hoch ist seine Energie, wenn es die Unendlichkeit erreicht (r >> R), gemessen von einem Beobachter im Unendlichen? (Es passiert die Schale ohne Wechselwirkung.)

Übung 10.12.

Ein Teilchen mit der Masse m und der Ladung e bewegt sich in einem Magnetfeld, $\underset{B}{\rightarrow}= b(x^2 + y^2)\hat{k}$, in dem b eine Konstante ist.

(a) Finden Sie ein Vektorpotential für $\underset{B}{\rightarrow}$der Form

$$\underset{A}{\rightarrow} = f(x^2 + y^2)\underset{\phi}{\rightarrow}, \text{wobei}\underset{\phi}{\rightarrow} = x\hat{j} - y\hat{i}.$$

(b) Bestimmen Sie den Hamiltonoperator für das Teilchen mit diesem$\underset{A.}{\rightarrow}$

(c) Zeigen Sie, dass $\underset{p}{\rightarrow}*\underset{\phi}{\rightarrow}$eine Konstante der Bewegung ist, indem Sie überprüfen, ob die Poisson-Klammer

$$\left[\underset{p}{\rightarrow}*\underset{\phi}{\rightarrow}, H\right]_{PB} \text{verschwindet.}$$

(d) Finden Sie eine andere Erhaltungsgröße als H und $\underset{p}{\rightarrow}*\underset{\phi}{\rightarrow}$.

Übung 10.13.

Betrachten Sie die folgenden drei Möglichkeiten, wie Sie mit einem Gamma-Photon der Energie 3 MeV beginnen und am Ende ein bewegtes Elektron erhalten könnten. Berechnen Sie den numerischen Wert der maximalen kinetischen Energie, die ein Elektron in jedem Fall haben könnte.

(a) Photoelektrischer Effekt

(b) Elektronenpaarproduktion

(c) Compton-Streuung (Leiten Sie jeden Ausdruck ab, den Sie für die Compton-Streuung verwenden.)

H =$6.63 \times 10^{-34}J \times s$

185

$$= 4.136 \times 10^{-15} \; eV \times s$$

Wenn Sie weitere Daten benötigen, die Sie nicht kennen, nehmen Sie eine Schätzung vor (wenn möglich in angemessener Größenordnung) und verwenden Sie diesen Wert für Ihre Berechnung. Geben Sie die von Ihnen verwendete Schätzung explizit an.

Übung 10.14.
Ein relativistischer Zusammenstoß findet entlang einer Geraden zwischen einem Teilchen mit Ruhemasse m_0 und einem anderen mit Ruhemasse statt nm_0. Sie haften nach dem Zusammenstoß zusammen und haben eine gemeinsame Ruhemasse von M_0, die mit Geschwindigkeit v wegfliegt. Vor dem Zusammenstoß m_0 liegt es im Ruhezustand und das andere Teilchen nähert sich mit Geschwindigkeit u. Wenn wir nennen

$$Y = \frac{1}{\sqrt{1 - \dfrac{u^2}{c^2}}}$$

Dann finden
A) V als Funktion von u und y. Und
B) $\frac{M_0}{m_0}$ als Funktion von u und y.

Übung 10.15.
In Eddington-Finkelstein-Koordinaten ist die Metrik eines Schwarzschild-Schwarzen Lochs

$$ds^2 = -\left(1 - \frac{2M}{r}\right) dv^2 + 2 \, dvdr + r^2 \{d\theta^2 + sin^2\theta d\phi^2).$$

(a) Zeigen Sie, dass es sich im Fall M=0 um einen flachen Raum handelt, indem Sie eine Karte (ein Koordinatensystem) finden. $t, \; r, \; \theta, \phi$ für die die Metrik (1) die Form hat

$$ds^2 = -dt^{-2} + dr^{-2} + r^{-2}(d\theta^2 + sin^2\theta d\phi^2) \; (M = 0).$$

(b) Sei r(v) eine radiale zeitartige Kurve, deren Anfangspunkt innerhalb des Horizonts r(0) < 2M liegt. Zeigen Sie, dass r(v) < r(0), wenn v > 0 (d. h. die Kurve kann nicht über den Horizont hinaustreten).

(c) Eine Taschenlampe und ein Beobachter, beide auf der $\theta = \phi = 0$ Achse, haben feste Radien $r = r_f$ und $r = r_o$. Die Taschenlampe strahlt Licht der Wellenlänge λ (gemessen in ihrem Rahmen) aus. Welche Wellenlänge misst der Beobachter?

(d) Zeigen Sie, dass die v = konstanten Flächen Null sind, $g^{ab\nabla}a^{v\nabla}b^v = 0$

Übung 10.16.

Ein Teilchen mit der Ladung 2 q bewegt sich im elektromagnetischen Feld eines festen Teilchens, das sowohl eine elektrische Ladung Q als auch eine magnetische Ladung b trägt: Das Magnetfeld des festen Teilchens ist

$$B = \frac{b}{r^3}\vec{r}$$

Beweisen Sie, dass der Vektor

$$\vec{L} - \frac{qb}{c}\frac{\vec{r}}{r}$$

Ist eine Bewegungskonstante für das Teilchen q, wobei $\vec{L}$ der Drehimpuls der Bahn ist.

Übung 10.17.

Im gezeigten Doppelpendel sind die Punktmassen 3m und m durch schwerelose Stäbe der Länge l miteinander und mit einem Stützpunkt verbunden. Die Massen können in einer vertikalen Ebene frei schwingen. Zum Zeitpunkt $t = d, \theta = 0, \frac{d\theta}{dt} = 0, \phi = \phi_0 \ll 1\ and\ \frac{d\phi}{dt} = 0$.
Finden $\theta(t)\ and\ \phi(t)$.

187

Kapitel 11. Serienausblick

Die klassischen Formulierungen der Punktpartikelbewegung wurden beschrieben: unter Verwendung von Differentialgleichungen (Newtons 1. und 2. ^{Gesetz}); unter Verwendung einer Variationsfunktionsformulierung zur Auswahl der Differentialgleichung (Lagrangesche Variation); unter Verwendung einer Variationsfunktionsformulierung (Aktionsformulierung) zur Auswahl der Variationsfunktionsformulierung. Beschrieben wurden auch die beiden Bereiche für die Bewegung in vielen Systemen: nicht chaotisch und chaotisch.

Ausgehend von der lagrangeschen Variationsformulierung der „Aktion" für die Teilchenbewegung werden wir schließlich die Pfadintegralfunktionsvariationsformulierung mit demselben Lagrangeschen definieren, um zu einer Quantenbeschreibung für die nichtrelativistische Quantenteilchenbewegung zu gelangen (ausführlich beschrieben in Buch 4 [42] und relativistisch in Buch 5 [43]). Ausgehend von der Quantenbeschreibung gelangen wir zum Propagatorformalismus zur Beschreibung der Dynamik (dieser existiert auch in der klassischen Formulierung, wird aber in diesem Zusammenhang normalerweise nicht oft verwendet). Es wird sich dann herausstellen, dass komplexe Propagatoren Verbindungen zu statistischen Mechanik- und Thermodynamikeigenschaften aufweisen (Buch 6 [44]). Die Verbindungen zur statistischen Mechanik werden weiter betont, wenn man sich am „Rand des Chaos" befindet, die Umlaufbewegung aber noch eingeschränkt ist. Dies kann mit einem Gleichgewichts- und Martingalregime verbunden sein, dessen Existenz dann zu Beginn der Herleitungen der statistischen Mechanik und Thermodynamik in Buch 6 [44] verwendet werden kann, wobei die Existenz von Gleichgewichten von Anfang an festgestellt wird. Die Existenz der bekannten Entropiemaße wird bereits in der Beschreibung der Neuromannigfaltigkeit (Buch 3 [41]) angedeutet. Somit kann die thermodynamische Beschreibung in Buch 6 zusammen mit den Gleichgewichten auf einer gut fundierten Grundlage aufbauen, die nicht per Dekret beansprucht wird, sondern als direktes Ergebnis dessen gilt, was bereits in der Theorie/dem Experiment ermittelt wurde, das in den vorhergehenden Büchern der Reihe beschrieben wurde.

Beim Übergang von einer Theorie der Punktteilchen zu einer Theorie der Felder gibt es in den grundlegenden Physikbüchern nicht viel Diskussion über Felder im allgemeinen Sinne, sondern springt normalerweise direkt zum wichtigsten relevanten Gebiet, dem Elektromagnetismus (EM). Für fortgeschrittene Leser kann auch die Allgemeine Relativitätstheorie (ART) behandelt werden, wie in [92]. In den nächsten beiden Büchern der Reihe werden wir diese Themen behandeln, aber wir werden auch grundlegende Felder in 1, 2 und 3D (einschließlich der Strömungsdynamik) sowie 4D-Lorentzfeldformulierungen (für die spezielle Relativitätstheorie), die Eichfeldformulierung (so behandelt Yang Mills in einem klassischen Kontext) und die geometrischen und Eichformulierungen der ART behandeln . Dies bildet die Grundlage für die Standardkräfte und legt nach der Quantisierung (Bücher 4 und 5 der Reihe) die Grundlage für die standardmäßigen renormierbaren Kräfte (alle außer der Gravitation).

In Buch 2 liegt der Schwerpunkt auf der klassischen Feldtheorie in einer festen Geometrie, das wichtigste physikalische Beispiel ist EM. In diesem Zusammenhang erscheint Alpha beispielsweise in der Beschreibung eines Elektron-Positron-Paares: $F = e^2/(4\pi\varepsilon a^2)$ für den Elektron-Positron-Abstand „a", wobei Alpha als Kopplungskonstante erscheint. Später, in der Quantenmechanik, sowohl in der modernen als auch im frühen Bohr-Modell, haben wir Alpha = $[e^2/(4\pi\varepsilon)]/(c\hbar)$. Das Auftreten von Alpha in diesen Situationen erfolgt in gebundenen Systemen. Wenn wir dagegen ungebundene EM-Wechselwirkungen untersuchen, wie etwa bei der Lorentzkraft $F = q(E \times v)$, tritt hier kein Alpha-Parameter auf, ebenso wenig wie bei der frühen quantenmechanischen Analyse solcher Systeme wie bei der Compton-Streuung. Wir sehen also eine frühe Rolle für Alpha, aber nur in gebundenen Systemen, also nur in Systemen mit (konvergenten) Störungsentwicklungen in Systemvariablen.

In Buch 3, klassische Feldtheorie mit *dynamischer* Geometrie, also GR, sehen wir Alpha überhaupt nicht. Stattdessen sehen wir Mannigfaltigkeitskonstrukte und die Mathematik der Differentialgeometrie (und in gewissem Maße der Differentialtopologie und algebraischen Topologie). Mannigfaltigkeitskonstrukte werden im mathematischen Hintergrund in Buch 3 und im Anhang beschrieben. Eine Anwendung im Bereich der Neuromannigfaltigkeiten (siehe [24]) zeigt, dass das Äquivalent eines geodätischen Pfades in diesem Zusammenhang eine Evolution ist, die Schritte mit minimaler relativer Entropie beinhaltet. Ähnlich der Beschreibung einer lokal flachen Raumzeit finden wir eine Beschreibung der „Entropie", die gemäß minimaler relativer Entropie zunimmt/sich entwickelt.

Anhang

A. Eine Übersicht über gewöhnliche Differentialgleichungen

Diese Zusammenfassung entspricht dem Niveau des Caltech-Aufbaukurses in angewandter Mathematik AMa101 von ca. 1985, bei dem der Haupttext von Bender & Orszag [39] stammte. Es wurden viele Aufgaben gestellt und für viele dieser Aufgaben werden vollständige Lösungen bereitgestellt. Daher sind indirekt auch Lösungen für mehrere in [39] vorgestellte Aufgaben im Folgenden enthalten. Das Kernmaterial zu Differentialgleichungen und ausgearbeiteten Beispielen wurde ausgewählt, um schnell die erstaunliche mögliche Komplexität zu vermitteln und Standardlösungsmethoden zu erläutern.

Diese Zusammenfassung umfasst eine Einführung in gewöhnliche Differentialgleichungen, lokale Analyse gewöhnlicher Differentialgleichungen (eine Untersuchung singulärer Punkte), nichtlineare gewöhnliche Differentialgleichungen, Störungsmethoden (einschließlich WKB-Theorie) und Sturm-Liouville-Theorie. Die beiden letztgenannten Themen sind für Probleme der Quantenmechanik am relevantesten und werden daher als Anhang zu Buch 4 über Quantenmechanik aufgeführt.

A.1 Einführung in gewöhnliche Differentialgleichungen

Definieren Sie eine gewöhnliche Differentialgleichung n- ter Ordnung wie folgt:

$$\frac{d^n y}{dx^n} = F\left(x, y, \frac{dy}{dx}, \ldots, \frac{d^{n-1} y}{dx^{n-1}}\right) \rightarrow y^{(n)} = F\left(x, y, y^{(1)}, \ldots, y^{(n-1)}\right),$$

$$(A\text{-}1)$$

und es gibt $y' = y^{(1)}$; $y'' = y^{(2)}$ auch die alternative Notation ; usw. Wenn F linear in ist $y, y^{(1)}, \ldots, y^{(n-1)}$, dann ist die gewöhnliche Differentialgleichung eine lineare gewöhnliche Differentialgleichung [39]. Die Lösung einer linearen gewöhnlichen Differentialgleichung n- ter Ordnung ist eine Funktion von n Integrationskonstanten. Wenn F nichtlinear ist, gibt es immer noch n Integrationskonstanten, aber es können zusätzliche Lösungen vorhanden sein, die nicht durch Wahl der Konstanten konstruiert werden können. Lineare gewöhnliche Differentialgleichungen werden oft in „Operatornotation" geschrieben:

191

$$\mathcal{L} y(x) = f(x),$$

(A-2)

wobei $\mathcal{L}$ der Differentialoperator ist:

$$\mathcal{L} = p_0(x) + p_1(x)\frac{d}{dx} + \cdots + p_{n-1}(x)\frac{d^{n-1}}{dx^{n-1}} + \frac{d^n}{dx^n}.$$

(A-3)

Wenn $f(x) = 0$, dann ist es homogen, andernfalls ist es inhomogen (es hat homogene Lösungen und partikuläre Lösungen). Wir haben ein Anfangswertproblem (IVP), wenn wir $y, y^{(1)}, \ldots, y^{(n-1)}$ bei einem (Anfangs-)Wert wissen $x = x_0 : y(x_0) = a_0$, $y'(x_0) = a_1, \ldots$, $y^{(n-1)}(x_0) = a_{n-1}$, für die es eine allgemeine Lösung gibt $y(x) = \sum_{j=1}^{n} c_j y_j(x)$, wobei die c_j beliebige Integrationskonstanten sind und die $\{ y_j \}$ eine Menge linear unabhängiger Lösungen sind. Um zu bestimmen, ob unsere Lösungsmenge wirklich unabhängig ist, müssen wir ihre Wronski-Lösung auswerten [39]. Die Wronski-Lösung ergibt sich natürlich auch bei der Behandlung des IVP, daher wird sie als nächstes betrachtet. Beachten Sie, dass wir im Gegensatz zu IVPs bei einem Randwertproblem (BVP) Werte (und/oder Ableitungen) an mehr als einem Punkt stellen. Dies ist notwendigerweise ein globaler Lösungskontext, nicht lokal, und daher komplizierter.

Um die Existenz und Eindeutigkeit von IVPs zu zeigen, $y^{(n)} = F(x, y, y^{(1)}, \ldots, y^{(n-1)})$ können wir die Gleichung n-ter Ordnung immer in ein System von n Gleichungen erster Ordnung umwandeln:

$$\frac{dy_i}{dx} = f_i(y_1, y_2, \ldots, y_n, x), \quad i = 1..n, \quad where \ y_i = \frac{d^{i-1}}{dx^{i-1}} y(x).$$

(A-4)

Dies wird oft in Vektornotation geschrieben:

$$\vec{Y} = \begin{pmatrix} y_1(x) \\ \ldots \\ y_n(x) \end{pmatrix}, \qquad \vec{F} = \vec{F}(\vec{Y}, x) = \begin{pmatrix} f_1(x) \\ \ldots \\ f_n(x) \end{pmatrix}, \qquad \frac{d\vec{Y}}{dx}$$

$$= \vec{F}(\vec{Y}, x), \quad with \ IVP: \ \vec{Y}(x = x_0) = \vec{Y_0}$$

(A-5)

Zur Lösung verwenden wir eine rekursive Näherung (Picard-Iteration), beginnend mit der Integralform:

$$\vec{Y}(x) = \vec{Y_0} + \int_0^x F(Y, t) dt.$$

(A-6)

Unter der Annahme $x_0 = 0$ohne Einschränkung der Allgemeinheit (wlog .) schreiben wir:

$$\vec{Y_0}(x) = \vec{Y_0} \, ; \quad \vec{Y_1}(x) = \vec{Y_0} = + \int_0^x \vec{F}(\vec{Y}, t)dt \, ; \quad \ldots \ldots; \quad \vec{Y}_{n+1}(x)$$

$$= \vec{Y} + \int_0^x \vec{F}(\vec{Y_n}, t)dt \, .$$

(A-7)

Die Konvergenz der Folge hängt von ab $\vec{F}$. Lassen Sie uns zeigen, dass die Iteration in einer Umgebung von konvergiert $x = 0$. Lassen Sie uns zunächst zeigen, dass $\vec{F}$eine Lipschitz-Bedingung erfüllt:

$$\left\| \vec{F}(\vec{Y_1}, x) - \vec{F}(\vec{Y_2}, x) \right\| \leq K \left\| \vec{Y_1} - \vec{Y_2} \right\| ,$$

(A-8)

für alle $||\vec{Y} - \vec{Y_0}|| \leq a$und alle $X: \|x\| \leq b$. Wenn Sie mit reinen Zahlen (oder 1-dimensional) arbeiten, haben $\|x\| = |x|$, und, $|x - y| \geq 0$, mit Gleichheit nur, wenn x=y. Außerdem haben $|x - y| = |y - x|$(Symmetrie) und $|x - z| \leq |x - y| + |y - z|$(Dreiecksungleichung). Für Vektoren: $\|\vec{x} - \vec{y}\| = |\sqrt{(\vec{x} - \vec{y}) \cdot (\vec{x} - \vec{y})}|$, und wir haben immer noch Symmetrie und die Dreiecksungleichung. Wir verlangen auch, dass $\vec{F}$beschränkt ist:

$$\vec{F}(\vec{Y}, x) \leq M.$$

Wenn diese Bedingungen erfüllt sind, konvergiert die Picard-Iteration. Zur Demonstration betrachten wir:

$$\vec{Y}_n(x) = \vec{Y_0} + \int_0^x \vec{F}(\vec{Y}_{n-1}, t)dt \quad and \quad \vec{Y}_{n+1}(x) = \vec{Y_0} + \int_0^x \vec{F}(\vec{Y_n}, t)dt.$$

Wir haben dann:

$$\vec{Y}_{n+1} - \vec{Y_n} = \int_0^x [\vec{F}(\vec{Y_n}, t) - \vec{F}(\vec{Y}_{n-1}, t)]dt$$

$$\left\| \vec{Y}_{n+1} - \vec{Y_n} \right\| \leq \int_0^x \left\| \vec{F}(\vec{Y_n}, t) - \vec{F}(\vec{Y}_{n-1}, t) \right\| dt \leq K \int_0^x \left\| \vec{Y_n} - \vec{Y}_{n-1} \right\| dt \, .$$

Um die rechte Seite zu bewerten, berücksichtigen Sie Folgendes:

$$\|\vec{Y_2} - \vec{Y_1}\| \leq K \int_0^x \||Y_1 - Y_0\||dt \leq K \int_0^x dt \int_0^t du \|F(Y_0, u)\|$$

$$\leq KM \int_0^x dt \int_0^t du.$$

Mittels Induktion kann gezeigt werden, dass:

$$\|\vec{Y_{n+1}} - \vec{Y_n}\| \leq \frac{MK^n x^{n+1}}{(n+1)!}.$$

Wenn wir dann schreiben:

$$\vec{Y_n}(x) = \vec{Y_0} + \left(\vec{Y_1} - \vec{Y_2}\right) + \left(\vec{Y_2} - \vec{Y_3}\right) \cdots,$$

dann, wenn die Normreihe konvergiert, dann $\vec{Y_n}$ konvergiert (es gibt wahrscheinlich negierende Faktoren):

$$\|\vec{Y_n}\| \leq \|\vec{Y_0}\| + \sum_{m=0}^{\infty} \frac{MK^m x^{m+1}}{(m+1)!} = \|\vec{Y_0}\| + \frac{M}{K}(e^{kx} - 1).$$

(A-9)

Damit haben wir eine Bedingung an die Lösung, die hinreichend, aber nicht notwendig ist. Um die allgemeine Lösung zu vervollständigen, müssen wir die Eindeutigkeit nachweisen. Wir zeigen die Eindeutigkeit anhand eines Gegenbeispiels, beginnend mit:

$$\vec{X} = \vec{X_0} + \int_0^x F(x,t)dt \quad and \quad \vec{Y} = \vec{Y_0} + \int_0^x F(y,t)dt,$$

(A-10)

Dann

$$\|\vec{X} - \vec{Y}\| \leq \int_0^x \|F(\vec{X}, t) - F(\vec{Y}, t)\| \, dt \leq K \int_0^x \|\vec{X} - \vec{Y}\| dt$$

$$\leq K^2 \int_0^x dt \int_0^1 du \|\vec{X} - \vec{Y}\|,$$

daher

$$\|\vec{X} - \vec{Y}\| \leq \frac{K^{n+1}}{(n+1)!} \int_0^x (x-t)^n \|\vec{X} - \vec{Y}\| dt.$$

(A-11)

194

Wenn n gegen unendlich geht, geht die rechte Seite gegen Null, und wir sehen, dass $\|\vec{X} - \vec{Y}\| = 0$, und nach der Lipschitz-Bedingung haben wir dann $\vec{X} = \vec{Y}$, z. B. Eindeutigkeit. Wir sehen also, dass eine (eindeutige) Lösung im Allgemeinen möglich ist. Was ist diese allgemeine Lösung praktisch gesehen?

Allgemeine homogene Lösung (in Anlehnung an [39])
Halten:

$$\mathcal{L} \, y(x) = 0$$

(A-12)

Wie bei gewöhnlichen Differentialgleichungen üblich, betrachten wir eine Lösung mit einem Exponentialterm: e^{rx}. Wenn wir diesen als Versuchsfunktion in die Operatorgleichung einsetzen, erhalten wir:

$$\mathcal{L} \, e^{rx} = e^{rx} \, P(r),$$

(A-13)

wobei $P(r)$ ein Polynom n-ter Ordnung ist:

$$P(r) = r^n + \sum_{j=0}^{n-1} p_j r^j \, .$$

(A-14)

Die Lösungen entsprechen den Nullstellen von $P(r)$, $r_1, r_2, ...,$ also :

$$y = e^{r_1 x}, e^{r_2 x}, ...$$

(A-15)

Die einzige Komplikation entsteht, wenn es wiederholt Nullstellen gibt. Angenommen, die erste Wurzel ist m-fach, dann haben wir eine Lösung der Form:

$$\mathcal{L} \, e^{rx} = e^{rx} (r - r_1)^m \, Q(r),$$

(A-16)

wobei Q ein Polynom vom Grad ist $n - m$. Eine lineare Kombination aller Lösungen stellt dann eine allgemeine Lösung dar.

Allgemeine inhomogene Lösung
Betrachten Sie die inhomogene Gleichung,

$$\mathcal{L} \, y(x) = f(x).$$

(A-17)

Eine Technik zum Finden einer bestimmten Lösung ist die sogenannte Parametervariation, die am besten funktioniert, wenn Sie eine unabhängige Lösung haben (nicht-null Wronskian) (siehe [39]). Einige Beispiele für diese Technik werden untersucht. In dieser kurzen Zusammenfassung betrachten wir als nächstes die Green'schen

Funktionsmethoden zum Lösen der inhomogenen Gleichung. Dazu verwenden wir Deltafunktionen. Im Folgenden definieren wir die Deltafunktion wie folgt:

$$\delta(x - a) = \begin{Bmatrix} 0 & x \neq a \\ \infty & x = a \end{Bmatrix},$$

(A-18)

so dass:

$$\int_{-\infty}^{\infty} \delta(x - a)dx = 1 \quad and \quad \int_{-\infty}^{\infty} \delta(x - a)f(a)dx = f(x).$$

(A-19)

Wenn wir teilweise integrieren, erhalten wir die klassische Heaviside-Stufenfunktion (mit Stufe bei x=a):

$$\int_{-\infty}^{\infty} \delta(x - a)dx = h(x - a).$$

(A-20)

Die Methode der Greenschen Funktion besteht darin, die spezielle Lösung für

$$\mathcal{L}\, G(x, a) = \delta(x - a),$$

(A-21)

wobei die Lösung der allgemeinen inhomogenen Gleichung dann trivial folgt aus:

$$y_p(x) = \int_{-\infty}^{\infty} da\, f(a)G(x, a).$$

(A-22)

Im Folgenden spezialisieren wir uns auf eine Differentialgleichung zweiter Ordnung (trivial 2x2 Wronskian). In diesem Fall gelangen wir zu der Form:

$$\frac{d^2}{dx^2}G(x, a) + p(x)\frac{d}{dx}G(x, a) + p_0(x)G = \delta(x - a).$$

(A-23)

Nun muss die L:HS mit der Singularität der Deltafunktion auf der rechten Seite übereinstimmen. Daher muss ein rgue $d^2G/dx^2 \sim \delta(x - a)$(also muss G weniger singulär sein als $\delta(x - a)$). Ebenso dürfen wir dG/dxnicht mehr Singularität haben als eine Stufenfunktion, z. B. $dG/dx \sim h(x - a)$. Damit im Einklang steht, dass G nicht mehr Varianten sein darf als eine Rampenfunktion (Null, bis die Rampe bei x=a beginnt), die mit „r" bezeichnet wird: $G \sim r(x - a)$. Das ist alles, was wir wissen müssen, um zu einer allgemeinen Formulierung der Lösung zu gelangen.

Der Trick besteht nun darin, die gewöhnliche Differentialgleichung $a -$ εzu analysieren , indem wir von nach integrieren $a + \varepsilon$und Folgendes setzen $\varepsilon \to 0$:

$$\int_{a-\varepsilon}^{a+\varepsilon} \frac{d^2G}{dx^2}dx + \int_{a-\varepsilon}^{a+\varepsilon} p\frac{dG}{dx}dx + \int_{a-\varepsilon}^{a+\varepsilon} Gp_0 dx = \int_{a-\varepsilon}^{a+\varepsilon} \delta(x-a) = 1.$$

Daher,

$$\frac{dG}{dx}\Big|_{a+\varepsilon} - \frac{dG}{dx}\Big|_{a-\varepsilon} = 1.$$

(A-24)

Wenn wir mit zwei (unabhängigen) homogenen Lösungen $y_1(x)$und arbeiten $y_2(x)$, wissen wir, dass wir die inhomogene Lösung auf beiden Seiten der Singularität in der „homogenen" Form für diese Seite ausdrücken können. Schreiben wir die Greensche Funktion folgendermaßen:

$$G(x,a) = \begin{cases} A_1 y_1(x) + A_2 y_2(x) & x < a \\ B_1 y_1(x) + B_2 y_2(x) & x \geq a \end{cases}$$

(A-25)

Da G an der Stelle x=a stetig ist, gilt:

$$A_1 y_1(a) + A_2 y_2(a) = B_1 y_1(a) + B_2 y_2(a)$$
$$B_1 y_1'(a) + B_2 y_2'(a) - A_1 y_1{}'(a) - A_2 y_2{}'(a) = 1$$

In Matrixnotation:

$$\begin{bmatrix} y_1(a) & y_2(a) \\ y_1{}'(a) & y_2{}'(a) \end{bmatrix} \begin{bmatrix} B_1 - A_1 \\ B_2 - A_2 \end{bmatrix} = \begin{bmatrix} 0 \\ 1 \end{bmatrix},$$

was gelöst werden kann durch

$$B_1 - A_1 = \frac{-y_2(a)}{W(y_1(a), y_2(a))}$$

$$B_2 - A_2 = \frac{y_1(a)}{W(y_1(a), y_2(a))}$$

wobei W der Wronski-Wert ist, also

$$W = det \begin{bmatrix} y_1(a) & y_2(a) \\ y_1{}'(a) & y_2{}'(a) \end{bmatrix}.$$

Damit können Sie

$$y(x) = \int_{-\infty}^{\infty} G(x,a)f(a)da$$

ist die Gesamtlösung, wenn $y(x)$die angegebenen BCs oder Anfangswerte erfüllt sind. Betrachten wir ein einfaches Beispiel $\mathcal{L}y(x) = f(x):y(x)$

$$y'' = f(x) \quad \text{with} \quad \begin{matrix} y(0) = 0 \\ y'(1) = 0 \end{matrix}$$

Wir erhalten $W = \begin{bmatrix} 1 & x \\ 0 & 1 \end{bmatrix} = 1$ und

$$B_1 - A_1 = -a$$
$$B_1 - A_1 = 1$$

Daher,

$$G(x, a) = \begin{cases} A_1 y_1(x) + A_2 y_2(x) & x < a \\ B_1 y_1(x) + B_2 y_2(x) & x \geq a \end{cases} = \begin{cases} A_1 + A_2 x & x < a \\ B_1 + B_2 x & x \geq a \end{cases},$$

(A-26)

woraus wir bestimmen:

$$A_1 = 0 \quad B_1 = -a$$
$$B_2 = 0 \quad A_2 = -1 \ .$$

Daher,

$$G = \begin{cases} -x & x < a \\ -a & x \geq a \end{cases}.$$

Lösen für $y(x)$:

$$y(x) = \int_0^1 da\, G(x,a) f(a) = \int_0^a da\, (-x) f(a) + \int_a^1 da\, (-a) f(a)$$

(A-27)

Nichtlineare gewöhnliche Differentialgleichungen (siehe [65] für viele Beispiele)

für unsere erste nichtlineare gewöhnliche Differentialgleichung die Bernoulli-Gleichung:

$$y'(x) = a(x)y + b(x)y^p \ .$$

(A-28)

Versuchen wir, dies durch Ersetzen von zu lösen $u(x) = y(x)^{1-p}$, wobei:

$$\frac{du}{dx} = (1 - p) y^{-p} \frac{dy}{dx} \ .$$

(A-29)

Damit erhalten wir:

$$\frac{du}{dx} = [a(x)y^{-p} + b(x)](1 - p),$$

(A-30)

welche eine gewöhnliche Differentialgleichung erster Ordnung ist und somit direkt lösbar ist.

Wenn wir mit derselben Form erster Ordnung arbeiten, nur jetzt mit quadratischer Gleichung in y, erhalten wir die Riccati-Gleichung. Eine einfache Transformation zeigt, dass die allgemeine Riccati-Gleichung mit

198

der allgemeinen (linearen) Differentialgleichung zweiter Ordnung zusammenhängt. Somit sind wir bereits bei der Erlangung allgemeiner Lösungen selbst für die scheinbar „einfache" Riccati-Gleichung an eine Grenze gestoßen. Dies liegt daran, dass es keine allgemeine Lösung für die lineare Differentialgleichung zweiter Ordnung gibt (und somit auch keine allgemeine Lösung für die Riccati-Gleichung). Versuchen wir also, die folgende Riccati-Gleichung zu lösen:

$$y' = y^2 + \frac{y}{x} + x^2.$$

(A-31)

Wir finden eine Lösung mit $y = x$, also betrachten wir eine allgemeine Lösung der Form: $y = x + u(x)$:

$$u' = \left(2x + \frac{1}{x}\right)u + u^2$$

(A-32)

Dies ist eine Gleichung erster Ordnung und somit lösbar.

Einige andere erwähnenswerte Techniken, beginnend mit dem Operator „Faktorisierung". Betrachten Sie

$$\frac{d^2y}{dx^2} + p(x)\frac{dy}{dx} + q(x)y = f(x).$$

(A-33)

Wir können dies wie folgt faktorisieren:

$$\left(\frac{d}{dx} + a(x)\right)\left(\frac{dy}{dx} + b(x)\right)y = f(x).$$

(A-34)

Die beiden Formen stimmen überein, wenn $(b + a) = p$ und $b' + ab = q$.

Betrachten wir als nächstes die Möglichkeit einer 'exakten' Gleichung, z. B. mit der Form

$$M(x,y) + N(x,y)\frac{dy}{dx} = 0,$$

(A-35)

so dass

$$M(x,y)dx + N(x,y)dy = dF(x,y) = \left[\frac{\partial F}{\partial x}\right]dx + \left[\frac{\partial F}{\partial y}\right]dy = 0.$$

Der Test für eine exakte Form ist also, dass

$$\frac{\partial M}{\partial y} = \frac{\partial N}{\partial x}.$$

Betrachten wir als nächstes den Begriff des „integrierenden Faktors".
Diese Situation entsteht, wenn

$$M(x,y)dx + N(x,y)dy \neq dF(x,y),$$

aber durch Multiplikation mit einem (integrierenden) Faktor erhalten wir:

$$\mu(x,y)M(x,y)dx + \mu(x,y)N(x,y)dy = dF(x,y).$$

Der letztere Ausdruck ist dann eine exakte Form, wenn

$$\frac{\partial(M\mu)}{\partial y} = \frac{\partial(N\mu)}{\partial x}.$$

(A-37)

Für nichtlineare gewöhnliche Differentialgleichungen höherer Ordnung
sind wichtige Vereinfachungen möglich, wenn bestimmte Formen
existieren. Betrachten wir einige davon:
(i) Autonom – eine gewöhnliche Differentialgleichung ist autonom,
wenn sie keine explizite Abhängigkeit von der abhängigen Variablen hat.
(ii) Gleichdimensional – eine gewöhnliche Differentialgleichung ist
gleichdimensional, wenn die Substitution $x \to ax$ die Gleichung invariant
lässt. Eine solche Gleichung kann mit der Substitution trivial in eine
autonome Form gebracht werden $x = e^t$.
(iii) Skaleninvariant – eine gewöhnliche Differentialgleichung ist
skaleninvariant, wenn die Substitutionen $x \to ax$ und $y \to a^p y$ die
Gleichung verlassen. Eine solche Gleichung kann mit der Substitution
trivial in die gleichdimensionale Form (und von dort in die autonome)
gebracht werden $y = x^p u$. Wenden wir uns nun dem Problem der
singulären Punkte bei der Lösung gewöhnlicher Differentialgleichungen
zu.

Die oben genannten Lösungsmethoden für gewöhnliche
Differentialgleichungen sind so robust, dass selbst wenn keine exakten
Lösungen erreicht werden können, im Allgemeinen Näherungslösungen
lokal in der Nähe eines interessierenden Punktes erreicht werden können.
Oft ist das ohnehin alles, was benötigt wird. Das Einzige, was also
schiefgehen kann, ist, wenn der interessierende Referenzpunkt nicht
„gewöhnlich" ist, d. h. wenn der Punkt „singulär" ist. Lassen Sie uns nun
diese Möglichkeit untersuchen.

Singuläre Punkte homogener linearer Gleichungen
Erinnern Sie sich an die Notation, die für die homogene lineare
Differentialgleichung eingeführt wurde:

$$\mathcal{L}\, y(x) = f(x),$$

Wo

$$\mathcal{L} = p_o(x) + p_1(x)\frac{d}{dx} + \cdots + p_{n-1}(x)\frac{d^{n-1}}{dx^{n-1}} + \frac{d^n}{dx^n}.$$

(A-38)

Die allgemeine Theorie zur Analyse singulärer Punkte beginnt mit der obigen Form, wenn komplexe Argumente betrachtet werden, nicht nur reelle [39,65, 66]. Die erzielten theoretischen Ergebnisse [67] kategorisieren dann die singulären Punkte hinsichtlich der Analytik (komplexe Eigenschaften) der Koeffizientenfunktionen:

Gewöhnlicher Punkt

Ein Punkt x_0 ist gewöhnlich, wenn alle Koeffizientenfunktionen in der Umgebung von analytisch sind x_0. Fuchs zeigte 1866, dass alle n linear unabhängigen Lösungen für eine ^{lineare} gewöhnliche Differentialgleichung . Ordnung (die aus früheren Analysemethoden gewonnen wurden) in der Umgebung eines gewöhnlichen Punkts analytisch sind.

Regelmäßiger singulärer Punkt

Ein Punkt x_0 ist ein regulärer singulärer Punkt, wenn nicht alle Koeffizientenfunktionen analytisch sind, aber alle Terme in $\mathcal{L}\, y(x)$ lokal analytisch sind (um den Referenzpunkt x_0), d. h. wenn die folgenden Funktionen analytisch sind: $(x - x_0)^n p_o(x)$, $(x - x_0)^{n-1} p_1(x)$, ... , $(x - x_0)p_{n-1}(x)$. Beachten Sie, dass eine Lösung an analytisch sein kann, x_0 auch wenn x_0 ein regulärer singulärer Punkt ist. Wenn sie an einem regulären singulären Punkt nicht analytisch ist, muss eine Lösung entweder einen Pol oder einen algebraischen oder logarithmischen Verzweigungspunkt beinhalten. Dementsprechend zeigte Fuchs, dass es immer eine Lösung der Form gibt (nach Notation von [39]):

$$y = (x - x_0)^\alpha A(x),$$

(A-39)

wobei α der indikative Exponent ist und $A(x)$ eine Funktion ist, die an der regulären singulären Stelle analytisch ist x_0. Wenn die Ordnung zweiter oder größer ist, existiert eine zweite Lösung in einer von zwei möglichen Formen:

$$y = (x - x_0)^\beta B(x),$$

(A-40)

oder

$$y = (x - x_0)^\beta B(x) + (x - x_0)^\alpha A(x)\ln(x - x_0).$$

(A-41)

Wenn wir über die zweite Ordnung hinausgehen, weisen zusätzliche Lösungen im schlimmsten Fall ein singuläres Verhalten der Form auf:

$$y = (x - x_0)^\delta \sum_{i=0}^{n-1} [\ln(x - x_0)]^i A_i(x),$$

(A-42)

wobei alle Funktionen A_i analytisch sind. Daher können reguläre singuläre Punkte in einer umfassenden Theorie ähnlich wie gewöhnliche Punkte behandelt werden.

Unregelmäßiger einzelner Punkt

Ein Punkt x_0 ist ein irregulärer singulärer Punkt, wenn er weder regulär noch gewöhnlich ist. Es gibt keine umfassende Theorie zur Lösung eines irregulären singulären Punktes. Von Fuchs wissen wir, dass der Punkt regulär sein muss, wenn alle Lösungen die im vorherigen Abschnitt angegebenen Formen haben. Umgekehrt gilt: Wenn wir einen irregulären singulären Punkt haben, hat mindestens eine der Lösungen nicht die oben angegebenen Formen. Typischerweise haben die Lösungen tatsächlich alle wesentliche Singularitäten (nicht analytisch) am Referenzpunkt, x_0 an dem der irreguläre singuläre Punkt (ISP) existiert.

Beispiel A.1.

$$x^2 y'' - x(x+1)y' + y = 0$$

Wir sehen, dass das $x_0 = 0$ unregelmäßig ist . Versuchen Sie:

$$y(x) = \sum_{n=0}^{\infty} \frac{a_n}{x^{n+\alpha}}.$$

Dann habe:

$$y'(x) = -\sum_{n=0}^{\infty} (n+\alpha) \frac{a_n}{x^{n+\alpha+1}} \quad and \quad y''(x)$$

$$= \sum_{n=0}^{\infty} (n+\alpha)(n+\alpha+1) \frac{a_n}{x^{n+\alpha+2}}.$$

Daher

$$a_{n+1} = -(n+1)a_n \quad \rightarrow \quad y(x) = a_0 \sum_{n=0}^{\infty} \frac{(-1)^n n!}{x^n}.$$

Bisher ist unsere Lösung nicht einmal gut (sie divergiert) und weist auf einige der Probleme hin, die bei irregulären singulären Punkten (ISPs) auftreten können. Die Lösung deutet jedoch auf eine Antwort hin. Betrachten Sie

202

$$y(x) = x \int_0^\infty \frac{e^{-t}}{x+t} dt.$$

Dann haben wir:

$x^2 y'' - x(x+1)y' + y$

$$= \int_0^\infty e^{-t} \left[\frac{-2x^2}{(x+t)^2} + \frac{2x^2}{(x+1)^3} - \frac{x^2+x}{x+t} + \frac{x^3+x^2}{(x+t)^2} \right.$$

$$\left. + \frac{x}{x+t} \right] dt = 0,$$

das funktioniert. Lassen Sie uns mit der angegebenen Lösung erweitern für $x \to \infty$:

$$y(x) = \int_0^\infty \frac{e^{-t}}{1+t/x} dt$$

lass $t = xS$ bekommen:

$$y(x) = \int_0^\infty \frac{e^{-xs}}{1+S} ds \approx \sum_{n=0}^\infty \frac{(-1)^n n!}{x^n}.$$

Betrachten wir nun das exponentielle Verhalten in der Nähe des ISP für Folgendes:

$$y'' - (x^2+1)y = 0$$

wo der ISP ist $x_0 = \infty$. Wir haben für Lösungen

$$y_1(x) = e^{x^2/2} \quad and \quad y_2(x) = e^{x^2/2} \, erfc(x) \approx \frac{1}{\sqrt{\pi}} \frac{1}{x} e^{\frac{x^2}{2}} \, as \ x \to \infty.$$

Wenn ja, $x_0 \neq \infty$ dann könnte das typische Verhalten sein $\exp(-\frac{1}{(x-x_0)^2})$. Um das Leitverhalten zu bestimmen, schreiben Sie:

$$y(x) = e^{S(x)}, \quad y' = S' e^{S(x)}, \quad and \quad y'' = [(S')^2 + S'']e^S.$$

Daher

$$S'' + (S') - (x^2+1) = 0 \quad as \ x \to \infty.$$

Mit der Methode der **_Dominanten Balance_** :

Beachten Sie, dass x^2 groß wird. Was gleicht es aus?
  (i) S'' wird schneller groß als $(S')^2$, und $S'' \gg (S')^2$ as $x \to \infty$.
  (ii) $S'' \ll (S')^2$ as $x \to \infty$ (beim ISP immer wahr).
  (iii) Alle drei Begriffe haben die gleiche Reihenfolge (schlecht, Methode kann nicht verwendet werden).

Betrachten Sie Fall (i): $S'' \approx x^2$ as $x \to \infty$, was ergibt $S' \approx x^3/3$, aber dies ist inkonsistent mit $S'' \gg (S')^2$ als $x \to \infty$.
Betrachten Sie Fall (ii): $(S')^2 \approx x^2$ as $x \to \infty$, was ergibt $S' \approx \pm x$, also $S'' \approx \pm 1$. Da $S'' \ll (S')^2$ als

$x \to \infty$das ist konsistent. Wir sehen, dass das $S \approx \pm x^2/2$funktioniert. Tatsächlich $x^2/2$ist + eine exakte Lösung. Für die andere Lösung versuchen wir: $S(x) = -x^2/2 + C(x)$. Dies erzeugt eine separate dominante Gleichgewichtsanalyse, und wir stellen fest, dass die einzige gültige Wahl ist $C(x) \sim -\ln(x)$, und
$$S \sim -x^2/2 - ln(x) + \cdots$$
Daher,
$$y(x) \sim e^{-\frac{1}{2}x^2} \sum_{n=1}^{\infty} a_n x^{-n} = e^{-\frac{1}{2}x^2} F(x)$$

und wir können von hier aus mit der klassischen Frobenius-Methode fortfahren [65]:
$$y'' - (x^2 + 1)y = e^{-\frac{1}{2}x^2}[F'' - 2xF' - 2F] = 0$$
Verwenden Sie die Standardreihenerweiterung für F:

$$0 \cdot a_1 + 2 \cdot a_2 + \sum_{n=3}^{\infty} [(n-2)(n-1)a_{n-2} + 2(n-1)a_n]x^{-n} = 0$$
Somit haben wir: $a_1$ist beliebig, $a_2 = 0$, und $a_{n+2} = -\frac{n}{2}a_n$. Somit,
$$a_{2n+1} = \frac{(-1)^n(2n-1)!!}{2^n}a_1$$
$$y(x) \sim e^{-\frac{1}{2}x^2} \sum_{n=0}^{\infty} \frac{(-1)^n(2n-1)!!}{2^n x^{2n+1}} a_1.$$

Betrachten wir die systematische Erweiterung als einen regulären singulären Punkt, spezialisiert auf die zweite Ordnung:
$$\mathcal{L}y = y'' + \frac{p(x)}{x}y' + \frac{q(x)}{x^2}y = 0$$
Nehmen wir einen regulären singulären Punkt bei x=0 an und dass p(x), q(x) analytisch bezüglich x=0 sind. Ersetzen Sie
$$y = \sum_{n=0}^{\infty} a_n x^{n+\alpha}.$$

Beispiel A.2.
Lösen:
$$y'' + \frac{1}{xy'} - \left(1 + \frac{v^2}{x^2}\right)y = 0.$$

Wir haben: $p(x) = 1$, $p_0 = 1$, $q(x) = -x^2 - v^2$, $q_0 = -v^2$. Somit

Auf Bestellung $x^{\alpha-2}$; $(\alpha(\alpha - 1) + \alpha - v^2)a_0 = 0 \rightarrow \alpha^2 - v^2 = 0 \rightarrow \alpha = \pm v$. Wenn $v$eine Bruchzahl ist ($v \neq 0$ and $2v \neq n$) wir erhalten zwei Lösungen, also fertig, und haben:
Bei Bestellung $x^{\alpha-1}$: $x^{\alpha-1}[(\alpha + 1)^2 - v^2]a_1 = 0 \rightarrow a_1 = 0$
Auf Bestellung $x^{\alpha+n-2}$:$x^{\alpha+n-2}[(\alpha + n)^2 - v^2]a_n = a_{n-2} \rightarrow 0 = a_1 = a_3 = a_5 \ldots$
Die Lösung lautet also:

$$y(x) = a_0 \Gamma(v + 1) x^v \sum_{n=0}^{\infty} \frac{(x/2)^{2n}}{n!\, \Gamma(n + v + 1)}.$$

Beachten Sie, dass . $a_n = (a_n - 2)/[(-v + n)^2 - v^2]$Der Nenner verschwindet $n = 2v$also, wenn $\alpha = -v$. Wenn $v$halbzahlig ist, d. h. $1/2, 3/2, \ldots$, dann $2v$ist ungerade-ganzzahlig. Nach $2v$Schritten haben wir eine neue beliebige Konstante a_{2v}(passiert beispielsweise bei Bessel-Funktionen) und die Rekursionsrelation erzeugt dann zwei linear unabhängige Lösungen.

Doppelter Wurzelfall:$\alpha_1 = \alpha_2$
Betrachten wir die Frobenius-Form für die erste Lösung:
$x^\alpha \sum_{n=0}^{\infty} a_n(\alpha)x^n = y(x, \alpha)$. Wenn es eine doppelte Wurzel gibt, kann man zeigen, dass eine zweite Lösung aus der Relation folgt (hergeleitet in [39]):

$$\mathcal{L}\left[\frac{\partial}{\partial \alpha} y(x, \alpha)\Big|_{\alpha=\alpha_1}\right] = 0\,.$$

Beispiel A.3. Die modifizierte Bessel-Funktion für $v = 0$:

$$y'' + \frac{1}{x}y' - y = 0,$$

wobei es bei Substitution mit der obigen Frobenius-Form eine doppelte Wurzel gibt $\alpha = 0$. Auswertung in verschiedenen Ordnungen:
Wir beginnen damit, $a_0$eine beliebige Konstante zu sein.
Bei $\mathcal{O}(x^{\alpha-1})$haben wir $[(\alpha + 1)^2 a_1] = 0 \rightarrow a_1 = 0$.
Bei $\mathcal{O}(x^{\alpha+n-2})$haben wir $[(\alpha + n)^2 a_n - a_{n-2}] = 0$, also, denn $n \geq 2$wir haben
$a_2 = \frac{a_0}{(\alpha+2)^2}$
$a_4 = \frac{a_0}{(\alpha+4)^2(\alpha+2)^2}$

205

$$a_4 = \frac{a_0}{(\alpha+6)^2(\alpha+4)^2(\alpha+2)^2}$$

Somit haben wir für eine Lösung (für $\alpha = 0$):

$$I_0(x) = a_0\left[1 + \frac{(x/2)^2}{(1!)^2} + \frac{(x/2)^4}{(2!)^2} \cdots\right] = a_0\sum_{n=0}^{\infty}\frac{(x/2)^{2n}}{(n!)^2} .$$

Die andere Lösung ist $\frac{\partial}{\partial\alpha}x^\alpha\sum_{n=0}^{\infty}a_n(\alpha)x^n\Big|_{\alpha=0}$. Die andere Lösung ist dann:

$$y(x) = \ln x\, I_0(x) + \sum_{n=0}^{\infty}\frac{\partial}{\partial\alpha}a_n(\alpha)\Big|_{\alpha=0} x^n = \ln x\, I_0(x) + \sum_{n=0}^{\infty}b_n x^n$$
$$= K_0(x) .$$

Im Allgemeinen sehen wir, dass die ungeraden Zahlen b_n verschwinden (wie bei a_n), und für gerade n:

$$b_{2n} = \frac{-a_0}{2^{2n}n!}[1 + 1/2 + 1/3 + 1/4 + \cdots 1/n].$$

Zur weiteren Diskussion der modifizierten Bessel-Lösungen siehe$v$ = Ganzzahl, siehe [39] und die folgenden Beispiele.

Verwenden des dominanten Gleichgewichts zum Lösen inhomogener Gleichungen
Beispiel A.4.
$$y' + xy = 1/x^4$$

Betrachten Sie das asymptotische Verhalten für x→0:

(1) Gleichgewicht$y' +$
$xy \sim 0$ $\quad$ asymptotic to zero(authors don'tlike)
Dies geht $y$asymptotisch gegen Null, was mit nicht vereinbar ist
$y \sim A exp(-x^2/2) \to 0$.

(2) $xy \sim 1/x^4 \to y \sim 1/x^5$(was inkonsistent ist).

(3) $y' \sim \frac{1}{x^4} \to y = -\frac{1}{3}x^{-3}$, was mit übereinstimmt $xy \sim x^{-2}$.

Versuchen Sie also: $y = -\frac{1}{3}x^{-3} + C(x)$, was $C = -\frac{1}{3}x^{-1}$für die Lösung ausgeglichen ist.

Beispiel A.5. (Inhomogene Airy-Gleichung)
$$y'' = xy - 1$$

Asymptotik für $y(x \to +\infty) \to 0$betrachten . Dies kann durch Variation der Parameter gelöst werden. Da es in zweiter Ordnung zwei unabhängige Lösungstypen für die homogene Airy-Gleichung gibt, bezeichnen wir sie wie folgt:

$$y_1 = Ai(x), \qquad y_2 = Bi(x).$$

Die allgemeine Lösung durch Variation der Parameter lautet somit

$$y(x) = \pi \left[Ai(x) \int_0^x Bi(t)dt + Bi(x) \int_x^\infty Ai(t)dt \right] + C Ai(x)$$

Das asymptotische Verhalten von Ai, Bi ist:

$$Ai(x) \sim \frac{1}{2\sqrt{\pi}} x^{-1/4} \exp\left(-\frac{2}{3}x^{\frac{3}{2}}\right)$$

$$Bi(x) \sim \frac{1}{\sqrt{\pi}} x^{-1/4} \exp\left(-\frac{2}{3}x^{\frac{3}{2}}\right)$$

Daher,

$$\int_0^x Bi(t)dt \sim \int_0^x \frac{1}{\sqrt{\pi}} t^{-1/4} \exp\left(\frac{2}{3}t^{3/2}\right) dt$$

$$= \int_0^x \frac{1}{\sqrt{\pi}} t^{-\frac{1}{4}} t^{-\frac{1}{2}} \frac{d}{dt} \exp\left(\frac{2}{3}t^{3/2}\right) dt$$

$$\int_0^x Bi(t)dt \sim \frac{1}{\sqrt{\pi}} x^{-3/4} \exp\left(2/3\, x^{3/2}\right) + \cdots$$

$$\int_x^\infty Ai(t)dt \sim \int_x^\infty \frac{1}{2\sqrt{\pi}} t^{-1/4} \exp\left(-\frac{2}{3}t^{3/2}\right) dt$$

$$= \frac{1}{2\sqrt{\pi}} x^{-3/4} \exp\left(-2/3\, x^{3/2}\right) + \cdots$$

Daher,

$$y(x) = \pi \frac{1}{2\sqrt{\pi}} x^{-1/4} exp\left(-\frac{2}{3}x^{3/2}\right) \frac{1}{\sqrt{\pi}} x^{-3/4} exp\left(\frac{2}{3}x^{3/2}\right) +$$

$$\pi \frac{1}{\sqrt{\pi}} x^{-1/4} exp\left(\frac{2}{3}x^{3/2}\right) \frac{1}{2\sqrt{\pi}} x^{-3/4} exp\left(-\frac{2}{3}x^{3/2}\right)$$

$$+ C\, Ai(x)$$

was vereinfacht zu folgendem Ergebnis führt:

$$y(x) \sim \frac{1}{x}.$$

Lassen Sie uns die Analyse mit der Methode des dominanten Gleichgewichts wiederholen:

Bedenken Sie $y'' \sim -1 \to y \sim -x^2/2$, was inkonsistent ist.

Bedenken Sie $-xy \sim -1 \to y \sim \frac{1}{x}$, was konsistent ist, und fertig.

Bisher haben wir das Verhalten erster Ordnung erhalten. Betrachten wir nun den Korrekturterm:

$y = 1/x + C(x) \to y = -1/x^2 + C' \to y'' = 2/x^3 + C''$, also haben wir nach der Substitution:

$$\frac{2}{x^3} + C'' - 1 - xC(x) = -1 \to C'' - xC \sim -\frac{2}{x^3}$$

Ein separates dominantes Gleichgewicht im letzten Ausdruck zeigt Konsistenz mit $C(x) \sim \frac{2}{x^4}$. Wir haben also die ersten beiden Ordnungen. Schreiben wir die allgemeine Lösung in der Form:

$$y(x) \sim \frac{1}{x} \sum_{n=0}^{\infty} a_n x^{-3n} \qquad as \; x \to \infty$$

Vermuten

$$y(x) = \frac{1}{x} \sum_{n=0}^{\infty} a_n x^{-3n}$$

Dann

$$y'(x) = -\frac{1}{x^2} \sum a_n x^{-3n} + \frac{1}{x} \sum (-3n) a_n x^{-3n-1}$$

$$y''(x) = \frac{2}{x^3} \sum a_n x^{-3n} - \frac{2}{x^2} \sum_{n=0}^{\infty} a_n (-3n) x^{-3n-1} + \frac{1}{x} \sum (-3n) a_n x^{-3n-2}$$

Somit $y'' - xy = -1$ haben wir:

$$\sum_{n=0}^{\infty} (2 + 6n + (3n)(3n+1)) a_n x^{-3n-3} - \sum_{n=0}^{\infty} a_n x^{-3n} = -1$$

Die Koeffizientenbeziehungen lauten dann:

$$a_0 = 1$$

Und

$$a_{n+1} = (3n+1)(3n+2)a_n$$

Daher,

$$y(x) = \frac{1}{x} \sum_{n=0}^{\infty} \frac{(3n)!}{3^n (n!)} \frac{1}{x^{3n}}$$

Beispiel A.6.

Betrachten wir nun ein Beispiel, bei dem das Ausbalancieren nur zweier Terme fehlschlägt:

$$y' - \frac{y}{x} = \frac{\cos x}{x^2} \qquad want \; behaviour \; as \; x \to 0^+$$

208

Versuchen Sie, mit das Gleichgewicht zu halten $y' - y/x \sim 0 \;\rightarrow$ $y' \sim cx$ (*inconsistent*).

Versuchen Sie, mit das Gleichgewicht zu halten $-\frac{y}{x} \sim \frac{\cos x}{x^2} \;\rightarrow$ $y \sim \frac{-\cos x}{x}$ (*inconsistent*).

Versuchen Sie, das Gleichgewicht zu halten mit $y' \sim \frac{\cos x}{x^2} \;\rightarrow\; y \sim -\frac{1}{x}$ (*also inconsistent, but close*)

Wir bewegen uns also zu einem dominanten Gleichgewicht mit drei Termen mit $\cos x \rightarrow 1$:

$$y' - \frac{y}{x} \sim \frac{1}{x^2} \;\rightarrow\; y \sim \frac{C}{x} \;\rightarrow\; y \sim -\frac{C}{x^2}$$

was konsistent ist für $C = -1/2$.

Nichtlineare Differentialgleichungen haben Polpositionen, die von den Anfangsbedingungen abhängen (können nicht durch Inspektion gefunden werden). Selbst wenn die Gleichung regulär ist und der Picard-Satz eine lokale Lösung garantiert, ist es im Allgemeinen immer noch schwierig zu wissen, wo die nächste Singularität liegt. Betrachten Sie beispielsweise:

$$y^1 = \frac{y^2}{1 - xy} \qquad y(0) = 1$$

Ersetzen Sie durch $y = \sum_{n=0}^{\infty} a_n x^n \;\rightarrow\; a_n = \frac{(n+1)^{n-1}}{n!}$. Wir können jetzt den Konvergenzradius R berechnen:

$$R = \lim_{n\to\infty} \left| \frac{a_n}{a_{n+1}} \right| = \lim_{n\to\infty} \left| \frac{n+1}{n+2} \frac{(n+1)^{n-2}}{(n+2)^{n-1}} \right| = \lim_{n\to\infty} \left| \left(1 - \frac{1}{n+2}\right)^n \right| = \frac{1}{e}.$$

Betrachten wir nun eine Differentialgleichung zweiter Ordnung in der Sturm-Liouville-Form (SL):

$$\frac{d}{dz} p \frac{d\Psi}{dz} + (q + \lambda R)\Psi = 0 \quad with \quad BC's \quad \Psi(a) = \Psi(b)$$
$$= 0 \qquad a < z < b.$$

(A-43)

Eigenschaften der SL-Gleichung:

- Keine Lösungen im Allgemeinen, es sei denn, $\lambda = \lambda_m$, $\Psi = \Psi_m$
- Sie λ_m sind von unten abgerundet und man kann sie jederzeit so anpassen, dass $\lambda_0 = 0$
- Der $\lambda_m{'}s \rightarrow +\infty$ as $n \rightarrow \infty$
- $\int_a^b R(z)\,\Psi_n(z)\,\Psi_m(z)\,dz = E_n^2 \delta_{nm}$

209

- Behauptung: Wir können die Eigenfunktionen verwenden, um eine beliebige Funktion im Sinne der kleinsten Quadrate anzupassen:

$$f(z) = \sum_{n=0}^{\infty} A_n \, \Psi_n(z),$$

(A-44)

Wo

$$\int_a^b R(z)f(z)\,\Psi_m(z)dz = \sum_{n=0}^{\infty} A_n \int_a^b dz \, R \, \Psi_n \Psi_m = A_n E_n^2.$$

(A-45)

Daher,

$$A_n = \frac{\int_a^b R(z)f(z)\,\Psi_m(z)dz}{E_n^2}.$$

(A-46)

Daher behaupten wir, dass $\sum_{n=0}^{N} A_n \, \Psi_n(z)$ eine Lösung für das Problem ist, ein Bleiquadrat zu finden, das zu passt $f(z)$. Um dies zu beweisen, möchten wir minimieren $I = \int_a^b R(z)dz[f(z) - \sum_{n=0}^{N} A_n \, \Psi_n(z)]^2$:

$$\frac{\partial I}{\partial A_m} = 0 = \int_a^b R(z)dz \left[f(z) - \sum_{n=0}^{N} A_n \, \Psi_n(z) \right] \left[-\sum_{n=0}^{N} \delta_{nm} \, \Psi_n(z) \right].$$

Wir möchten zeigen, dass $N \to \infty$ der Fehler im Sinne der kleinsten Quadrate gegen Null geht. Wir können zeigen, dass das Lösen einer Sturm-Liouville-Operation gleichbedeutend ist mit der Minimierung von:

$$\Omega = \int_a^b \left[p(z) \left(\frac{d\Psi}{dz} \right)^2 - q(z) \, \Psi^2 \right] dz$$

(A-47)

Vorbehaltlich $\int_a^b \Psi^2 R(z)dz = constant$. Angenommen, wir wählen eine Testfunktion $\Psi(z)$, die die BCs bei erfüllt $z = a, b$ und normalisiert ist, sodass

$$\int_a^b R(z)dz \, \Psi^2(z) = 1$$

Berechnen:

210

$$\Omega(\Psi_0) = \int_a^b \left[p \left(\frac{d\Psi_0}{dz} \right)^2 - q \Psi_0^2 \right] dz$$

$$= \left[p \Psi_0 \frac{d\Psi_0}{dz} \right]_a^b - \int_a^b \Psi_0 \left[\frac{d}{dz} \left(p \frac{d\Psi_0}{dz} + q \Psi_0^2 \right) \right]$$

Daher

$$\Omega(\Psi_0) = \int_a^b \Psi_0 R \lambda_0 \Psi_0 \, dz = \lambda_0$$

(wobei λ_0 normalerweise der niedrigste Eigenwert ist). In ähnlicher Weise $\Psi = \sum_{n=0}^N A_n \Psi_n(z)$ erhalten wir mit:

$$\Omega(\Psi) = \int_a^b R \, dz \sum_{n=0}^N A_n \Psi_n \sum_{m=0}^M \lambda_m A_m \Psi_m = \sum_{n=0}^N A_n^2 \lambda_m E_N^2 \, .$$

(A-48)

Um den Beweis mit dem obigen Beispiel zu vervollständigen, müssen wir noch zeigen, dass der kleinste Quadratfehler mit N abnimmt. Dies bleibt jedoch den Referenzen [65] überlassen.

Asymptomatische Aneignungen für SL-Eigenfunktionen und - Eigenwerte

Erinnern Sie sich an die SL-Gleichung:

$$\frac{d}{dz} p \frac{d\Psi}{dz} + (q + \lambda R) \Psi = 0$$

(A-49)

Lassen Sie uns eine „inspirierte Transformation" durchführen:

$$y = (pR)^{1/4} \Psi$$

(A-50)

und definieren Sie neue Werte:

$$\varepsilon = \frac{1}{J} \int_a^z \sqrt{\frac{R}{P}} \, dz \quad and \quad J = \frac{1}{\pi} \int_a^b \sqrt{\frac{R}{P}} \, dz \, .$$

(A-51)

Die SL-Gleichung kann dann mithilfe der Integralgleichung von Volterra gelöst werden:

$$\frac{d^2 y}{d\varepsilon^2} + \left(k^2 + \omega(\varepsilon) \right) y(\varepsilon) = 0,$$

(A-52)

Wo

211

$$k^2 = J^2\lambda \quad and \quad \omega = \left[\frac{1}{(pR)^{1/4}}\frac{d^2}{d\varepsilon^2}(pR)^{1/4} - J^2\frac{q}{R}\right],$$

(A-53)

und wir haben $a < z < b$(wie zuvor) und $0 < \varepsilon < \pi$. Lösungen können geschrieben werden:

$$y(\varepsilon) = Asin(k\varepsilon) + Bcos(k\varepsilon) + \frac{1}{k}\int_{\varepsilon_0}^{\varepsilon} sin(k(\varepsilon - t))\,w(t)y(t)dt.$$

Angenommen $\Psi(a) = \Psi(b) = 0$, dann $k = n$und

$$\Psi_n \sim \frac{1}{(Rp)^{1/4}}\sin(n\varepsilon) \quad and \quad \lambda_n = \left(\frac{n}{J}\right)^2$$

Angenommen, wir haben allgemeine BCs $\alpha\Psi + \beta\frac{d\Psi}{dz} = 0$ at $z = a, b$, dann haben wir

$$k_n \sim \frac{J}{\pi n}\left[\frac{\alpha}{\beta}\sqrt{\frac{P}{R}}\right]_a^b$$

(A-54)

Beispiel: der singuläre SL, $p(a) = 0$ or $p(b) = 0$ or $both$wie er bei der Bessel-Gleichung auftritt:

$$\frac{d}{dz}\left(z\frac{d\Psi}{dz}\right) + \left(\lambda z - \frac{m^2}{z}\right)\Psi = 0,$$

(zB die SL-Gleichung mit $p = z$; $R = z$; und $q = -m^2/z$). Hier ist der singuläre Punkt $z = 0$und wir haben:

$$\Psi = \frac{1}{\sqrt{z}}y, \quad J = \frac{1}{\pi}\int_0^b dz = \frac{b}{\pi}, \quad \varepsilon = \frac{\pi z}{b}, \quad k^2 = \frac{b^2\lambda}{\pi^2}$$

geben:

$$\frac{d^2y}{d\varepsilon^2} + \left[k^2 - \frac{(m^2 - 1/4)}{\varepsilon^2}\right]y = 0$$

mit Lösungen:

$$y(\varepsilon) = cos(k\varepsilon + \theta) - \frac{1}{k}\int_\varepsilon^\infty sin(k(\varepsilon - t)y(t)\left(\frac{m^2 - 1/4}{t^2}\right)dt$$

Bessel-Funktionen haben lokales Verhalten der Form $z^{\pm m}[Taylor\ series\ in\ z]$ and $J_n \sim z^n[\sum A_n z^{2n}]$.

212

A.2 Gewöhnliche Differentialgleichungen mit Sturm-Liouville-Form – asymptotische Näherungen

(Einige dieser Materialien wurden im Frühjahr 1986 in Ama101b behandelt.)

Beispiel A.7. Verifizieren Sie Abels Formel für den Wronski-Anteil. Das heißt, zeigen Sie, dass wenn

$$\frac{d^n y}{dx^n} + p_{n-1}(x)\frac{d^{(n-1)}y}{dx^{(n-1)}} + \cdots p_0(x)y(x) = 0$$

dann genügt der Wronskische Wert W(x)

$$\frac{dW}{dx} = -p_{n-1}(x)W(x).$$

Lösung

Wenn wir die Ableitung der Wronski-Funktion nehmen, verteilen wir, um Ableitungen innerhalb der Determinante zeilenweise zu erhalten. Dadurch sind zwei Zeilen in allen Punkten gleich, außer in der Determinante mit ihrer Ableitung in der letzten Zeile. Wenn wir dann berücksichtigen, $\frac{dW}{dx} + p_{n-1}(x)W(x)$ sehen wir, dass beide Terme Polynomausdrücke beitragen, die y_n^n und beinhalten $p_{n-1}y_n^{n-1}$, sodass eine Umgruppierung in einer neuen Determinante möglich ist, wobei diese Terme in der neuen letzten Zeile gruppiert sind, wie $y_n^n + p_{n-1}y_n^{n-1}$ beispielsweise das letzte Element der letzten Zeile. Da $(y_n^n + p_{n-1}y_n^{n-1}) + \cdots + p_0 y_0 = 0$ besteht eine klare Abhängigkeit von der Gruppierung in Bezug auf Elemente niedrigerer Ordnung (erhältlich durch Gruppierung anderer Zeilen), daher ist diese Determinante Null und wir haben:

$$\frac{dW}{dx} + p_{n-1}(x)W(x) = 0$$

wie gewünscht.

Beispiel A.8. Finden Sie die Formel für die Green'sche Funktion dritter Ordnung in einer homogenen linearen Gleichung. Verallgemeinern Sie diese Formel auf die n-te Ordnung.

Lösung

Es gibt drei Bedingungen:
(i) G ist bei stetig $x = a$.
(ii) dG ist bei kontinuierlich $x = a$.

213

(iii)$d^2G|_{a^+} - d^2G|_{a^-} = 1$

Daher,

$$\begin{bmatrix} y_1(a) & y_2(a) & y_3(a) \\ y_1{}'(a) & y_2{}'(a) & y_3{}'(a) \\ y_1{}''(a) & y_2{}''(a) & y_3{}''(a) \end{bmatrix} \begin{bmatrix} B_1 - A_1 \\ B_2 - A_2 \\ B_3 - A_3 \end{bmatrix} = \begin{bmatrix} 0 \\ 0 \\ 1 \end{bmatrix}$$

Cramers Regel:

$$B_1 - A_1 = \frac{y_2(a)y_3{}'(a) - y_3(a)y_2{}'(a)}{\det W[y_1(a), y_2(a), y_3(a)]}, \quad etc.$$

Zur Festlegung der Randbedingungen können noch drei weitere Bedingungen gewählt werden. Als n^{th} Ordnung W_j sei W angegeben, wobei die j^{th} Spalte durch einen Spaltenvektor ersetzt wird, der bis auf die letzte Zeile nur Nullen enthält:

$$B_j - A_j = \frac{W_j}{\det W}$$

Beispiel A.9. Finden Sie eine geschlossene Lösung für die folgende Riccati- Gleichung:

$$xy' - 2y + ay^2 = bx^4.$$

Lösung

Raten Sie $y = \sqrt{b/a}x^2$ (angezeigt durch dominantes Gleichgewicht bei den letzten paar Termen) und testen Sie dann, ob es funktioniert, was es tut. Somit haben wir eine Bernoulli-Gleichung, indem wir die Substitution vornehmen

$$y(x) = \sqrt{\frac{b}{a}}x^2 + u(x).$$

Löst man die Standard-Bernoulli-Gleichung, erhält man die allgemeine Lösung:

$$y(x) = x^2\left(\sqrt{\frac{b}{a}} + \frac{2}{Ce^{\sqrt{ab}\,x^2} - \sqrt{\frac{a}{b}}}\right).$$

Beispiel A.10. Legendre-Polynome $P_n(z)$ erfüllen die Differenzengleichung

$$(n+1)P_{n+1}(z) - (2n+1)z\,P_n(z) + n\,P_{n-1}(z) = 0$$

Mit $P_0(z) = 1$, $P_1(z) = z$.

a) Definieren Sie die generierende Funktion $f(x, y)$ durch
$$f(x, z) = \sum_{n=0}^{\infty} P_n(z) x^n$$
Zeige, dass $f(x, z) = (1 - 2xz + x^2)^{-1/2}$.

b) Zeigen $g(x, z) = \sum_{n=0}^{\infty} \frac{P_n(z) x^n}{n!}$ Sie, dass eine Bessel-Funktion
$g(x, z) = e^{xz} J_0(x\sqrt{1 - z^2})$ ist J_0, die erfüllt: $ty'' + y' + ty = 0$ with $y(0) = 1$ and $y'(0) = 0$.

Lösung

(a) $f(x, z) = \sum_{n=0}^{\infty} P_n(z) x^n = \sum_{n=0}^{\infty} P_{n+1}(z) x^{n+1} + P_0(z)$ (wobei $P_0(z) = 1$), während
$f'(x, z) = \sum_{n=0}^{\infty}(n + 1)P_{n+1}(z) x^n$ und $f''(x, z) = \sum_{n=0}^{\infty}(n + 2)P_{n+2}(z) x^n$. Wenn wir also die Indizierung der Differenzgleichung ($n \to n + 1$) verschieben und die obige Rekursionsgleichung mit $(n + 1)x^n$ mit Summation n=0 multiplizieren, erhalten wir ∞:

$$\sum_{n=0}^{\infty} [(n + 1)(n + 2)P_{n+2}(z)x^n - z(n + 1)(2n + 3)P_{n+1}(z)x^n + (n + 1)^2 P_n(z)x^n] = 0$$

wird:

$$f''(x, z) + \sum_{n=0}^{\infty} [-z[3(n + 1) + 2n(n + 1)]P_{n+1}(z)x^n + [n(n - 1) + 3n + 1]P_n(z)x^n] = 0$$

was zu:

$$f''(x, z) - z[3f'(x, z) + 2xf''(x, z)] + [x^2 f''(x, z) + 3xf'(x, z) + f(x, z)] = 0.$$

Daher,

$$(1 - 2xz + x^2)f'' + (3x - 3z)f' + f = 0.$$

Durch direktes Einsetzen von $f(x, z) = (1 - 2xz + x^2)^{-1/2}$ wird gezeigt, dass die Gleichung erfüllt ist.

(b) Multiplizieren Sie die Gleichung mit verschobenem Index (wie zuvor) mit $x^{n+1}/(n + 1)!$ mit Summation n=0 bis ∞:

$$\sum_{n=0}^{\infty} \frac{(n + 2)P_{n+2}(z)x^{n+1}}{(n + 1)!} - \sum_{n+0}^{\infty} \frac{(2n + 3)P_{n+1}(z)x^{n+1}}{(n + 1)!} + \sum_{n=0}^{\infty} \frac{(n + 1)P_n(z)x^{n+1}}{(n + 1)!} = 0$$

215

Ziehen Sie ein „d/dx" vor, dann ein zweites Mal für das (n+2)-indizierte Polynom, multiplizieren Sie anschließend mit „x" und nutzen Sie die $g(x,z) = \sum_{n=0}^{\infty} \frac{P_n(z)x^n}{n!}$ Substitution:

$$xg'' + (1 - 2zx)g' + (x - z)g = 0 .$$

Wenn wir jetzt die mögliche Lösung einsetzen $g(x,z) = e^{xz}J_0(x\sqrt{1-z^2})$, wobei J_0 an diesem Punkt nur eine Funktion ist (wir werden bald sehen, dass es sich um die nullte Bessel-Funktion handelt), erhalten wir die Beziehung:

$$x\sqrt{1-z^2}J_0''\left(x\sqrt{1-z^2}\right) + J_0'\left(x\sqrt{1-z^2}\right) + x\sqrt{1-z^2}J_0^{\square}\left(x\sqrt{1-z^2}\right).$$

Wenn wir ersetzen $t = x\sqrt{1-z^2}$, dann haben wir:

$$ty'' + y' + ty = 0,$$

wobei es sich um die Bessel-Gleichung nullter Ordnung handelt und die Lösung y normalerweise J_0 als bereits gewählt bezeichnet wird.

Beispiel A.11 .

(a) Die Bessel-Funktionen $J_n(z)$ genügen der Differenzengleichung

$$J_{n+1}(z) - \frac{2n}{z}J_n(z) + J_{n-1}(z) = 0 \qquad (-\infty < n < \infty)$$

mit und $J_0(0) = 1$ $J_n(0) = 0$. Definieren Sie die generierende Funktion $f(x,z)$ durch

$$f(x,z) = \sum_{n=-\infty}^{\infty} x^n J_n(z) .$$

Zeige, dass $f(x,z) = exp\left(\frac{z}{2}(x - 1/x)\right)$.

(b) Zeige, dass $J_{-n}(z) = J_n(-z) = (-1)^n J_n(z)$.

(c) Zeige, dass $1 = J_0(z) + 2\sum_{n=1}^{\infty} J_{2n}(z)$.

Lösung

a) $J_{n+1}(z) - \frac{2n}{z}J_n(z) + J_{n-1}(z) = 0$ wird $f(x,z) = \sum_{n=-\infty}^{\infty} x^n J_n(z)$ wie folgt neu gruppiert:

$$\left(\frac{1}{x} + x\right)f = \frac{2x}{z}f' \quad \rightarrow \quad f(x,z) = exp\left(\frac{z}{2}\left(x - \frac{1}{x}\right)\right)$$

(b) Wir verwenden $exp\left(\frac{z}{2}\left(x - \frac{1}{x}\right)\right) = \sum_{n=-\infty}^{\infty} x^n J_n(z)$:

$$\sum_{n=-\infty}^{\infty} x^n J_{-n}(z) = \sum_{n=-\infty}^{\infty} x^{-n} J_n(z) = \sum_{n=-\infty}^{\infty} x^n (-1)^n J_n(z)$$

$$\rightarrow \quad J_{-n}(z) = (-1)^n J_n(z)$$

216

Ähnlich,

$$\sum_{n=-\infty}^{\infty} x^n J_{-n}(z) = \sum_{n=-\infty}^{\infty} y^n J_n(z) = \exp\left(\frac{z}{2}\left(y - \frac{1}{y}\right)\right)$$

$$= \exp\left(\frac{z}{2}\left(\frac{1}{x} - x\right)\right) = \sum_{n=-\infty}^{\infty} x^n J_n(-z),$$

daher $J_{-n}(z) = J_n(-z)$.

(C)

$$J_0(z) + 2\sum_{n=1}^{\infty} J_{2n}(z) = \sum_{n=-\infty}^{\infty} J_{2n}(z) = \sum_{n=-\infty}^{\infty} x^m J_m(z) \ (with \ m$$

$$= 2n \ and \ x = 1).$$

Daher,

$$J_0(z) + 2\sum_{n=1}^{\infty} J_{2n}(z) = \exp\left(\frac{z}{2}\left(\frac{1}{1} - 1\right)\right) = 1,$$

so wird das Ergebnis angezeigt.

Beispiel A.12. Klassifizieren Sie alle singulären Punkte der folgenden Gleichungen (Untersuchen Sie auch die Singularität im Unendlichen.):
(a) $x(1 - x)y'' + [c - (a + b + 1)x]y' - aby = 0$(die hypergeometrische Gleichung).
(b) $y'' + (h - 2\theta \cos 2x)y = 0$(die Mathieu-Gleichung).

Lösung
(A)

$$y'' + \left[\frac{c}{x(1 - x)} - \frac{(a + b + 1)}{1 - x}\right] y' - \frac{ab}{x(1 - x)} y = 0.$$

In der Umgebung des Ursprungs sehen wir, dass x = 1 ein regulärer singulärer Punkt und x = 0 ein irregulärer singulärer Punkt ist. Um das Verhalten im Unendlichen zu untersuchen, sei $x = 1/t$:

$$y'' + \left(\frac{(2 - c)t + (a + b - 1)}{t(t - 1)}\right)y' - \frac{ab}{(t^2(t - 1)} y = 0.$$

In der Umgebung des t-Ursprungs sehen wir, dass t = 1 ein regulärer singulärer Punkt ist (also ist x = 1 ein regulärer singulärer Punkt) und t = 0 ein irregulärer singulärer Punkt ist (also ∞ist x = ein irregulärer singulärer Punkt).

(b) $y'' + (h - 2\theta \cos 2x)y = 0$hat keine Singularitäten in der Umgebung des Ursprungs. Wenn wir ersetzen $x = 1/t$, dann erhalten wir:

$$y'' + \frac{2}{t}y' + \frac{(h - 2\theta \cos 2/t)}{t^4}y = 0$$

Aus dieser Gleichung geht hervor, dass t = 0 ein irregulärer singulärer Punkt ist (schwingt, wenn er explodiert) und somit $x = \infty$ ein irregulärer singulärer Punkt ist.

Beispiel A.13 . Bestimmen Sie mit dem Frobenius-Verfahren die Reihenentwicklung für die beiden Lösungen der modifizierten Bessel-Gleichung:

$$y'' + \frac{1}{x}y' - \left(a + \frac{v^2}{x^2}\right)y = 0, \quad with \ \ v = 1.$$

Lösung: Als Übung belassen.

Beispiel A.14 . Finden Sie die führenden asymptotischen Verhaltensweisen $x \to +\infty$ der folgenden Gleichung

a) $y'' = \sqrt{x}\, y$

b) $y'' = \cosh xy'$

Lösung

(a) Beginnen wir mit der Substitution: $y = e^s \ \to \ y' = s'e^s \ \to \ y'' = s''e^s + (s')^2 e^s$. Somit

$$s'' + (s')^2 = \sqrt{x}$$

Erster Fall: $s'' \ll (s')^2 \to \ s' = \pm x^{1/4}$. Da $s'' = \pm(1/4)x^{-3/4}$wir sehen, dass dies mit konsistent ist, $s'' \ll (s')^2$wenn $x \to +\infty$.

Zweiter Fall: $s'' \gg (s')^2 \to \ s'' = \sqrt{x} \to \ s' = (\frac{2}{3})x^{3/2}$, was NICHT mit übereinstimmt, $s'' \gg (s')^2$da $x \to +\infty$.

Das führende asymptotische Verhalten ist also $s' = \pm x^{1/4} \ \to \ s(x) = \pm\frac{4}{5}x^{5/4} + c(x)$. Eine vollständige Lösung erhält man durch Lösen nach c(x):

$$\pm\frac{1}{4}x^{-3/4} + c'' + c'\left(2x^{1/4} + c'\right) = 0.$$

218

Versuchen wir es erneut mit der Methode der dominanten Balance. $c'' \ll c' \to c = -(1/8)\ln x$Das ist konsistent. Wenn wir es versuchen, $c' \ll c''$ist es nicht konsistent. Unsere Lösung lautet also:

$$y(x) = cx^{-1/8} \exp{(\pm\frac{4}{5}x^{5/4})}.$$

(b) Verwenden Sie die Substitution: $y = e^s \to y' = s'e^s \to y'' = s''e^s + (s')^2 e^s$wie zuvor. Somit

$$s'' + (s')^2 = \cosh x \, s'.$$

Angenommen $(s')^2 \gg s''$, dann $s = \sinh x + c$, und da $x \to \infty$wir haben $(\cosh x)^2 \gg \sinh x$, also konsistent. Wenn wir es versuchen, $(s')^2 \ll s''$ist das Ergebnis inkonsistent. Versuchen wir es also

$$s = \sinh x + c(x)$$

was bei Einsetzung ergibt:

$$\sinh x + c'' + (\cosh x + 1)c' = 0.$$

Wenn wir es erneut mit dem dominanten Gleichgewicht versuchen, erhalten wir $c(x) \sim -\ln{(\cosh x)}$, also $s = \sinh x - \ln{(\cosh x)}$, und:

$$y(x) \sim c\frac{e^{\sinh x}}{\cosh x}.$$

Beispiel A.15. (Bender- und Orszag-Problem 3.45). Eine Möglichkeit, das asymptotische Verhalten bestimmter Integrale festzustellen, besteht darin, Differentialgleichungen zu finden, die sie erfüllen, und dann eine lokale Analyse der Differentialgleichung durchzuführen. Verwenden Sie diese Technik, um das Verhalten der folgenden Integrale zu untersuchen

a) $y(x) = \int_0^x exp(l^2)\,dt \;\; as\; x \to +1$

b) $y(x) = \int_0^\infty exp\,(-xt - 1/t)\,dt \;\; as\; x \to 0^+ \; and\; as\; x \to +\infty$

Lösung
Dem Leser überlassen.

Beispiel A.16. Finden Sie die ersten drei Terme im lokalen Verhalten $x \to \infty$einer bestimmten Lösung für

$$x^3\,y'' + y = x^{-4}$$

Lösung
Versuchen Sie $y \gg x^3\,y''$, also $y \sim x^{-4}$, was konsistent ist. Ersetzen Sie also , $y(x) = x^{-4} + c(x)$um zu erhalten:

219

$$c''x^3 + c = -20x^{-3}.$$
Versuchen Sie $c \gg c''x^3$, also $c = -20x^{-3}$, was konsistent ist. Ersetzen Sie also $y(x) = x^{-4} - 20x^{-3} + d(x)$:
$$x^3 d'' + d = 240x^{-2}.$$
Versuchen Sie $d \gg x^3 d''$, also $d = 240x^{-2}$, was konsistent ist. Also haben
$$y(x) = x^{-4} - 20x^{-3} + 240x^{-2} + e(x).$$

Beispiel A.17. (Bender und Orszag 3.55). Finden Sie die Lage einer möglichen Stokes-Linie $z \to \infty$ für die folgende Differentialgleichung
$$y'' = z^{1/3} y$$

Lösung:
Lokales Verhalten:
$$y(z) \sim c z^{-1/12} \exp\left(\pm(6/7)\, z^{7/6}\right).$$
Führendes Verhalten:
$$e^{\left(\frac{6}{7}\right) z^{7/6}} \quad and \quad e^{-\left(\frac{6}{7}\right) z^{7/6}}.$$
Die Stokes-Linien sind die Asymptoten $z \to \infty$ der Kurven
$$Re\left\{ e^{\left(\frac{6}{7}\right) z^{\frac{7}{6}}} - \left(-e^{-\left(\frac{6}{7}\right) z^{\frac{7}{6}}} \right) \right\} = 0 \to \frac{12}{7} Re\left\{ z^{\frac{7}{6}} \right\} = 0 \to e^{i\frac{7}{6}\theta} = 0.$$
Daher treten Stokes-Linien auf, $z = re^{i\theta}$ wenn $\theta = \pm\frac{3}{7}(2n+1)\pi$.

Beispiel A.18. Betrachten Sie das Anfangswertproblem
$$y' = \frac{y^2}{1 - xy} \quad with \quad y(0) = 1.$$
(a) Zeigen Sie, dass $x = 0$ es für eine Taylorreihenlösung der Form gibt:
$$y = \sum_{n=0}^{\infty} A_n x^n$$
Wo $A_n = \frac{(n+1)^{n-1}}{n!}$.

(b) Zeigen Sie, dass die Lösung erfüllt
$$y(x) = \exp(xy)$$
und dass diese Gleichung iterativ für y als Grenzwert verschachtelter Exponentiale gelöst werden kann
$$y(x) = \lim_{n \to \infty} y_n(x)$$

220

wobei $y_{n+1}(x) = \exp(xy_n(x))$. Wählen Sie also $y_0 = 1$, $y_1 = \exp(x)$, $y_2 = \exp(x\exp(x))$, … . Zeigen Sie, dass der Grenzwert existiert, wenn $-e \le x \le 1/e$.

Lösung
(a) als Übung belassen.
(b) als Übung belassen.

Beispiel A.19 . Der Differentialoperator $y' = \cos(\pi xy)$ ist zu schwierig, um ihn analytisch zu lösen. Wenn Lösungen für verschiedene Werte von $y(0)$ aufgetragen werden, sieht man, dass sie sich mit zunehmendem x zusammenballen. Könnte dies mithilfe der Asymptotik vorhergesagt werden? Finden Sie die möglichen führenden Verhaltensweisen von Lösungen als $x \to \infty$. Was sind die Korrekturen für diese führenden Verhaltensweisen?

Lösung (teilweise):
$y' = \cos(\pi xy)$

Lass $y(x) = \dfrac{1}{\pi x}u(x)$ dann $u' = \dfrac{u}{x} + \pi x \cos u$. Nun, $x \to \infty$ wir haben $u/x \ll \pi x \cos u$. Somit:

$$u' \sim \pi x\, \cos u \quad or \quad \frac{du}{\cos u} \sim \pi x dx$$

Seit $\ln(\sec u + \tan u) \sim \dfrac{\pi x^2}{2} + c$ wir … Haben

$$\left|1 + \frac{\sin u}{\cos u}\right| \sim e^{\frac{\pi x^2}{2} + c}\,.$$

Nach einiger Umgruppierung sehen wir:

$$u \sim \sin^{-1}\left\{\frac{-1 \pm \exp(\pi x^2 + 2c)}{1 + \exp(\pi x^2 + 2c)}\right\}$$

Daher:

$$u \sim \left\{\begin{array}{c}\sin^{-1}(-1)\\ \sin^{-1}(1)\end{array}\right\} \to \quad u \sim \left\{\begin{array}{c}\dfrac{-\pi}{2} + 2k\pi\\ \dfrac{\pi}{2} + 2k\pi\end{array}\right\} \quad for \quad k = 0,1,2\ldots$$

Der Rest bleibt als Übung.

Beispiel A.20 . **Nehmen Sie** für die Gleichung $y'' = y^2 + e^x$ die Substitutionen vor $y = e^{x/2}u(x)$ und $s = e^{x/4}$ erhalten Sie eine Gleichung, deren Lösungen sich für asymptotisch große x wie elliptische Funktionen von s verhalten. Leiten Sie daraus ab, dass die Singularitäten

221

von y(x) durch einen Abstand proportional zu getrennt sind, $e^{-x/4}$wie $x \to \infty$.

Lösung
Wir haben: $y'' = y^2 + e^x$; $y = e^{x/2}u(x)$; $s = e^{x/4}$. Daraus erhalten wir

$$y' = e^{x/2}u'(x) + u(x) + \frac{1}{2}e^{x/2}$$

Und

$$y'' = e^{x/2}u''(x) + e^{x/2}u'(x) + \frac{1}{4}e^{x/2}u(x)$$

Durch Ersetzen erhalten wir:

$$\frac{d^2u}{ds^2} + \frac{5}{s}\frac{du}{ds} + \frac{4}{s^2}u = 16(u^2 + 1)$$

Für $x \to \infty$, $s \to \infty$und haben wir ungefähr:

$$\frac{d^2u}{ds^2} = (u^2 + 1)16.$$

Letztere ist eine autonome Gleichung, die wir wie folgt lösen:

$$\left(\frac{d^2u}{ds^2}\right)\frac{du}{ds} = 16[1 + u^2]\frac{du}{ds}$$

Und

$$\frac{1}{2}\left[\frac{du}{ds}\right]^2 = 16[u + u^3/3 + c].$$

Daraus ergibt sich: $\pm 4s = \int \frac{du}{\sqrt{2u^3/3 + 2u + 2c}}$, eine elliptische Funktion von

s. Die Pole hierfür sind durch die Periode T getrennt:$s(x + \Delta) - s(x) \approx T \to e^{(x+\Delta)/4} - e^{x/4} \approx T \to e^{\Delta/4} \sim Te^{-x/4}$. Daher sind die Singularitäten durch einen Abstand getrennt, der proportional zu $e^{-x/4}$ ist $x \to \infty$.

Beispiel A.21 . Zeigen Sie, dass das Leitverhalten einer explosiven Singularität der Thomas-Fermi-Gleichung $y'' = y^{3/2}x^{-1/2}$gegeben ist durch:

$$y(x) \sim \frac{400a}{(x - a)^4} \quad as \ x \to a.$$

Lösung
Versuchen wir es $y = A(x - a)^b$mit . $y'' = y^{3/2}x^{-1/2}$In diesem Fall haben wir $y' = Ab(x - a)^{b-1}$und $y'' = Ab(b - 1)(x - a)^{b-2}$. Wenn wir diese ersetzen, erhalten wir:

$$b(b-1)(x-a)^{-\frac{1}{2}b-2} = A^{\frac{1}{2}}x^{-\frac{1}{2}}.$$

Damit diese Gleichung asymptotisch ausgeglichen ist, $(x-a)^{-\frac{1}{2}b-2}$ muss eine Konstante sein, also

$$-\frac{1}{2}b - 2 = 0 \quad \rightarrow \quad b = -4.$$

Wenn wir die Konstanten ausgleichen, erhalten wir A = 400a, also haben wir für die Lösung in führender Ordnung:

$$y(x) \sim \frac{400a}{(x-a)^4} \quad as \ x \rightarrow a.$$

B. Das LIGO-Personal bestand ca. 1988 (als ich als graduierter Student dort tätig war) nur aus etwa 30 Personen.

LIGO STAFF, CALTECH
Bridge Lab

	Room	Phone		Room	Phone
Alex Abramovici	358W	4895 446-4169	Pat Lyon	130A	4597
Cynthia Akutagawa	357W	4098 714/594-6948	Bonde Moore	31A	4438 792-6406
Bill Althouse	30A	4481 449-6716	Fred Raab	354W	4053 249-6242
Midge Althouse	36A	2975 449-6716	Martin Regehr	360W	2190 568-1910
Fred Asiri	32A	2971 957-5058	Bob Spero	361W	4437 796-0682
Betty Behnke	102E	2129 446-4828	Kip Thorne	128A	4598
Andrej Čadeš	359W	4219 446-2668	Bert Tinker	365W	4610 805/492-5917
Ron Drever	355W	4291 796-0403	Massimo Tinto	358W	4018 449-2007
Ernie Fransgrote	102E	2131 449-5228	Steve Vass	365W	4610 355-9780
Yekta Gürsel	358W	2136 449-9238	Robbie Vogt	101E	3800 794-7823
Jeff Harman	365W	2160 805/495-2354	Steve Winters	354W	- 584-1931
Greg Hiscott	35A	2974 362-7306	Mike Zucker	356W	4017 789-4345
Larry Jones	32A	2970 805/265-9602			

MISC. PHONE NUMBERS

Bridge Lab	365W	4610	Tony Riewe, JPL 144-201		41864
Roof Machine Shop		4894	Rai Weiss, MIT		617/253-3527
Citgrav Computer		449-6081	Susan Merullo, MIT		617/253-4894
CES Lab Control Room		3980	MIT Lab		617/253-4824
CES Lab Computer		3977			
CES Lab, Louie (North End)		3978			
CES Lab, Huey (East End)		3978			
CES Lab, Dewey (South End)		3979	FAX—MIT LIGO Project		617/258-7839
Conference Room	28A	2965	FAX—Caltech LIGO Project		818/304-9834

10/20/88

225

C. Einführung in die Datenanalyse

C.1 Fehler addieren sich bei Quadratur

Es gibt die alte experimentelle/statistische Maxime *„Fehler addieren sich bei Quadratur"*, die nun (in den meisten Fällen) als wahr gilt und auf die Ausbreitung von Unsicherheiten zurückzuführen ist. Diese Beschreibung wird uns auch einen alternativen Weg zur Ableitung des Sigmas des obigen Mittelwertergebnisses bieten. Betrachten wir also die Situation, in der wir die interessierende Größe indirekt messen, d. h. wir möchten „z" messen, haben aber x,y ,..., wobei z =f(x,y ,...). Somit haben wir die allgemeine Beziehung:

$$\Delta z = \frac{\partial f}{\partial x}\Delta x + \frac{\partial f}{\partial y}\Delta y + \cdots,$$

(C-1)

Von hieraus können wir quadrieren und den Durchschnitt bilden, um zu erhalten:

$$\overline{(\Delta z)^2} = \left(\frac{\partial f}{\partial x}\right)^2 \overline{(\Delta x)^2} + \left(\frac{\partial f}{\partial y}\right)^2 \overline{(\Delta y)^2} + 2\left(\frac{\partial f}{\partial x}\right)\left(\frac{\partial f}{\partial y}\right)\overline{(\Delta x\Delta y)} + \cdots,$$

(C-2)

Beim Mitteln werden die Vorzeichen der linearen Kreuzterme aufgehoben. Wenn man also den Mittelwert der quadrierten Terme in ihre Variaznotation (oder Standardabweichung im Quadrat) umschreibt, wird Folgendes klarer:

$$\sigma_z{}^2 = \left(\frac{\partial f}{\partial x}\right)^2 \sigma_x{}^2 + \left(\frac{\partial f}{\partial y}\right)^2 \sigma_y{}^2 + \cdots.$$

(C-3)

Zurück zum Fall der wiederholten Messung von iid rv haben wir $f = \bar{x}_N$ und das ist einfach:

$$\sigma_z{}^2 = (\sigma_x{}^2 + \sigma_y{}^2 + \cdots)/N^2.$$

(C-4)

und die Addition der Fehlerterme erfolgt in Quadratur. Wenn wir die Beziehung „Fehler addieren in Quadratur" verwenden, können wir das Sigma des Mittelwerts direkt wie folgt auswerten:

$$\sigma_z = \frac{\sigma}{\sqrt{N}}.$$

(C-5)

C.2 Ausschüttungen

Sehen wir uns nun einige der wichtigsten Verteilungen an, die sich ergeben können. Alle wichtigen Verteilungen von Interesse können aus einer maximalen Entropie-Auswertung gewonnen werden [24]. Dies bringt Maxwells vorgeschlagene verteilungsbasierte Vereinheitlichung der statistischen Mechanik auf eine neue Ebene (Jaynes [68]) und bietet ein besseres Verständnis der Verteilungsgrundlagen physikalischer Systeme. Verteilungsfamilien werden als Definition einer Mannigfaltigkeit (Neuromanifold) verstanden und dies wird in [41] und [44] erörtert. Einige Verteilungen sind in anderer Hinsicht besonders, wie ihr allgegenwärtiges Auftreten zeigt. Insbesondere die Gauß-Verteilung wird in dieser Hinsicht hervorstechen. Die vorherige Eigenschaft, dass sich Fehler in der Quadratur addieren, ist die Erklärung dafür, da diese Eigenschaft zugrunde liegt, wie die Addition von Gauß-Rauschquellen (oder wiederholten Messungen) zu einer neuen Gesamt-Gauß-Verteilung (mit Gauß-Rauschen) führt. Dies wiederum lässt sich dahingehend verallgemeinern, dass die wiederholte Messung mit jeder Hintergrundverteilung, selbst einer sich ändernden, zu einer Gesamtmessung führt, die in Richtung einer Gauß-Verteilung tendiert.

Die geometrische Verteilung (emergent via maxent)

Hier sprechen wir von der Wahrscheinlichkeit, etwas nach k Versuchen zu sehen, wenn die Wahrscheinlichkeit, dieses Ereignis bei jedem Versuch zu sehen, „p" ist. Angenommen, wir sehen ein Ereignis zum ersten Mal nach k Versuchen, das heißt, die ersten (k-1) Versuche waren Nicht-Ereignisse (mit Wahrscheinlichkeit (1-p) für jeden Versuch), und die letzte Beobachtung erfolgt dann mit Wahrscheinlichkeit p, was zu der klassischen Formel für die geometrische Verteilung führt:

$$P(X=k) = (1-p)^{(k-1)} p$$

(C-6)

Was die Normalisierung betrifft, d. h., ob alle Ergebnisse die Summe Eins ergeben, gilt:

Gesamtwahrscheinlichkeit $= \Sigma_{k=1} (1-p)^{(k-1)} p = p[1+(1-p)+(1-p)^2 +(1-p)^3 +\ldots] = p[1/(1-(1-p))]=1.$

Die Gesamtwahrscheinlichkeit ergibt also bereits eins, ohne dass eine weitere Normalisierung erforderlich ist. Abbildung C.1 zeigt eine geometrische Verteilung für den Fall, dass p = 0,8 ist:

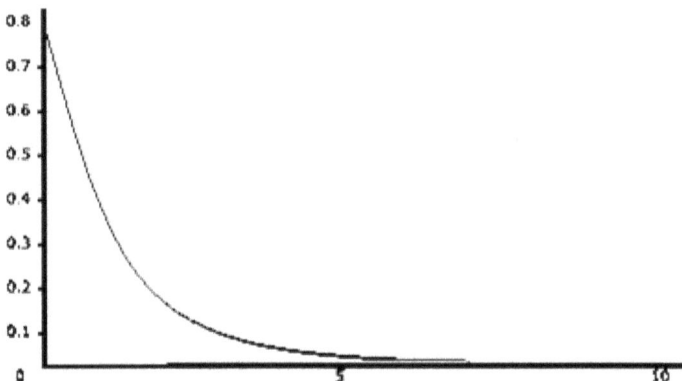

Abbildung C.1 Die geometrische Verteilung , $P(X=k) = (1-p)^{(k-1)} p$, mit $p=0{,}8$.

Die Gaußsche (auch Normal-)Verteilung (entsteht über die LLN-Relation und den Maxent)

$$N_x(\mu, \sigma^2) = exp(-(x-\mu)^2/(2\sigma^2))/(2\pi\sigma^2)^{(1/2)}$$

Bei der Normalverteilung ist die Normalisierung am einfachsten durch komplexe Integration zu erreichen (das überspringen wir also). Mit Mittelwert Null und Varianz gleich Eins (Abbildung C.2) erhalten wir:

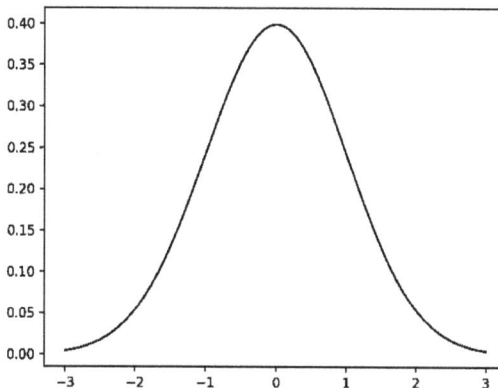

Abbildung C.2 Die Gauß-Verteilung , auch Normalverteilung genannt, mit Mittelwert null und Varianz gleich eins: $N_x(\mu, \sigma^2) = N_x(0,1)$.

C.3. Martingale

Dieser Abschnitt enthält eine Definition von Martingale-Prozessen und zeigt, wie viele bekannte Prozesse Martingale-Prozesse sind. Wenn wir von Gleichgewicht, Ergodizität oder Stationarität sprechen, haben wir es normalerweise mit mathematischen Objekten zu tun, die Martingale sind. Die Eigenschaften des Gleichgewichts, eine zeitliche Konvergenz eines stationären Wertesatzes, z. B. eine Konvergenz, sind eine grundlegende Eigenschaft von Martingalen, daher ihr häufiges Auftreten bei der Darstellung von Prozessen, die ein Gleichgewicht erreichen. Konvergente Prozesse sind grundlegend für Beschreibungen in der statistischen Mechanik ([44]) sowie für Situationen (mit ähnlicher Mathematik) in den Bereichen statistisches Lernen und KI [24].

Martingale Definition[69]

Ein stochastischer Prozess $\{X_n; n=0,1,\ldots\}$ ist Martingal, wenn für $n=0,1,\ldots$

1. $E[|X_n|] < \infty$
2. $E[X_{n+1}|X_0, \ldots, X_n] = X_n$

Def.: Seien $\{X_n; n=0,1,\ldots\}$ und $\{Y_n; n=0,1,\ldots\}$ stochastische Prozesse. Wir sagen, $\{X_n\}$ ist Martingal bezüglich (bzgl.) $\{Y_n\}$, wenn für $n=0,1,\ldots$ gilt:

1. $E[|X_n|] < \infty$
2. $E[X_{n+1}|Y_0, \ldots, Y_n] = X_n$

Beispiele für Martingale:

(a) Summen unabhängiger Zufallsvariablen: $X_n = Y_1 + \ldots + Y_n$.

(b) Varianz einer Summe $X_n = \left(\sum_{k=1}^{n} Y_k\right)^2 - n\,\sigma^2$

(c) Habe Martingale mit Markow-Ketten induziert! ....

(d) Beim HMM-Lernen sind Sequenzen von Wahrscheinlichkeitsverhältnissen Martingale....

Das asymptotische Äquipartitionstheorem (AEP) und die Hoeffding-Ungleichungen (kritisch beim statistischen Lernen [24]) wurden beide auf Martingale verallgemeinert.

Induzierte Martingale mit Markow-Ketten[69]

Sei $\{Y_n; n=0,1,\ldots\}$ ein Markow-Ketten-Prozess (MC) mit der Übergangswahrscheinlichkeitsmatrix $P=\|P_{ij}\|$. Sei f eine beschränkte rechtsseitige reguläre Folge für P:

$f(i)$ ist nichtnegativ und $f(i) = f(\sum_{k=1}^{n} P_{ij_j})$. Sei $Xn = f(Yn) \to E[|X_n|] < \infty$ (da f beschränkt ist). Nun gilt:

$E[X_{n+1}|Y_0, \ldots, Y_n]$

$= E[f(Yn_{+1})|Y0, \ldots, Yn]$

$= E[f(Y_{n+1})|Y_n]$ (aufgrund MC)

$= \sum_{k=1}^{n} P_{Y_{n,j}}\,f(j)$ (def. von P_{ij} und f)

$= f(Ja_n)$

$$= X_{nein}$$

Beim HMM-Lernen gibt es Sequenzen von Likelihood-Ratios, also Martingale, Beweis:

Seien Y_0, Y_1, ... iid rv.s und seien f_0 und f_1 Wahrscheinlichkeitsdichtefunktionen. Ein stochastischer Prozess von grundlegender Bedeutung in der Theorie des Testens statistischer Hypothesen ist die Folge von Wahrscheinlichkeitsverhältnissen:

$$X_n = \frac{f_1(Y_0)f_1(Y_1)...f_1(Yn)}{f_0(Y_0)f_0(Y_1)...f_0(Yn)}, n = 0,1, ...$$

Angenommen, $f_0(y) > 0$ für alle y:

$$E[X_{n+1} \mid Y_0, ..., Y_n] = E[X_n \left(\frac{f_1(Y_{n+1})}{f_0(Y_{n+1})}\right) \mid Y_0, ..., Y_n] = X_n E[\frac{f_1(Y_{n+1})}{f_0(Y_{n+1})}]$$

Wenn die gemeinsame Verteilung der Y_k's (verwendet in der 'E'- Funktion) f_0 als Wahrscheinlichkeitsdichte hat, gilt:

$$E[\frac{f_1(Y_{n+1})}{f_0(Y_{n+1})}] = 1$$

Also ist $E[X_{n+1} \mid Y_0, ..., Y_n] = X_n$

Daher sind die Wahrscheinlichkeitsverhältnisse Martingale, wenn die gemeinsame Verteilung f0 $_{ist}$.

Random Walk ist Martingale [69, S. 238]

Habe einen komponentenweisen Beweis für den Random Walk für T_Em , sowohl theoretisch als auch rechnerisch für eine Vielzahl von Emanatoren in der Nulldurchgangsanalyse der realen Komponente in [70]. Da der Random Walk Martingale ist (Konvergenz zum Mittelwert=sqrt(N)), ist dieser Emanationsprozess ein Martingale-Prozess. In [45] werden wir sehen, dass es eine einheitliche Propagatortheorie geben kann, die von der Wahl der Emanatortheorie abgeleitet ist, wobei alle derartigen Theorien Martingale sind. Damit wird ein Argument dafür geliefert, warum die QFT-Projektion des Emanationsprozesses Prozesse haben sollte, die ebenfalls Martingale sind. Quanten-Martingale würden dann mit den bekannteren klassischen Martingalen in Beziehung stehen, einschließlich ihrer Rolle in der klassischen statistischen Mechanik ([44]).

Supermartingale und Submartingale [69]

Seien $\{X_n; n=0,1,\ldots\}$ und $\{Y_n; n=0,1,\ldots\}$ stochastische Prozesse. Dann heißt $\{X_n\}$ ein *Supermartingal* bezüglich $\{Y_n\}$, wenn für alle n gilt:

(i) $E[X_n] > -\infty$, wobei $x^- = \min\{x,0\}$

(ii) $E[X_{n+1}|Y_0, \ldots, Y_n] \leq X_n$

(iii) X_n ist eine Funktion von $(Y_0, \ldots, Y_n)$ (explizit aufgrund der Ungleichheit in (ii))

Der stochastische Prozess $\{X_n; n=0,1,\ldots\}$ heißt *Submartingal* bzgl. $\{Y_n\}$, wenn für alle n gilt:

(i) $E[X_n] > -\infty$, wobei $x^+ = \max\{x,0\}$

(ii) $E[X_{n+1}|Y_0, \ldots, Y_n] \geq X_n$

(iii) X_n ist eine Funktion von $(Y_0, \ldots, Y_n)$

Mit der Jensen-Ungleichung für konvexe Funktionen φ und bedingte Erwartungen gilt:

$$E[\varphi(X)|Y_0, \ldots, Y_n] \geq \varphi(E[X|Y0_{,} \ldots, Yn_{]})$$

Submartingale aus Martingalen zu konstruieren (bei Supermartingalen ist das Gleiche bis auf einen Vorzeichenwechsel).

Martingale Konvergenzsätze[69]

Unter sehr allgemeinen Bedingungen konvergiert ein Martingal X_n mit zunehmendem n zu einer Grenzzufallsvariable X.

Satz

(a) Sei $\{X_n\}$ ein Submartingal , das erfüllt

$$\sup_{n \geq 0} E[|X_n|] < \infty$$

Dann gibt es ein rv X_∞, gegen das $\{X_n\}$ mit Wahrscheinlichkeit eins konvergiert:

$$Prob\left(\lim_{n \to \infty} X_n = X_\infty\right) = 1$$

(b) Wenn $\{X_n\}$ ein Martingal und gleichmäßig integrierbar ist, dann konvergiert zusätzlich zu dem oben Gesagten auch $\{X_n\}$ im Mittel:

$$\lim_{n \to \infty} E[|X_n - X_\infty|] = 0$$

Und $E[X_\infty] = E[X_n]$, für alle n.

Eine Folge ist gleichmäßig ganzzahlig, wenn:

$$\lim_{c \to \infty} \sup_{n \geq 0} E[|X_n| I\{|X_n| > c\}] = 0$$

Wobei I die Indikatorfunktion ist: 1 wenn $|X_n| > c$, und 0 andernfalls.

'Maximale' Ungleichungen für Martingale[69]

Die auf eine Folge angewandte Tschebyscheff-Ungleichung kann zu einer feineren Ungleichung „verschärft" werden, die als Kolmogorow-Ungleichung bekannt ist, und zwar in Bezug auf das Maximum der Folge. Dies lässt sich auf Martingale übertragen:

Sei $\{X_n ; n=0,1, \ldots\}$ iid rvs mit $E[X_i]=0 \forall$ i und $E[(X_i)^2]= \sigma^2 < \infty$.

Definieren Sie $S_0 = 0$, $S_n = X_1 + \ldots + X_n$ für n ≥ 1. Aus der Tschebyscheff-Ungleichung:

$$\varepsilon^2 Prob(|S_n| > \varepsilon) \leq n\sigma^2, \; \varepsilon > 0$$

Eine feinere Ungleichung ist möglich:

$$\varepsilon^2 Prob\left(\max_{0 \leq k \leq n} |S_n| > \varepsilon\right) \leq n\sigma^2, \; \varepsilon > 0$$

Sie ist als Kolmogorov-Ungleichung bekannt und kann verallgemeinert werden, um eine maximale Ungleichung auf Submartingalen zu erhalten :

Lemma 1 : Sei $\{X_n\}$ ein Submartingal , für das $X_n \geq 0$ für alle n. Dann für alle positiven λ:

$$\lambda \, Prob\left(\max_{0 \leq k \leq n} |X_k| > l\right) \leq E[X_n]$$

Lemma 2 : Sei $\{X_n\}$ ein nicht-negatives Supermartingal , dann gilt für alle positiven Zahlen λ:

$$\lambda \, Prob\left(\max_{0 \leq k \leq n} |X_k| > l\right) \leq E[X_0]$$

Mittlerer quadratischer Konvergenzsatz für Martingale[69]

Sei $\{X_n\}$ ein Submartingal bzgl. $\{Y_n\}$, das für eine Konstante k die Bedingung $E[(X_n)^2] \leq k < \infty$ für alle n erfüllt. Dann konvergiert $\{X_n\}$ für n gegen einen Grenzwert rv X_∞ sowohl mit Wahrscheinlichkeit eins als auch im quadratischen Mittel:

$$Prob\left(\lim_{n \to \infty} X_n = X_\infty\right) = 1, \text{ Und } \lim_{n \to \infty} E[|Xn - X_\infty|^2] = 0,$$

Wobei $E[X_\infty] = E[X_n] = E[X_0]$ für alle n.

Martingale bezüglich σ-Feldformalismus

233

Überprüfung der axiomatischen Wahrscheinlichkeitstheorie, haben drei grundlegende Elemente:

(1) Der Stichprobenraum, eine Menge Ω, deren Elemente ωden möglichen Ergebnissen eines Experiments entsprechen;

(2) Die Familie der Elemente, eine Sammlung F von ΩTeilmengen A (der Sigma-Körper). Wir sagen, dass das Ereignis A eintritt, wenn das Ergebnis ωdes Experiments ein Element von A ist;

(3) Das Wahrscheinlichkeitsmaß, eine Funktion P, die auf F *definiert ist* und Folgendes erfüllt:

(i) $0 = P[\varnothing] \leq P[A] \leq P[\Omega] = 1$ für $A \in F$

(ii) $P[A_1 \cup A_2] = P[A_1] + P[A_2] - P[A_1 \cap A_2]$ für $A_i \in F$

(iii) $P[\bigcup_{n=1}^{\infty} A_n] = \sum_{n=1}^{\infty} P[An]$ wenn $A_i \in F$ sind

gegenseitig disjunkt.

Dann wird das Tripel (Ω, F, P) als Wahrscheinlichkeitsraum bezeichnet.

Definition des rückwärts gerichteten Martingals (in Bezug auf Sigma-Unterfelder)

Seien $\{Z_n\}$ rvs auf einem Wahrscheinlichkeitsraum (Ω, F, P) und sei $\{G_n; n=0,1, \ldots\}$ eine abnehmende Folge von Sub-Sigma-Körpern von F, nämlich

$$F \supset F_n \supset F_{n+1}, \text{ für alle n.}$$

Dann heißt $\{Z_n\}$ ein Rückwärts-Martingal bzgl. $\{G_n\}$, wenn für n=0,1, … gilt:

(i) Z_n ist G_n-messbar

(ii) $E[|Z_n|] < \infty$, und

(iii) $E[Z_n | G_{n+1}] < Z_{n+1}$

$\{Z_n\}$ ist ein rückwärts gerichtetes Martingal, genau dann, wenn $X_n = Z_{-n}$, n=0,-1,-2,… ein Martingal bzgl. $F_n = G_{-n}$, n=0,-1,-2 ,… bildet.

Rückwärts-Martingale-Konvergenztheorem

Sei $\{Z_n\}$ ein Rückwärts-Martingal bzgl. einer abnehmenden Folge von Sub-Sigma-Körpern $\{G_n\}$. Dann gilt:

$$Prob\left(\lim_{n\to\infty} Z_n = Z\right) = 1, \text{ Und } \lim_{n\to\infty} E[|Z - Z_n|] = 0,$$

und $E[Z_n] = E[Z]$, für alle n.

Beweis des starken Gesetzes der großen Zahlen

Sei $\{X_n ; n=1,2, \ldots\}$ iid rvs mit $E[|X_1|] < \infty$. Seien $\mu = E[X_1]$, $S_0 = 0$ und $S_n = X_1 + \ldots + X_n$ für $n \geq 1$. Sei $G_{n \text{ der von } \{S_n, S_{n+1}, \ldots\}}$ erzeugte Sigmakörper. Wir können das starke Gesetz der großen Zahlen aus der Beobachtung ableiten, dass $Z_n = S_n/n$ ($Z_0 = \mu$) ein Rückwärtsmartingal bzgl. $G_{n \text{ bildet}}$. Sei $E[|Z_n|] < \infty$ und Z_n ist per Konstruktion G_n-messbar, also brauchen wir nur noch Relation (iii):

$S_n \equiv E[S_n | S_n] = E[S_n | S_n, S_{n+1}, \ldots] = E[S_n | G_n] = \sum_{k=1}^{n} E[X_k | G_n] = n\, E[X_k | G_n]$,

mit der letzten Gleichheit für $1 \leq k \leq n$, also:

$$Z_n = S_n/n = E[X_k | G_n]$$

Also $E[Z_{n-1} | G_n] = (n-1)^{-1} E[S_{n-1} | G_n] = (n-1)^{-1} \sum_{k=1}^{n-1} E[X_k | G_n] = Z$

nein !!!

Verwenden Sie nun den Rückwärts-Martingal-Konvergenzsatz, um das starke Gesetz zu zeigen:

$$Prob\left(\lim_{n \to \infty} \frac{S_n}{n} = \mu\right) = 1$$

C.4. Stationäre Prozesse

Ein *stationärer* Prozess ist ein stochastischer Prozess $\{X(t), t \in T\}$ mit der Eigenschaft, dass für jede positive ganze Zahl „k" und alle Punkte $t_1, \ldots, t_k$ und h in T die gemeinsame Verteilung von $\{X(t_1), \ldots X(t_k)\}$ dieselbe ist wie die gemeinsame Verteilung von $\{X(t_1 + h), \ldots X(t_k + h)\}$.

Ein Ergodensatz gibt Bedingungen an, unter denen ein Mittelwert über die Zeit

$$\overline{x_n} = \frac{1}{n}(x_1 + \cdots + xn)$$

eines stochastischen Prozesses konvergiert, wenn die Anzahl n der beobachteten Perioden groß wird. Das starke Gesetz der großen Zahlen ist ein solcher Ergodensatz.

Stationäre Prozesse bieten einen natürlichen Rahmen für die Verallgemeinerung des Gesetzes der großen Zahlen, da bei solchen Prozessen der Mittelwert eine Konstante m=$E[X_n]$ ist, unabhängig von der Zeit. So wie es starke und schwache Gesetze der großen Zahlen gibt, gibt es auch eine Vielzahl von Ergodensätzen…..

Starker Ergodensatz [69]

Sei $\{X_n; n=0,1,…\}$ ein streng stationärer Prozess mit endlichem Mittelwert $m=E[X_n]$. Sei

$$\overline{X_n} = \frac{1}{n}(X_0 + \cdots + X_{n-1})$$

sei der Durchschnitt der Stichprobenzeit. Dann $\overline{X_n}$ konvergiert die Folge { } mit Wahrscheinlichkeit eins gegen einen Grenzwert rv, der mit bezeichnet wird $\bar{X}$:

$$Prob\left(\lim_{n\to\infty} \overline{X_n} = \bar{X}\right) = 1, \text{ Und } \lim_{n\to\infty} E[|\bar{X} - \overline{X_n}|] = 0,$$

und $E[\overline{X_n}] = E[\bar{X}] = m$.

Asymptotische Äquipartitionseigenschaft (AEP)

$$\lim_{n\to\infty}\left[-\frac{1}{n}\log p(X_0, …, X_{n-1})\right] = H(\{X_n\})$$

Mit Wahrscheinlichkeit eins, vorausgesetzt $\{X_n\}$ ist ergodisch.

Beweis: Für $\{X_n\}$, eine stationäre ergodische endliche Markow-Kette, verwenden Sie die folgende Relation:

$H(\{X_n\})= \lim_{k\to\infty} H(Xk|X_1, …, X_{k-1})$ Oder $H(\{X_n\})=\lim_{l\to\infty} \frac{1}{l} H(X_1, …, X_l)$

$H(X_n|X_0, …, X_{n-1})= -\sum_{i,j} \pi(i)P_{ij} \log P_{ij}$, wobei $\pi(i)$ die Vorhersage von X_i und P_{ij} die Übergangswahrscheinlichkeit von X_i zu X_j ist. Somit

$H(\{X_n\})= -\sum_{i,j} \pi(i)P_{ij} \log P_{ij}$, während,

$-\frac{1}{n}\log p(X_0, …, X_{n-1}) = \frac{1}{n} \sum_{i=0}^{n-2} W_i - \frac{1}{n}\log \pi(X_0)$, Wo $W_i = -\log P_{i,i+1}$

Es gilt der Ergodensatz:

$$\lim_{n\to\infty}\left[-\frac{1}{n}\log p(X_0, …, X_{n-1})\right] = E[W_0] = -\sum_{i,j} \pi(i)P_{ij} \log P_{ij}$$

$$= H(\{X_n\})$$

Der allgemeine AEP-Beweis verwendet den Rückwärts-Martingal-Konvergenzsatz anstelle des Ergodensatzes.

C.5. Summen von Zufallsvariablen
Hoeffdings Ungleichung
Die Hoeffding- Ungleichung gibt eine obere Schranke für die Wahrscheinlichkeit an, dass die Summe der Zufallsvariablen von ihrem Erwartungswert abweicht (Wassily Hoeffding , 1963 [71]). Sie wurde von Azuma [72] auf Martingaldifferenzen und auf Funktionen von Zufallsvariablen $\{X_n\}$ mit beschränkten Differenzen verallgemeinert (wobei die Funktion das empirische Mittel der Folge von Variablen ist: $\bar{X}=\frac{1}{n}(X_1+...+X_n)$ ergibt den Spezialfall von Hoeffding).

Abrufen:
Seien X1 ,...,Xn $_{\text{unabhängige}}$ Zufallsvariablen. Nehmen wir an, dass die Xi $_{\text{fast}}$ sicher beschränkt sind: $P(Xi_{[}\epsilon ai,bi_{]})=1$. Definieren Sie den empirischen Mittelwert der Folge von Variablen als:

$$\bar{X}=\frac{1}{n}(X_1+...+X_n)$$

Hoeffding (1963) beweist folgendes:

$$P(\bar{X}-E[\bar{X}]\geq k)\leq \exp(-\frac{2n^2k^2}{\sum_{i=1}^{n}(b_i-ai)^2})$$

$$P(|\bar{X}-E[\bar{X}]|\geq k)\leq 2\exp(-\frac{2n^2k^2}{\sum_{i=1}^{n}(b_i-ai)^2})$$

Für jedes fast sicher beschränkte X gibt es eine weitere Relation, wenn E(X)=0, bekannt als Hoeffding -Lemma:

$$E[e^{\lambda X}]\leq \exp(\frac{\lambda^2(b-a)^2}{8})$$

Der Beweis beginnt mit dem Aufzeigen des Lemmas als schwierigem Teil.......

Hoeffding- Lemma-Beweis
Da $e^{\lambda X}$ es sich um eine konvexe Funktion handelt, haben wir

$$e^{\lambda X}\leq \frac{b-X}{b-a}e^{\lambda a}+\frac{X-a}{b-a}e^{\lambda b}, \forall a\leq x\leq b$$

Also,

$E[e^{\lambda X}]\leq E\left[\frac{b-X}{b-a}e^{\lambda a}+\frac{X-a}{b-a}e^{\lambda b}\right]=\frac{b}{b-a}e^{\lambda a}+\frac{-a}{b-a}e^{\lambda b}$ (letztes ist seit E[X]=0)

Die Konvexitätsmethode beinhaltet eine Linieninterpolation. Wechseln wir zu den Parametern mit
p = -a/(ba), und führe hp = -a ein λ(also h = λ(ba)):

$$\frac{b}{b-a}e^{\lambda a}+\frac{-a}{b-a}e^{\lambda b}=e^{\lambda a}[1-p+p\,e^{\lambda(b-a)}]=e^{-hp}[1-p+p\,e^h]$$

$E[e^{\lambda X}] \leq e^{L(h)}$, wobei $L(h) = -hp + \ln(1-p+p\,e^h)$ →$L(0) = 0$.

$L'(h) = -p + p\,e^h/(1-p+p\,e^h)$ →$L'(0) = 0$.

$L''(h) = p(1-p)e^h$ Die Gleichung lautet: →$L''(0) = p(1-p)$.

$L^{(n)}(h) = p(1-p)\,e^h > 0$

Verwendung der Taylorreihe für L(h):

$L(h) = L(0) + hL'(0) + \frac{1}{2}h^2 L''(0) +$ (mehr positive Terme bei höherer Ordnung in h)

$L(h) \leq \frac{1}{2}h^2\, p\,(1-p)$

Da wir $E[X]=0$ haben, ist p=-a/(ba) gleich $\in[0,1]$, also eine klassische logistische Funktion, bei der der Maximalwert von p(1-p) im Bereich [0,1] gleich ¼ ist (wenn p=1/2), also:

$L(h) \leq \frac{1}{8}h^2$ und $E[e^{\lambda X}] \leq e^{\frac{1}{8}\lambda^2(b-a)^2}$

Hoeffding- Ungleichungsbeweis (für weitere Einzelheiten siehe [71])

Betrachten Sie die Summe der iid X_i, wobei $S_m = m$, $\bar{X}$ wobei $\bar{X}$ der empirische Durchschnitt m Terme hat:

$P(S_m - E[S_m] \geq k) \leq e^{-tk}E[e^{t(S_m - E[S_m])}]$ (Chernoff-Bounding-Technik)

$= \prod_{i=1}^{m} e^{-tk}\, E[e^{t(X_i - E[X_i])}]$ ($\{X_n\}$ sind iid)

$\leq \prod_{i=1}^{m} e^{-tk}e^{\frac{1}{8}t^2(b_i-a_i)^2}$ (Hoeffding-Lemma)

$= e^{-tk}e^{\frac{1}{8}t^2\sum_{i=1}^{m}(b_i-a_i)^2}$

Sei $f(t) = -tk + \frac{1}{8}t^2\sum_{i=1}^{m}(b_i - a_i)^2$; Wähle t=4k/, $\sum_{i=1}^{m}(b_i - a_i)^2$ um die Obergrenze zu minimieren und zu erhalten:

$$P(S_m - E[S_m] \geq k) \leq e^{-2k^2/\sum_{i=1}^{m}(b_i-a_i)^2}$$

$$P(\bar{X} - E[\bar{X}] \geq k) \leq e^{-2m^2k^2/\sum_{i=1}^{m}(b_i-a_i)^2}$$

(C-8)

Chernoff-Bounding-Technik:

$P[X \geq k] = P[e^{tX} \geq e^{tk}] \leq e^{-tk}E[e^{tX}]$ (Chernoff verwendet zuletzt die Markow-Ungleichung).

(C-9)

Verweise

[1] Newton, Isaac. " Philosophiæ Naturalis Principia Mathematica. 5. Juli 1687 (drei Bände in Latein). Englische Version: "The Mathematical Principles of Natural Philosophy", Encyclopædia Britannica, London. (1687).

[2] Leibniz, Gottfried Wilhelm Freiherr von; Gerhardt, Carl Immanuel (übers.) (1920). Die frühen mathematischen Manuskripte von Leibniz. Open Court Publishing. S. 93. Abgerufen am 10. November 2013.

[3] Dirk Jan Struik , A Source Book in Mathematics (1969) S. 282–28.

[4] Leibniz, Gottfried Wilhelm. Supplementum Geometrie dimensoriae , seu Generalissima omnium tetragonismorum Wirkung pro Satz : ähnliche Multiplex -Konstruktion lineae ex Daten Tangential conditione , Acta Euriditorum (September 1693), S. 385–392.

[5] Euler, Leonhard. Mechanica sive motus scientia Analytik Ausstellungsstück ; 1736.

[6] Laplace, PS (1774), „ Mémoires de Mathématique et de Physique, Tome Sixième " [Memoiren über die Wahrscheinlichkeit von Ursachen von Ereignissen.], Statistical Science, 1 (3): 366–367.

[7] D'Alembert, Jean Le Rond (1743). Dynamisches Merkmal .

[8] Lagrange, JL , Mécanique analytique , Bd. 1 (1788), Bd. 2 (1789). Erweiterte Neuauflage Bd. 1 1811 und Bd. 2 1815.

[9] Lagrange, JL (1997). Analytische Mechanik. Band 1 (2. Aufl.). Englische Übersetzung der Ausgabe von 1811.

[10] William R. Hamilton. Über eine allgemeine Methode in der Dynamik; durch die das Studium der Bewegungen aller freien Systeme anziehender oder abstoßender Punkte auf die Suche und Differenzierung einer zentralen Relation oder charakteristischen Funktion reduziert wird. Philosophical Transactions of the Royal Society (Teil II für 1834, S. 247-308).

[11] William R. Hamilton. Zweiter Essay über eine allgemeine Methode in der Dynamik. Dieser wurde in den Philosophical Transactions of the Royal Society veröffentlicht (Teil I für 1835, S. 95-144).

[12] Hamilton, W. (1833). „Über eine allgemeine Methode, die Wege des Lichts und der Planeten durch die Koeffizienten einer charakteristischen Funktion auszudrücken" (PDF). Dublin University Review: 795–826.

[13] Hamilton, W. (1834). „Über die Anwendung einer allgemeinen mathematischen Methode auf die Dynamik, die zuvor in der Optik angewendet wurde" (PDF). Bericht der British Association: 513–518.

[14] WR Hamilton (1844 bis 1850) Über Quaternionen oder ein neues System von Imaginären in der Algebra, Philosophical Magazine,

[15] Simon L. Altmann (1989). „Hamilton, Rodrigues und der Quaternionenskandal". Mathematics Magazine. Vol. 62, Nr. 5. S. 291–308.

[16] Werner Heisenberg (1925). " Über quantentheoretische Umdeutung kinematischer und mechanischer Beziehungen ". Zeitschrift für Physik. 33 (1): 879–893. ("Quantentheoretische Neuinterpretation kinematischer und mechanischer Beziehungen")

[17] Schrödinger, E. (1926). „Eine Undulationstheorie der Mechanik von Atomen und Molekülen" (PDF). Physical Review. 28 (6): 1049–1070.

[18] Dirac, Paul Adrien Maurice (1930). Die Prinzipien der Quantenmechanik. Oxford: Clarendon Press.

[19] Feigenbaum, MJ (1976). „Universalität in komplexer diskreter Dynamik" (PDF). Jahresbericht 1975–1976 der Theoretischen Abteilung von Los Alamos.

[20] Morse, Marston (1934). Die Variationsrechnung im Großen. Veröffentlichung des Kolloquiums der American Mathematical Society. Band 18. New York.

[21] Milnor, John (1963). Morsetheorie. Princeton University Press.

[22] Fizeau, H. (1851). "Auf den Hypothesen über die Äther lumineux ". Comptes Rendus. 33: 349–355.

[23] Shankland, RS (1963). „Gespräche mit Albert Einstein". American Journal of Physics. 31 (1): 47–57.

[24] Winters-Hilt, S. Informatik und maschinelles Lernen: von Martingalen zu Metaheuristiken. (2021) Wiley.

[25] Goldstein, Herbert (1980). Klassische Mechanik (2. Aufl.). Addison-Wesley.

[26] Neother , E. (1918). „ Invariante Variationsprobleme ". Nachrichten von der Gesellschaft der Wissenschaften zu Göttingen.Mathematisch-Physikalische Klasse.1918: 235-257.

[27] Landau, Lev D.; Lifshitz, Evgeny M. (1969). Mechanik. Band 1 (2. Aufl.). Pergamon Press.

[28] Percival, IC und D. Richards. Einführung in die Dynamik. (1983) Cambridge University Press.

[29] Fetter, AL und JD Walecka, Theoretische Mechanik von Teilchen und Kontinua, Dover (2003).

[30] Kapitza , PL „Dynamische Stabilität des Pendels mit vibrierendem Aufhängepunkt", Sov. Phys. JETP 21 (5), 588–597 (1951) (in Russisch).

[31] Lyapunov, AM Das allgemeine Problem der Stabilität der Bewegung. 1892. Kharkiv Mathematical Society, Kharkiv, 251 S. (in Russisch).

[32] Arnold, VI Gewöhnliche Differentialgleichungen. MIT Press. (1978).

[33] Longair , MS Theoretische Konzepte in der Physik: Eine alternative Sichtweise des theoretischen Denkens in der Physik. Cambridge University Press. 2. Auflage: 2003.

[34] Baker, GL und J. Gollub. Chaorische Dynamik: Eine Einführung. Cambridge University Press. 1990.

[35] Mandelbrot, Benoît (1982). Die fraktale Geometrie der Natur. WH Freeman & Co.

[36] PJ Myrberg . Iteration der Rellen Polynom zweiten Grades. III, Annales Acad. Sci Fenn A, U 336 (1963) n.3, 1-18, MR 27.

[37] Arnold, Vladimir I. (1989). Mathematische Methoden der klassischen Mechanik (2. Aufl.). New York: Springer.

[38] Woodhouse, NMJ Einführung in die analytische Dynamik. Springer, 2. Auflage . 2009.

[39] Bender, CM und SA Orszag. Fortgeschrittene mathematische Methoden für Wissenschaftler und Ingenieure: Asymptotische Methoden und Störungstheorie. Springer. 1999.

[40] Winters-Hilt, S. Die Dynamik von Feldern, Flüssigkeiten und Messgeräten. (Physikreihe: „ Physik aus maximaler Informationsemanation" Buch 2.)

[41] Winters-Hilt, S. Die Dynamik von Mannigfaltigkeiten. (Physikreihe: „ Physik aus maximaler Informationsemanation" Buch 3.)

[42] Winters-Hilt, S. Quantenmechanik, Pfadintegrale und algebraische Realität. (Physikreihe: „ Physik aus maximaler Informationsemanation" Buch 4.)

[43] Winters-Hilt, S. Quantenfeldtheorie und das Standardmodell. (Physikreihe: „ Physik aus maximaler Informationsemanation" Buch 5.)

[44] Winters-Hilt, S. Thermische und statistische Mechanik und Thermodynamik schwarzer Löcher. (Physikreihe: „ Physik aus maximaler Informationsemanation" Buch 6.)

[45] Winters-Hilt, S. Emanation, Emergenz und Eukatastrophe. (Physikreihe: „ Physik aus maximaler Informationsemanation" Buch 7.)

[46] Winters-Hilt, S. Klassische Mechanik und Chaos. (Physikreihe: „ Physik aus maximaler Informationsemanation" Buch 1.)

[47] Winters-Hilt, S. Datenanalyse, Bioinformatik und maschinelles Lernen. 2019.

[48] Feynman, RP und AR Hibbs. Quantenmechanik und Pfadintegrale. McGraw-Hill College. 1965.

[49] Landau, LD; Lifshitz, EM (1935). „Theorie der Dispersion der magnetischen Permeabilität in ferromagnetischen Körpern". Phys. Z. Sowjetunion . 8, 153.

[50] Landau, Lev D.; Lifshitz, Evgeny M. (1980). Statistische Physik. Band 5 (3. Aufl.). Butterworth-Heinemann.

[51] Braginskii , VB Messung schwacher Kräfte in physikalischen Experimenten. (1977). University of Chicago Press.

[52] Drever, RWP; Hall, JL; Kowalski, FV; Hough, J.; Ford, GM; Munley, AJ; Ward, H. (Juni 1983). „Laserphasen- und Frequenzstabilisierung mit einem optischen Resonator" (PDF). Applied Physics B. 31 (2): 97–105.

[53] Bunimovich , VI Fluktuationsprozesse in Radioempfängern . Gostekhizdat , UdSSR. 1950.

[54] Stratonovich , RL Ausgewählte Probleme der Theorie der Fluktuationen in der Radiotechnik. Sowjetischer Rundfunk, UdSSR.

[55] Papoulis, Athanasios; Pillai, S. Unnikrishna (2002). Wahrscheinlichkeit, Zufallsvariablen und stochastische Prozesse (4. Aufl.). Boston: McGraw Hill.

[56] Reed, M, und Simon, B. Methoden der modernen mathematischen Physik. III. Streutheorie. Elsevier, 1979.

[57] Rutherford, E. (1911). „LXXIX. Die Streuung von α- und β-Teilchen durch Materie und die Struktur des Atoms". The London, Edinburgh, and Dublin Philosophical Magazine and Journal of Science. 21 (125): 669–688.

[58] Sommerfeld, Arnold (1916). „Zur Quantentheorie der Spektrallinien ". Annalen der Physik . 4 (51): 51–52.

[59] Hibbeler, R. Technische Mechanik: Dynamik. 14. Auflage. 2015.

[60] Hibbeler, R. Technische Mechanik: Statik und Dynamik. 14. Auflage. 2015.

[61] Layek , GC Eine Einführung in dynamische Systeme und Chaos 1. Aufl. 2015. Springer.

[62] Lemons, DS A Student's Guide to Dimensional Analysis. Cambridge University Press. 1. Auflage: 2017.

[63] Langhaar , HL Dimensional Analysis and Theory of Models, Wiley 1951.

[64] Feynman, RP (1948). Der Charakter physikalischer Gesetze. MIT Press (1967).

[65] Ince, EL Gewöhnliche Differentialgleichungen. Dover 1956.

[66] Abromowitz , M. und IA Stegun . Handbuch der mathematischen Funktionen.

[67] Fuchs, LI Zur Theorie der linearen Differentialgleichungen mit variablen Koeffizienten. 1866.

[68] Jaynes, ET Wahrscheinlichkeitstheorie: Die Logik der Wissenschaft . Cambridge University Press, (2003).

[69] Karlin, S. und HM Taylor. A First Course in Stochastic Processes 2. Aufl. Academic Press. 1975.

[70] Winters-Hilt, S. Einheitliche Propagatortheorie und eine nicht-experimentelle Ableitung der Feinstrukturkonstante. Advanced Studies in Theoretical Physics, Vol. 12, 2018, Nr. 5, 243-255.

[71] Wassily Hoeffding (1963) Wahrscheinlichkeitsungleichungen für Summen beschränkter Zufallsvariablen, *Journal of the American Statistical Association* , 58 (301), 13–30.

[72] Azuma, K. (1967). „Gewichtete Summen bestimmter abhängiger Zufallsvariablen" (PDF). *Tôhoku Mathematical Journal* . **19** (3): 357–367.

[73] Compton, Arthur H. (Mai 1923). „Eine Quantentheorie der Streuung von Röntgenstrahlen an leichten Elementen". Physical Review . 21 (5): 483–502.

[74] Mason und Woodhouse. „Relativität und Elektromagnetismus" (PDF). Abgerufen am 20. Februar 2021.

[75] Merzbach, Uta C. ; Boyer, Carl B. (2011), *A History of Mathematics* (3. Auflage), John Wiley & Sons.

[76] Robinson, Abraham (1963), Einführung in die Modelltheorie und in die Metamathematik der Algebra, Amsterdam: North-Holland, ISBN 978-0-7204-2222-1, MR 0153570

[77] Robinson, Abraham (1966), Nicht-Standardanalyse, Princeton Landmarks in Mathematics (2. Auflage), Princeton University Press, ISBN 978-0-691-04490-3, MR 0205854

[78] RD Richtmyer (1978), *Principles of Advanced Mathematical Physics* Vol. 1 & 2, Springer-Verlag, New York.

[79] Tufillaro , N., T. Abbott und D. Griffiths. Swinging Atwood's Machine. American Journal of Physics, 52, 895–903, 1984.

[80] https://en.wikipedia.org/wiki/Logistic_map

[81] Winters-Hilt S. Themen der Quantengravitation und Quantenfeldtheorie in gekrümmter Raumzeit. UWM PhD Dissertation, 1997.

[82] Winters-Hilt S, IH Redmount und L. Parker, „Physikalische Unterscheidung zwischen alternativen Vakuumzuständen in flachen Raumzeitgeometrien", Phys. Rev. D 60, 124017 (1999).

[83] Friedman JL, J. Louko und S. Winters-Hilt, „Reduzierter Phasenraumformalismus für sphärisch symmetrische Geometrie mit einer massiven Staubhülle", Phys. Rev. D 56, 7674-7691 (1997).

[84] Louko J und S. Winters-Hilt, „Hamiltonsche Thermodynamik des Reissner-Nordstrom-Anti-de-Sitter-Schwarzen Lochs", Phys. Rev. D 54, 2647-2663 (1996).

[85] Louko J, JZ Simon und S. Winters-Hilt, „Hamiltonsche Thermodynamik eines Lovelock-Schwarzen Lochs", Phys. Rev. D 55, 3525-3535 (1997).

[86] Amari, S. und H. Nagaoka. Methoden der Informationsgeometrie. Oxford University Press. 2000.

[87] Winters-Hilt, S. Feynman-Cayley Path Integrals select Chiral Bi-Sedenions with 10-dimensional space-time propagation. Advanced Studies in Theoretical Physics, Vol. 9, 2015, no. 14, 667-683.

[88] Winters-Hilt, S. Die 22 Buchstaben der Realität: chirale Bisedenion - Eigenschaften für maximale Informationsausbreitung. Advanced Studies in Theoretical Physics, Vol. 12, 2018, Nr. 7, 301-318.

[89] Winters-Hilt, S. Fiat Numero : Trigintaduonion-Emanationstheorie und ihre Beziehung zur Feinstrukturkonstante α, der Feigenbaum-Konstante C $_\infty$, und π. Advanced Studies in Theoretical Physics, Vol. 15, 2021, no. 2, 71-98.

[90] Winters-Hilt, S. Chirale Trigintaduonion-Emanation führt zum Standardmodell der Teilchenphysik und zu Quantenmaterie. Advanced Studies in Theoretical Physics, Vol. 16, 2022, Nr. 3, 83-113.

[91] Robert L. Devaney. Eine Einführung in chaotische dynamische Systeme. Addison -Wesley.

[92] Landau, Lev D. ; Lifshitz, Evgeny M. (1971). *Die klassische Feldtheorie* . Band 2 (3. Aufl.). Pergamon Press .

[93] Penrose, Roger (1965), „Gravitationskollaps und Raum-Zeit-Singularitäten", Phys. Rev. Lett., 14 (3): 57.

[94] Hawking, Stephen & Ellis, GFR (1973). Die großräumige Struktur der Raumzeit. Cambridge: Cambridge University Press.

[95] Peebles, PJE (1980). Großräumige Struktur des Universums. Princeton University Press.

[96] B. Abi et al. Messung des positiven anomalen magnetischen Moments des Myons auf 0,46 ppm
^ Schott, J., Schröder, H ...

[97] Einstein, A. „Über einen heuristischen Gesichtspunkt hinsichtlich der Erzeugung und Umwandlung des Lichtes" (Ann. Phys., Lpz 17 132-148)

[98] Balmer, JJ (1885). " Notiz über die Spectrallinien des Wasserstoffs ". Annalen der Physik und Chemie . 3. Reihe. 25: 80–87.

[99] Bohr, N. (Juli 1913). „I. Über die Konstitution von Atomen und Molekülen". The London, Edinburgh, and Dublin Philosophical Magazine and Journal of Science. 26 (151): 1–25. doi:10.1080/14786441308634955.

[100] Bohr, N. (September 1913). „XXXVII. Über die Konstitution von Atomen und Molekülen". The London, Edinburgh, and Dublin

Philosophical Magazine and Journal of Science. 26 (153): 476–502. Bibcode:1913PMag...26..476B. doi:10.1080/14786441308634993.

[101] Bohr, N. (1. November 1913). „LXXIII. Über die Konstitution von Atomen und Molekülen". The London, Edinburgh, and Dublin Philosophical Magazine and Journal of Science. 26 (155): 857–875. doi:10.1080/14786441308635031.

[102] Bohr, N. (Oktober 1913). „Die Spektren von Helium und Wasserstoff". Nature. 92 (2295): 231–232.

[103] Max Planck. Über das Gesetz der Energieverteilung im Normalspektrum. Annalen der Physik Bd. 4, S. 553 ff (1901)

[104] Arthur H. Compton. Sekundärstrahlungen durch Röntgenstrahlen. Bulletin of the National Research Council., Nr. 20 (v. 4, pt. 2) Okt. 1922.

[105] Davisson, CJ; Germer, LH (1928). „Reflexion von Elektronen an einem Nickelkristall". Proceedings of the National Academy of Sciences of the United States of America. 14 (4): 317–322.

[106] Michael Eckert. Wie Sommerfeld das Bohrsche Atommodell erweiterte (1913–1916). The European Physical Journal H.

[107] Max Born; J. Robert Oppenheimer (1927). „ Zur Quantentheorie der Moleküle ". Annalen der Physik (auf Deutsch). 389 (20): 457–484.

[108] Dirac, PAM (1928). „Die Quantentheorie des Elektrons" (PDF). Proceedings of the Royal Society A: Mathematische, physikalische und technische Wissenschaften. 117 (778): 610–624.

[109] Dirac, Paul AM (1933). "Der Lagrange-Operator in der Quantenmechanik" (PDF). Physikalische Zeitschrift der Sowjetunion . 3: 64–72.

[110] Feynman, Richard P. (1942). Das Prinzip der kleinsten Wirkung in der Quantenmechanik (PDF) (PhD). Princeton University.

[111] Feynman, Richard P. (1948). „Raum-Zeit-Ansatz zur nichtrelativistischen Quantenmechanik". Reviews of Modern Physics. 20 (2): 367–387.

[112] Erdeyli , A. Asymptotische Erweiterungen.

[113] Erdeyli , A. Asymptotische Erweiterungen von Differentialgleichungen mit Wendepunkten. Literaturübersicht. Technischer Bericht 1, Vertrag Nonr-220(11). Referenznummer NR 043-121. Department of Mathematics, California Institute of Technology, 1953.

[114] Carrier, GF, M. Crook und CE Pearson. Funktionen einer komplexen Variablen. 1983 Hod Books.

[115] Van Vleck, JH (1928). „Das Korrespondenzprinzip in der statistischen Interpretation der Quantenmechanik". Proceedings of the

National Academy of Sciences of the United States of America. 14 (2): 178–188.

[116] Chaichian , M.; Demichev , AP (2001). "Einleitung". Pfadintegrale in der Physik Band 1: Stochastische Prozesse und Quantenmechanik. Taylor & Francis. S. 1ff. ISBN 978-0-7503-0801-4.

[117] Vinokur, VM (27.02.2015). „Dynamischer Vortex-Mott-Übergang"

[118] Hawking, SW (1974-03-01). Explosionen schwarzer Löcher? Nature. 248 (5443): 30–31.

[119] Birrell, ND und Davies, PCW (1982) Quantenfelder im gekrümmten Raum. Cambridge Monographs on Mathematical Physics. Cambridge University Press, Cambridge.

[120] Maldacena, Juan (1998). „Die große N-Grenze superkonformer Feldtheorien und Supergravitation". Fortschritte in der theoretischen und mathematischen Physik. 2 (4): 231–252.

[121] Witten, Edward (1998). „Anti-de Sitter-Raum und Holographie". Fortschritte in der theoretischen und mathematischen Physik. 2 (2): 253–291.

[122] Caves, Carlton M.; Fuchs, Christopher A.; Schack, Ruediger (20.08.2002). „Unbekannte Quantenzustände: Die Quanten-de- Finetti-Darstellung". Journal of Mathematical Physics. 43 (9): 4537–4559.

[123] Jackson, JD Classical Electrodynamics, 2. Auflage. Wiley 1975.

[124] Lorentz, Hendrik Antoon (1899), „Vereinfachte Theorie elektrischer und optischer Phänomene in bewegten Systemen" , *Proceedings of the Royal Netherlands Academy of Arts and Sciences* , **1** : 427–442.

[125] Misner, Charles W., Thorne, KS, & Wheeler, JA Gravitation. Princeton University Press, 2017. ISBN: 9780691177793.

[126] Penrose, R., W. Rindler (1984) Band 1: Zwei-Spinor-Kalkül und relativistische Felder, Cambridge University Press, Vereinigtes Königreich.

[127] Tolkien, JRR (1990). *Die Monster und die Kritiker und andere Essays* . London: HarperCollinsPublishers .

References

[1] Newton, Isaac. "Philosophiæ Naturalis Principia Mathematica. July 5, 1687 (three volumes in Latin). English version: "The Mathematical Principles of Natural Philosophy", Encyclopædia Britannica, London. (1687).

[2] Leibniz, Gottfried Wilhelm Freiherr von; Gerhardt, Carl Immanuel (trans.) (1920). The Early Mathematical Manuscripts of Leibniz. Open Court Publishing. p. 93. Retrieved 10 November 2013..

[3] Dirk Jan Struik, A Source Book in Mathematics (1969) pp. 282–28.

[4] Leibniz, Gottfried Wilhelm. Supplementum geometriae dimensoriae, seu generalissima omnium tetragonismorum effectio per motum: similiterque multiplex constructio lineae ex data tangentium conditione, Acta Euriditorum (Sep. 1693) pp. 385–392.

[5] Euler, Leonhard. Mechanica sive motus scientia analytice exposita; 1736.

[6] Laplace, P S (1774), "Mémoires de Mathématique et de Physique, Tome Sixième" [Memoir on the probability of causes of events.], Statistical Science, 1 (3): 366–367.

[7] D'Alembert, Jean Le Rond (1743). Traité de dynamique .

[8] Lagrange, J. L. , Mécanique analytique, Vol. 1 (1788), Vol. 2 (1789). Expanded republished Vol. 1 1811 and Vol. 2 1815.

[9] Lagrange, J. L. (1997). Analytical mechanics. Vol. 1 (2d ed.). English translation of the 1811 edition.

[10] William R. Hamilton. On a General Method in Dynamics; by which the Study of the Motions of all free Systems of attracting or repelling Points is reduced to the Search and Differentiation of one central Relation, or characteristic Function. Philosophical Transactions of the Royal Society (part II for 1834, pp. 247-308).

[11] William R. Hamilton. Second Essay on a General Method in Dynamics'. This was published in the Philosophical Transactions of the Royal Society (part I for 1835, pp. 95-144).

[12] Hamilton, W. (1833). "On a General Method of Expressing the Paths of Light, and of the Planets, by the Coefficients of a Characteristic Function" (PDF). Dublin University Review: 795–826.

[13] Hamilton, W. (1834). "On the Application to Dynamics of a General Mathematical Method previously Applied to Optics" (PDF). British Association Report: 513–518.

[14] W.R. Hamilton(1844 to 1850) On quaternions or a new system of imaginaries in algebra, Philosophical Magazine,

[15] Simon L. Altmann (1989). "Hamilton, Rodrigues and the quaternion scandal". Mathematics Magazine. Vol. 62, no. 5. pp. 291–308.

[16] Werner Heisenberg (1925). "Über quantentheoretische Umdeutung kinematischer und mechanischer Beziehungen". Zeitschrift für Physik (in German). 33 (1): 879–893. ("Quantum theoretical re-interpretation of kinematic and mechanical relations")

[17] Schrödinger, E. (1926). "An Undulatory Theory of the Mechanics of Atoms and Molecules" (PDF). Physical Review. 28 (6): 1049–1070.

[18] Dirac, Paul Adrien Maurice (1930). The Principles of Quantum Mechanics. Oxford: Clarendon Press.

[19] Feigenbaum, M. J. (1976). "Universality in complex discrete dynamics" (PDF). Los Alamos Theoretical Division Annual Report 1975–1976.

[20] Morse, Marston (1934). The Calculus of Variations in the Large. American Mathematical Society Colloquium Publication. Vol. 18. New York.

[21] Milnor, John (1963). Morse Theory. Princeton University Press. ISBN 0-691-08008-9.

[22] Fizeau, H. (1851). "Sur les hypothèses relatives à l'éther lumineux". Comptes Rendus. 33: 349–355.

[23] Shankland, R. S. (1963). "Conversations with Albert Einstein". American Journal of Physics. 31 (1): 47–57.

[24] Winters-Hilt, S. Informatics and Machine Learning: from Martingales to Metaheuristics. (2021) Wiley.

[25] Goldstein, Herbert (1980). Classical Mechanics (2nd ed.). Addison-Wesley.

[26] Neother, E. (1918). "Invariante Variationsprobleme". Nachrichten von der Gesellschaft der Wissenschaften zu Göttingen.Mathematisch-Physikalische Klasse.1918: 235-257.

[27] Landau, Lev D.; Lifshitz, Evgeny M. (1969). Mechanics. Vol. 1 (2nd ed.). Pergamon Press.

[28] Percival, I.C. and D. Richards. Introduction to Dynamics. (1983) Cambridge University Press.

[29] Fetter, A.L and J.D Walecka, Theoretical Mechanics of Particles and Continua, Dover (2003).

[30] Kapitza, P.L. "Dynamic stability of the pendulum with vibrating suspension point," Sov. Phys. JETP 21 (5), 588–597 (1951) (in Russian).

[31] Lyapunov, A.M. The general problem of the stability of motion. 1892. Kharkiv Mathematical Society, Kharkiv, 251p. (in Russian).

[32] Arnold, V.I. Ordinary Differential Equations. MIT Press. (1978).
[33] Longair, M.S. Theoretical Concepts in Physics: An Alternative View of Theoretical Reasoning in Physics. Cambridge University Press. 2nd edition: 2003.
[34] Baker, G.L and J. Gollub. Chaoric Dynamics: An Introduction. Cambridge University Press. 1990.
[35] Mandelbrot, Benoît (1982). The Fractal Geometry of Nature. W H Freeman & Co.
[36] P.J. Myrberg. Iteration der rellen Polynome zweiten Grades. III, Annales Acad. Sci Fenn A, U 336 (1963) n.3, 1-18, MR 27.
[37] Arnold, Vladimir I. (1989). Mathematical Methods of Classical Mechanics (2nd ed.). New York: Springer.
[38] Woodhouse, N.M.J. Introduction to Analytical Dynamics. Springer, 2nd Edition. 2009.
[39] Bender, C.M. and S.A. Orszag. Advanced Mathematical Methods for Scientists and Engineers: Asymptotic Methods and Perturbation Theory. Springer. 1999.
[40] Winters-Hilt, S. The Dynamics of Fields, Fluids, and Gauges. (Physics Series: "Physics from Maximal Information Emanation" Book 2.)
[41] Winters-Hilt, S. The Dynamics of Manifolds. (Physics Series: "Physics from Maximal Information Emanation" Book 3.)
[42] Winters-Hilt, S. Quantum Mechanics, Path Integrals, and Algebraic Reality. (Physics Series: "Physics from Maximal Information Emanation" Book 4.)
[43] Winters-Hilt, S. Quantum Field Theory and the Standard Model. (Physics Series: "Physics from Maximal Information Emanation" Book 5.)
[44] Winters-Hilt, S. Thermal & Statistical Mechanics, and Black Hole Thermodynamics. (Physics Series: "Physics from Maximal Information Emanation" Book 6.)
[45] Winters-Hilt, S. Emanation, Emergence, and Eucatastrophe. (Physics Series: "Physics from Maximal Information Emanation" Book 7.)
[46] Winters-Hilt, S. Classical Mechanics and Chaos. (Physics Series: "Physics from Maximal Information Emanation" Book 1.)
[47] Winters-Hilt, S. Data analytics, Bioinformatics, and Machine Learning. 2019.
[48] Feynman, R.P. and A.R. Hibbs. Quantum Mechanics and Path Integrals. McGraw-Hill College. 1965.

[49] Landau, L.D.; Lifshitz, E.M. (1935). "Theory of the dispersion of magnetic permeability in ferromagnetic bodies". Phys. Z. Sowjetunion. 8, 153.

[50] Landau, Lev D.; Lifshitz, Evgeny M. (1980). Statistical Physics. Vol. 5 (3rd ed.). Butterworth-Heinemann.

[51] Braginskii, V. B. Measurement of weak forces in physics experiments. (1977). University of Chicago Press.

[52] Drever, R. W. P.; Hall, J. L.; Kowalski, F. V.; Hough, J.; Ford, G. M.; Munley, A. J.; Ward, H. (June 1983). "Laser phase and frequency stabilization using an optical resonator" (PDF). Applied Physics B. 31 (2): 97–105.

[53] Bunimovich, V.I. Fluctuational processes in radioreceivers. Gostekhizdat, USSR. 1950.

[54] Stratonovich, R.L. Selected problems in the theory of fluctuations in radiotechnology. Soviet Radio, USSR.

[55] Papoulis, Athanasios; Pillai, S. Unnikrishna (2002). Probability, Random Variables and Stochastic Processes (4th ed.). Boston: McGraw Hill.

[56] Reed, M, and Simon, B. Methods of modern mathematical physics. III. Scattering theory. Elsevier, 1979.

[57] Rutherford, E. (1911). "LXXIX. The scattering of α and β particles by matter and the structure of the atom". The London, Edinburgh, and Dublin Philosophical Magazine and Journal of Science. 21 (125): 669–688.

[58] Sommerfeld, Arnold (1916). "Zur Quantentheorie der Spektrallinien". Annalen der Physik. 4 (51): 51–52.

[59] Hibbeler, R. Engineering Mechanics: Dynamics. 14th Edition. 2015.

[60] Hibbeler, R. Engineering Mechanics: Statics and Dynamics. 14th Edition. 2015.

[61] Layek, G.C. An Introduction to Dynamical Systems and Chaos 1st ed. 2015. Springer.

[62] Lemons, D.S. A Student's Guide to Dimensional Analysis. Cambridge University Press. 1st edition: 2017.

[63] Langhaar, H.L. Dimensional Analysis and Theory of Models, Wiley 1951.

[64] Feynman, R. P. (1948). The Character of Physical Law. MIT Press (1967).

[65] Ince, E. L. Ordinary Differential Equations. Dover 1956.

[66] Abromowitz, M. and I.A. Stegun. Handbook of Mathematical Functions. Dover 1965.

[67] Fuchs, L.I. On the theory of linear differential equations with variable coefficients. 1866.
[68] Jaynes, E. T. Probability Theory: The Logic of Science. Cambridge University Press, (2003).
[69] Karlin, S. and H.M. Taylor. A First Course in Stochastic Processes 2nd Ed. Academic Press. 1975.
[70] Winters-Hilt, S. Unified Propagator Theory and a non-experimental derivation for the fine-structure constant. Advanced Studies in Theoretical Physics, Vol. 12, 2018, no. 5, 243-255.
[71] Wassily Hoeffding (1963) Probability inequalities for sums of bounded random variables, *Journal of the American Statistical Association*, 58 (301), 13–30.
[72] Azuma, K. (1967). "Weighted Sums of Certain Dependent Random Variables" (PDF). *Tôhoku Mathematical Journal.* **19** (3): 357–367.
[73] Compton, Arthur H. (May 1923). "A Quantum Theory of the Scattering of X-Rays by Light Elements". Physical Review. 21 (5): 483–502.
[74] Mason and Woodhouse. "Relativity and Electromagnetism" (PDF). Retrieved 20 February 2021.
[75] Merzbach, Uta C.; Boyer, Carl B. (2011), *A History of Mathematics* (3rd ed.), John Wiley & Sons.
[76] Robinson, Abraham (1963), Introduction to model theory and to the metamathematics of algebra, Amsterdam: North-Holland, ISBN 978-0-7204-2222-1, MR 0153570
[77] Robinson, Abraham (1966), Non-standard analysis, Princeton Landmarks in Mathematics (2nd ed.), Princeton University Press, ISBN 978-0-691-04490-3, MR 0205854
[78] R. D. Richtmyer (1978), *Principles of Advanced Mathematical Physics* Vol. 1 & 2, Springer-Verlag, New York.
[79] Tufillaro, N., T. Abbott and D. Griffiths. Swinging Atwood's Machine. American Journal of Physics, 52, 895–903, 1984.
[80] https://en.wikipedia.org/wiki/Logistic_map
[81] Winters-Hilt S. Topics in Quantum Gravity and Quantum field Theory in Curved Spacetime. UWM PhD Dissertation, 1997.
[82] Winters-Hilt S, I. H. Redmount, and L. Parker, "Physical distinction among alternative vacuum states in flat spacetime geometries," Phys. Rev. D 60, 124017 (1999).
[83] Friedman J. L., J. Louko, and S. Winters-Hilt, "Reduced Phase space formalism for spherically symmetric geometry with a massive dust shell," Phys. Rev. D 56, 7674-7691 (1997).

[84] Louko J and S. Winters-Hilt, "Hamiltonian thermodynamics of the Reissner-Nordstrom-anti de Sitter black hole," Phys. Rev. D 54, 2647-2663 (1996).
[85] Louko J, J. Z. Simon, and S. Winters-Hilt, "Hamiltonian thermodynamics of a Lovelock black hole," Phys. Rev. D 55, 3525-3535 (1997).
[86] Amari, S. and H. Nagaoka. Methods of Information Geometry. Oxford University Press. 2000.
[87] Winters-Hilt, S. Feynman-Cayley Path Integrals select Chiral Bi-Sedenions with 10-dimensional space-time propagation. Advanced Studies in Theoretical Physics, Vol. 9, 2015, no. 14, 667-683.
[88] Winters-Hilt, S. The 22 letters of reality: chiral bisedenion properties for maximal information propagation. Advanced Studies in Theoretical Physics, Vol. 12, 2018, no. 7, 301-318.
[89] Winters-Hilt, S. Fiat Numero: Trigintaduonion Emanation Theory and its Relation to the Fine-Structure Constant α, the Feigenbaum Constant C_∞, and π. Advanced Studies in Theoretical Physics, Vol. 15, 2021, no. 2, 71-98.
[90] Winters-Hilt, S. Chiral Trigintaduonion Emanation Leads to the Standard Model of Particle Physics and to Quantum Matter. Advanced Studies in Theoretical Physics, Vol. 16, 2022, no. 3, 83-113.
[91] Robert L. Devaney. An Introduction to Chaotic Dynamical Systems. Addison -Wesley.
[92] Landau, Lev D.; Lifshitz, Evgeny M. (1971). *The Classical Theory of Fields*. Vol. 2 (3rd ed.). Pergamon Press.
[93] Penrose, Roger (1965), "Gravitational collapse and space-time singularities", Phys. Rev. Lett., 14 (3): 57.
[94] Hawking, Stephen & Ellis, G. F. R. (1973). The Large Scale Structure of Space-Time. Cambridge: Cambridge University Press.
[95] Peebles, P. J. E. (1980). Large-Scale Structure of the Universe. Princeton University Press.
[96] B. Abi et al. Measurement of the Positive Muon Anomalous Magnetic Moment to 0.46 ppm
Phys. Rev. Lett. 126, 141801 (2021).
[97] Einstein, A. "On a heuristic point of view concerning the production and transformation of light" (Ann. Phys., Lpz 17 132-148)
[98] Balmer, J. J. (1885). "Notiz über die Spectrallinien des Wasserstoffs" [Note on the spectral lines of hydrogen]. Annalen der Physik und Chemie. 3rd series (in German). 25: 80–87.
[99] Bohr, N. (July 1913). "I. On the constitution of atoms and molecules". The London, Edinburgh, and Dublin Philosophical Magazine

252

and Journal of Science. 26 (151): 1–
25. doi:10.1080/14786441308634955.
[100] Bohr, N. (September 1913). "XXXVII. On the constitution of atoms
and molecules". The London, Edinburgh, and Dublin Philosophical
Magazine and Journal of Science. 26 (153): 476–
502. Bibcode:1913PMag...26..476B. doi:10.1080/14786441308634993.
[101] Bohr, N. (1 November 1913). "LXXIII. On the constitution of
atoms and molecules". The London, Edinburgh, and Dublin Philosophical
Magazine and Journal of Science. 26 (155): 857–
875. doi:10.1080/14786441308635031.
[102] Bohr, N. (October 1913). "The Spectra of Helium and
Hydrogen". Nature. 92 (2295): 231–232.
[103] Max Planck. On the Law of Distribution of Energy in the Normal
Spectrum. Annalen der Physik vol. 4, p. 553 ff (1901)
[104] Arthur H. Compton. Secondary radiations produced by x-rays.
Bulletin of the National Research Council., no. 20 (v. 4, pt. 2) Oct. 1922.
[105] Davisson, C. J.; Germer, L. H. (1928). "Reflection of Electrons by a
Crystal of Nickel". Proceedings of the National Academy of Sciences of
the United States of America. 14 (4): 317–322.
[106] Michael Eckert. How Sommerfeld extended Bohr's model of the
atom (1913–1916). The European Physical Journal H.
[107] Max Born; J. Robert Oppenheimer (1927). "Zur Quantentheorie der
Molekeln" [On the Quantum Theory of Molecules]. Annalen der
Physik (in German). 389 (20): 457–484.
[108] Dirac, P. A. M. (1928). "The Quantum Theory of the
Electron" (PDF). Proceedings of the Royal Society A: Mathematical,
Physical and Engineering Sciences. 117 (778): 610–624.
[109] Dirac, Paul A. M. (1933). "The Lagrangian in Quantum
Mechanics" (PDF). Physikalische Zeitschrift der Sowjetunion. 3: 64–72.
[110] Feynman, Richard P. (1942). The Principle of Least Action in
Quantum Mechanics (PDF) (PhD). Princeton University.
[111] Feynman, Richard P. (1948). "Space-time approach to non-
relativistic quantum mechanics". Reviews of Modern Physics. 20 (2):
367–387.
[112] Erdeyli, A. Asymptotic Expansions. 1956 Dover.
[113] Erdeyli, A. Asymptotic Expansions of differential equations with
turning points. Review of the Literature. Technical Report 1, Contract
Nonr-220(11). Reference no. NR 043-121. Department of Mathematics,
California Institute of Technology, 1953.
[114] Carrier, G.F, M. Crook and C.E. Pearson. Functions of a complex
variable. 1983 Hod Books.

[115] Van Vleck, J. H. (1928). "The correspondence principle in the statistical interpretation of quantum mechanics". Proceedings of the National Academy of Sciences of the United States of America. 14 (2): 178–188.

[116] Chaichian, M.; Demichev, A. P. (2001). "Introduction". Path Integrals in Physics Volume 1: Stochastic Process & Quantum Mechanics. Taylor & Francis. p. 1ff. ISBN 978-0-7503-0801-4.

[117] Vinokur, V. M. (2015-02-27). "Dynamic Vortex Mott Transition"

[118] Hawking, S. W. (1974-03-01). Black hole explosions? Nature. 248 (5443): 30–31.

[119] Birrell, N.D. and Davies, P.C.W. (1982) Quantum Fields in Curved Space. Cambridge Monographs on Mathematical Physics. Cambridge University Press, Cambridge.

[120] Maldacena, Juan (1998). "The Large N limit of superconformal field theories and supergravity". Advances in Theoretical and Mathematical Physics. 2 (4): 231–252.

[121] Witten, Edward (1998). "Anti-de Sitter space and holography". Advances in Theoretical and Mathematical Physics. 2 (2): 253–291.

[122] Caves, Carlton M.; Fuchs, Christopher A.; Schack, Ruediger (2002-08-20). "Unknown quantum states: The quantum de Finetti representation". Journal of Mathematical Physics. 43 (9): 4537–4559.

[123] Jackson, J.D. Classical Electrodynamics, 2nd Edition. Wiley 1975.

[124] Lorentz, Hendrik Antoon (1899), "Simplified Theory of Electrical and Optical Phenomena in Moving Systems" , *Proceedings of the Royal Netherlands Academy of Arts and Sciences*, 1: 427–442.

[125] Misner, Charles W., Thorne, K. S., & Wheeler, J. A. Gravitation. Princeton University Press, 2017. ISBN: 9780691177793.

[126] Penrose, R., W. Rindler (1984) Volume 1: Two-Spinor Calculus and Relativistic Fields, Cambridge University Press, United Kingdom.

[127] Tolkien, J.R.R. (1990). *The Monsters and the Critics and Other Essays*. London: HarperCollinsPublishers.